近世代数

主编　唐高华

编著　唐高华　邓培民　王芳贵
任北上　赵巨涛　杨立英

清华大学出版社
北　京

内 容 简 介

本书较系统地介绍了群、环、域的基本概念和基本性质. 全书共分 3 章，第 1 章介绍群的基本概念和性质，除了通常的群、子群、正规子群、商群和群的同态基本定理外，还介绍了对称与群、群的直积、有限 Abel 群的结构定理等内容；第 2 章讲述了环、子环、理想与商环、环的同态等基本概念和性质，讨论了整环及整环上的多项式环的性质和应用；第 3 章讨论了域的扩张理论及其在几何作图中的应用. 本书附有相当丰富的习题，有利于读者学习和巩固所学知识.

本书可作为师范院校数学与应用数学专业本科生的教材，也可作为其他院校数学系本科生的教材和参考书，亦可作为其他数学爱好者和工程技术人员的参考书.

图书在版编目(CIP)数据

近世代数/唐高华主编；邓培民等编著. —北京：清华大学出版社，2008.12(2024.8 重印)
ISBN 978-7-302-18774-5

Ⅰ. 近… Ⅱ. ①唐… ②邓… Ⅲ. 抽象代数－高等学校－教材 Ⅳ. O153

中国版本图书馆 CIP 数据核字(2008)第 161815 号

责任编辑：刘 颖
责任校对：赵丽敏
责任印制：曹婉颖

出版发行：清华大学出版社
网　　址：https://www.tup.com.cn，https://www.wqxuetang.com
地　　址：北京清华大学学研大厦 A 座　　**邮　　编**：100084
社 总 机：010-83470000　　**邮　　购**：010-62786544
投稿与读者服务：010-62776969，c-service@tup.tsinghua.edu.cn
质量反馈：010-62772015，zhiliang@tup.tsinghua.edu.cn
印 装 者：北京建宏印刷有限公司
经　　销：全国新华书店
开　　本：185mm×230mm　　**印　　张**：10.75　　**字　　数**：230 千字
版　　次：2008 年 12 月第 1 版　　**印　　次**：2024 年 8 月第 11 次印刷
定　　价：32.00 元

产品编号：030911-04

广西师范学院教材建设基金资助出版

FOREWORD 前言

进入21世纪以来，我国基础教育改革在全国各地蓬勃开展，新一轮的课程改革对中学数学教师提出了诸多新的要求.作为师范院校，如何应对新的课程改革，为中学培养合格的优秀教师，是摆在我们面前的紧迫问题.近年来，我们开展了有关高等师范院校数学与应用数学专业课程体系与课程内容改革的研究，这本《近世代数》教材就是该项目研究的成果之一.

近世代数(又名抽象代数)，是以讨论代数系统的性质和结构为中心的一门学科.它是现代科学各个分支的基础，而且随着科学技术的不断进步，特别是计算机的飞速发展，近世代数的思想、理论与方法的应用日臻广泛，现已渗透到科学领域的各个方面与实际应用的各个部门.

近世代数是现代数学的重要基础，近世代数课程是师范院校和综合性大学数学系本科的一门重要专业基础课.近世代数的基本概念、理论和方法，是每一位数学工作者所必须具备的数学素养之一.我们希望读者通过本课程的学习，能理解和掌握近世代数的基本内容、理论和方法，初步具备用近世代数的思想和理论处理和解决具体问题的能力，为进一步学习后续课程或从事中学数学教学打下坚实的基础.

在编写过程中，笔者吸取了多年的教学实践经验及同类教材的许多优秀成果，同时融入了笔者最新的教改研究成果.初稿完成后，在广西师范学院和广西师范大学试用，并经反复修改、完善.本教材有以下特点：

1. 为了适应高中新课程改革的需要，本教材在内容上除了介绍本课程的传统内容外，还增加了对称与群、多项式的应用、尺规作图等与新的高中课程标准相应模块联系紧密的内容.

2. 结合教材内容，我们介绍了有关的历史回顾和有关数学家的生平，将数学文化与数学美渗透到教材中，以提高读者的学习兴趣，并拓展视野，培养数学素养.

3. 书中尽可能地避免“定义—性质—定理”这一刻板的教材编写模式，尽可能地用一些易于理解的例子来引出一个新的概念和结论，并且用尽可能多的例子来说明新的概念和结论的意义和应用.

4. 在教材中渗透了现代数学对中学数学教学的指导作用，使读者能意识到学好该门课程对当好中学数学教师的重要意义，对中学数学教学内容有更全面的认识.

5. 在教材中渗透了数学建模的思想和例子，从而使读者感受到抽象数学的力量，提高学习抽象数学的兴趣.

本书是我们这个团队共同策划、分工协作的成果. 在反复研讨的基础上，唐高华、任北上、赵巨涛编写了第1章，唐高华、邓培民编写了第2章，王芳贵、杨立英编写了第3章，最后由唐高华统稿、杨立英审校而成.

本教材的编写得到广西新世纪教改工程项目、广西教育科学"十五"规划项目、广西高校精品课程建设项目和广西师范学院教材出版基金等的资助. 在编写过程中，还得到了编者单位(广西师范学院)院系领导、广大师生和清华大学出版社的大力支持和同行专家的关心，苏华东、韦扬江、高艳艳、林光科、仇翠敏等研究生和本科生帮助进行了录入和校对，谨此致谢.

限于作者水平，书中难免有错漏和不妥之处，我们恳切希望使用本书的教师和读者予以指正.

作　者

2008年7月

CONTENTS 目录

第1章 群

近世代数研究的主要对象是具有代数运算的集合，即代数系统(algebraic system). 群就是具有一个代数运算的代数系统. 具有悠久历史的群理论，现在已发展成为一门范围广泛和内容十分丰富的数学分支，不仅在近代数学中占有重要的地位，而且在数学的其他分支乃至物理学、化学、信息科学等许多领域中都有着广泛的应用.

本章除了介绍群的定义、例子、基本性质和一些特殊群类外，我们还从子群的陪集入手，讨论了正规子群和商群，进而对群论的基本内容——群同态基本定理给予了证明. 为了扩大读者的视野，作为选修内容，本章最后介绍了群的直积和有限 Abel 群的结构定理等.

1.1 预备知识

本节主要对以后各章都要用到的基础知识作简单的介绍. 它们是：集合、映射、代数运算、运算律、代数系统、等价关系与集合的分类等.

1. 集合

具有某种特定性质的元素的全体称为集合(set)，或简称为集.

今后常用$\mathbb{N}$表示自然数集(the set of natural numbers)，$\mathbb{Z}$表示整数集(the set of integers)，$\mathbb{Q}$表示有理数集(the set of rational numbers)，$\mathbb{R}$表示实数集(the set of real numbers)，$\mathbb{C}$表示复数集(the set of complex numbers)，而$\varnothing$表示空集(empty set).

我们用“$x\in A$”表示元素 x 属于集 A，用“$x\notin A$”表示元素 x 不属于集 A.

定义 1.1.1 如果集 A 中的每个元素都属于集 B，则称 A 是 B 的一个子集(subset)并记为 $A\subseteq B$，否则记为 $A\not\subset B$. 如果 $A\subseteq B$，又 B 中至少有一个元素不在 A 中，则称 A 是 B 的一个真子集(proper subset)，记为 $A\subset B$.

空集被认为是任意集合的子集.

一个简单却极为重要的事实是：$A=B\Leftrightarrow A\subseteq B$ 且 $B\subseteq A$. 所以，要说明两个集合 A 与 B 相等，只要证明 A 与 B 相互包含.

定义 1.1.2 集 A 和集 B 的所有公共元素组成的集合，记为 $A\cap B=\{x\,|\,x\in A$ 且 $x\in B\}$，叫做 A 与 B 的交集，简称 A 与 B 的交(intersection). 由属于集 A 或集 B 的所有元素组成的集合，记为 $A\cup B=\{x\,|\,x\in A$ 或 $x\in B\}$，叫做 A 与 B 的并集，简称 A 与 B 的并(union).

对于两个以上甚至无穷多个集合，也可以类似地定义集合的交与并.

定义 1.1.3 设 A,B 为两个非空集合,称集合

$$A \times B = \{(a,b) \mid a \in A, b \in B\}$$

为 A 与 B 的笛卡儿积(Cartesian product).

类似地可以定义有限个非空集的笛卡儿积:

$$A_1 \times A_2 \times \cdots \times A_m = \{(a_1, a_2, \cdots, a_m) \mid a_i \in A_i, i = 1,2,\cdots,m\}.$$

注意:一般地,$A \times B \neq B \times A$.

2. 映射与变换

映射和变换都是函数概念的推广,它们描述了两个集合的元素之间的关系,是数学中最基本的工具之一,以此来研究代数系统是近世代数中最重要的方法之一.

定义 1.1.4 设 A,B 为两个非空集,如果存在一个从 A 到 B 的对应法则 f,使得对 A 中每个元素 a,都有 B 中唯一确定的一个元素 b 与之对应,则称 f 是 A 到 B 的一个**映射**(mapping). 习惯上称 b 为 a 的**像**(image),称 a 为 b 的**逆像**(inverse image or preimage),而 A 叫做映射 f 的**定义域**(domain),B 叫做 f 的**值域**(codomain).

注意:通常用记号 $f{:}A \to B$ 或 $A \xrightarrow{f} B$ 表示 f 是 A 到 B 的映射.

例 1.1.1 对应法则 $f{:}x \mapsto \frac{1}{x-1}$ 即 $f(x)=\frac{1}{x-1}(\forall x \in \mathbb{Q})$不是$\mathbb{Q}$ 到$\mathbb{R}$ 的映射,因为有理数 1 没有像.

例 1.1.2 设 g 为$\mathbb{Q}$ 到$\mathbb{Q}$ 的对应法则,其中

$$g{:}\frac{x}{y} \mapsto x+y, \quad \text{即 } g\left(\frac{x}{y}\right) = x+y, \quad \forall\ \frac{x}{y} \in \mathbb{Q},$$

那么 g 不是$\mathbb{Q}$ 到$\mathbb{Q}$ 的映射. 因为对于$\frac{2}{4}=\frac{4}{8}$,却有 $g\left(\frac{2}{4}\right)=6, g\left(\frac{4}{8}\right)=12$,即$\mathbb{Q}$ 中相同的元素的像却不相同.

从上面的例子可知:集 A 到集 B 的对应法则 f 要成为映射,必须满足:

(1) 在 f 之下 A 中的每个元素在 B 中必须有像.

(2) A 中相等元素的像也必须相等,即 A 中每个元素的像必唯一.

例 1.1.3 设 $A=\mathbb{R}^+=\{x \mid x \in \mathbb{R}, x>0\}, B=\mathbb{R}$,则对应法则

$$f{:}x \mapsto \sqrt{x}, \quad \forall x \in \mathbb{R}^+$$

是$\mathbb{R}^+$ 到$\mathbb{R}$ 的一个映射.

例 1.1.4 设 A 为非空集合,则对应法则

$$I_A{:}\ x \mapsto x, \quad \forall x \in A$$

是映射. 习惯上称 I_A 为 A 的**恒等映射**(identity mapping).

定义 1.1.5 设 $f{:}A \to B$ 是映射.

(1) 若 $S \subseteq A$,则 B 的子集

$$\{f(x) \mid x \in S\}$$

称为 S 在 f 下的像，记作 $f(S)$. 特别地，当 $S=A$ 时，$f(A)$ 称为映射 f 的像，记作 $\mathrm{Im} f$.

(2) 若 $T\subseteq B$，则 A 的子集

$$\{x \in A \mid f(x) \in T\}$$

称为 T 在 f 下的逆像，记作 $f^{-1}(T)$.

注意：$f^{-1}(T)$ 只是一个 A 的子集的符号，这里并不意味着映射 f 可逆.

定义 1.1.6 设 $f:A\to B$，$g:C\to D$，如果 $A=C$，$B=D$，且 $\forall x\in A$，都有 $f(x)=g(x)$，则称 f 与 g 相等，记为 $f=g$.

定义 1.1.7 设 $f:A\to B$ 是映射.

(1) 若 $\forall x_1,x_2\in A$，$x_1\neq x_2$ 均有 $f(x_1)\neq f(x_2)$，则称 f 为**单射**(injection)；

(2) 若 $\forall y\in B$，均有 $x\in A$ 使 $y=f(x)$，则称 f 为**满射**(surjection)；

(3) 若 f 既是单射又是满射，则称 f 为**双射**(bijection).

例 1.1.3 的映射是单射，但不是满射. 例 1.1.4 的映射是双射.

定义 1.1.8 集合 A 到 A 自身的映射叫做 A 的一个**变换**(transformation).

很明显，当 A 为有限集时，映射 $f:A\to A$ 是单射的充要条件为 f 是满射. 这时 A 上的变换通常用“列表法”表示. 譬如，设 $A=\{1,2,3\}$，定义 A 上的变换

$$f:1\mapsto 3,2\mapsto 1,3\mapsto 2,$$

那么 f 可表示为 $f=\begin{pmatrix}1 & 2 & 3\\ 3 & 1 & 2\end{pmatrix}$.

一般地，集 $A=\{1,2,\cdots,n\}$ 上的变换 f 均可表为

$$f=\begin{pmatrix}1 & 2 & 3 & \cdots & n\\ f(1) & f(2) & f(3) & \cdots & f(n)\end{pmatrix}.$$

类似于复合函数的概念，我们给出两个映射的合成的概念.

定义 1.1.9 设 A，B 和 C 均为非空集合，而 $f:A\to B$，$g:B\to C$ 都是映射，那么由 f 和 g 可确定一个从 A 到 C 的映射 $h:A\to C$，其中

$$h(x)=g(f(x)),\quad \forall x\in A,$$

称 h 是 f 与 g 的**合成**(composition)，记作 $h=gf$.

很显然，如果 $f:A\to B$，那么 $fI_A=f$，$I_Bf=f$.

类似于反函数，对于双射而言，我们可以引入逆映射的概念.

定义 1.1.10 设 $f:A\to B$ 为双射，那么由 f 可确定另一个映射 $h:B\to A$，其中

$$h:b\to a,\quad 如果\ f(a)=b,\quad \forall b\in B,$$

称 h 为 f 的**逆映射**(inverse mapping)，记为 f^{-1}.

很容易验证下列的结论：如果 $f:A\to B$ 为双射，则

(1) $f^{-1}:B\to A$ 也是双射且 $(f^{-1})^{-1}=f$.

(2) $ff^{-1}=I_B$，$f^{-1}f=I_A$.

(3) f^{-1} 是唯一的.

3. 代数运算

前已述及，近世代数的主要任务是研究各种抽象的代数系统．而代数系统与代数运算有着密切的联系，下面介绍代数运算以及一些常用的运算律．

定义 1.1.11 设 A,B,D 都是非空集合，从 $A\times B$ 到 D 的映射就称为 A,B 到 D 的代数运算(algebraic operation)．特别地，当 $A=B=D$ 时，A,A 到 A 的代数运算简称为 A 上的代数运算，或称二元运算(binary operation)，具有代数运算的集合 A 就称为代数系统．

若 A 是一个代数系统，通常也说 A 关于它的代数运算封闭．

一个代数系统 A 上的代数运算可以用"$\circ$"来表示，并将 (a,b) 在 $\circ$ 下的像记作 $a\circ b$，此时 A 可以记为 $(A,\circ)$．

例 1.1.5 设 $\mathbb{Z}^*=\{x\in\mathbb{Z}\mid x\neq 0\}$，一个 $\mathbb{Z}\times\mathbb{Z}^*$ 到 $\mathbb{Q}$ 的映射：

$$\circ:(a,b)\mapsto a\circ b=\frac{a}{b}$$

就是 $\mathbb{Z}$，$\mathbb{Z}^*$ 到 $\mathbb{Q}$ 的代数运算．这就是普通数的除法．

例 1.1.6 一个 $\mathbb{Z}\times\mathbb{Z}$ 到 $\mathbb{Z}$ 的映射：

$$\circ:(a,b)\mapsto a\circ b=a-b$$

就是整数集 $\mathbb{Z}$ 上的减法．

可以看出，代数运算就是通常的四则运算在最一般的情况下的一种自然推广．譬如，通常的加法、减法和乘法都是整数集 $\mathbb{Z}$、有理数集 $\mathbb{Q}$、实数集 $\mathbb{R}$ 和复数集 $\mathbb{C}$ 上的代数运算．

例 1.1.7 通常的减法不是自然数集 $\mathbb{N}$ 上的代数运算，因为 $1-3=-2$，而 -2 不是自然数．类似地，通常除法 $a\circ b=\dfrac{a}{b}$ 也不是有理数集 $\mathbb{Q}$ 上的代数运算，因为 $(a,0)\mapsto a\circ 0=\dfrac{a}{0}$ 无意义．

当 A,B 都为有限集时，A,B 到 D 的代数运算通常可用一个矩形表给出．譬如，设 $A=\{a_1,a_2,\cdots,a_n\}$，$B=\{b_1,b_2,\cdots,b_m\}$，则 A,B 到 D 的代数运算 $a_i\circ b_j=d_{ij}$ 可以表示为

	b_1	b_2	$\cdots$	b_m
a_1	d_{11}	d_{12}	$\cdots$	d_{1m}
a_2	d_{21}	d_{22}	$\cdots$	d_{2m}
$\vdots$	$\vdots$	$\vdots$		$\vdots$
a_n	d_{n1}	d_{n2}	$\cdots$	d_{nm}

这个表通常称为运算表或凯莱表(Cayley table)．在运算表中由 d_{11} 到 d_{nm} 形成的线称为主对角线．

代数学研究的是对代数运算加以某些限制的代数系统．其实，数、多项式、矩阵、函数等的普通运算，一般地都满足通常所熟悉的一些运算规则，诸如结合律、交换律和分配律等．近世代数在研究各种代数系统时，也不能脱离这些运算律．

定义 1.1.12 设 $\circ$ 为集合 A 上的一个代数运算，若 $\forall a_1,a_2,a_3\in A$，都有

$$(a_1 \circ a_2) \circ a_3 = a_1 \circ (a_2 \circ a_3),$$

则称$\circ$适合结合律(associative law).

定理 1.1.1 设集合 A 上的代数运算$\circ$适合结合律，则对于 A 中任意 $n(n \geqslant 3)$个元素 $a_1, a_2, \cdots, a_n$，只要不改变元素的排列顺序，任意一种加括号方法计算所得的结果都相等. □

根据这个定理，对于满足结合律的代数运算来说，任意 n 个元素只要不改变元素的前后次序，就可以随意结合而不必再加括号. 这一结论在中学数学中，而且在高等代数或其他课程中都运用过，譬如数、多项式、矩阵和线性变换的通常加法及乘法都可以任意结合而不必加括号. 这就说明，近世代数所讨论的代数系统具有抽象性，进而决定了它更具有广泛的适用性.

在代数系统$(A, \circ)$中，对于 A 中两个元素 a, b 而言，$a \circ b$ 不一定等于 $b \circ a$，比如例 1.1.5 和例 1.1.6. 下面讨论代数运算适合交换律的问题.

定义 1.1.13 设$\circ$为集合 A 上的一个代数运算，若 $\forall a, b \in A$，都有

$$a \circ b = b \circ a,$$

则称$\circ$适合交换律(commutative law).

有限集合 A 上的代数运算$\circ$满足交换律的充要条件是其运算表中关于主对角线对称的元素都相等.

同时满足结合律和交换律的代数运算具有以下重要性质.

定理 1.1.2 若集合 A 上的代数运算$\circ$既满足结合律又满足交换律，则对 A 中任意 n 个元素的运算 $a_1 \circ a_2 \circ \cdots \circ a_n (a \geqslant 2)$ 可以随意调换元素的前后次序. □

最后讨论分配律.

定义 1.1.14 设集合 A 有两个代数运算$\circ$及$\oplus$. 如果 $\forall a, b, c \in A$，都有

$$a \circ (b \oplus c) = (a \circ b) \oplus (a \circ c),$$

则称运算$\circ$对$\oplus$满足左分配律(left distributive law)；如果

$$(b \oplus c) \circ a = (b \circ a) \oplus (c \circ a),$$

则称运算$\circ$对$\oplus$满足右分配律(right distributive law).

定理 1.1.3 设集合 A 有两个代数运算$\circ$及$\oplus$，其中$\oplus$满足结合律.

(1) 如果$\circ$对$\oplus$满足左分配律，则对于 A 中任意 $n+1$ 个元素 $a_1, a_2, \cdots, a_n$ 和 b 都有

$$b \circ (a_1 \oplus a_2 \oplus \cdots \oplus a_n) = (b \circ a_1) \oplus (b \circ a_2) \oplus \cdots \oplus (b \circ a_n).$$

(2) 如果$\circ$对$\oplus$满足右分配律，则对于 A 中任意 $n+1$ 个元素 $a_1, a_2, \cdots, a_n$ 和 b 都有

$$(a_1 \oplus a_2 \oplus \cdots \oplus a_n) \circ b = (a_1 \circ b) \oplus (a_2 \circ b) \oplus \cdots \oplus (a_n \circ b).$$ □

定理 1.1.1 至定理 1.1.3 的证明留给读者作为练习.

4. 等价关系与集合的分类

将集合按一定的规则进行分类是研究集合的一种很有效的方法，而等价关系是集合中一类重要的二元关系，它对于集合的分类起着重要的作用.

(1) 关系

定义 1.1.15 设 A 为非空集合，$A \times A$ 的一个子集 R 称为 A 的一个关系(relation).

$\forall a,b\in A$,若$(a,b)\in R$,则称 a 与 b 有关系 R,记作 aRb. 若$(a,b)\notin R$,则称 a 与 b 无关系 R,记作 $a\not R\, b$.

例 1.1.8 给定实数集$\mathbb{R}$和整数集$\mathbb{Z}$,则

$$R_1=\{(a,b)\mid(a,b)\in\mathbb{R}\times\mathbb{R},a\leqslant b\},$$
$$R_2=\{(a,b)\mid(a,b)\in\mathbb{R}\times\mathbb{R},a=2b\},$$
$$R_3=\{(a,b)\mid(a,b)\in\mathbb{Z}\times\mathbb{Z},a\mid b\},$$
$$R_4=\{(a,b)\mid(a,b)\in\mathbb{Z}\times\mathbb{Z},a\text{ 与 }b\text{ 的奇偶性相同}\}$$

分别都是实数集$\mathbb{R}$或整数集$\mathbb{Z}$上的关系. 而且 $aR_1b\Leftrightarrow a\leqslant b$,故 R_1 就是实数间的“小于或等于”关系;$aR_2b\Leftrightarrow a=2b$,这说明 R_2 为实数间的两倍关系;而 $aR_3b\Leftrightarrow a|b$,正是整数间的整除关系;对于 R_4 而言,它为整数间的同奇偶性关系.

(2) 等价关系

定义 1.1.16 集合 A 的关系 R 若满足:

① 反身性(reflexivity):$\forall a\in A,aRa$;

② 对称性(symmetry):$\forall a,b\in A$,若 aRb,则 bRa;

③ 传递性(transitivity):$\forall a,b,c\in A$,若 aRb 且 bRc,则 aRc.

则称 R 是 A 的一个等价关系(equivalence relation),此时把 R 习惯上记作$\sim$,aRb 也就记为 $a\sim b$,并读作 a 与 b 等价.

由定义 1.1.16 可知,实数域$\mathbb{R}$上 n 阶矩阵所构成的集合 $M_n(\mathbb{R})$中矩阵的合同关系($\boldsymbol{A}=\boldsymbol{C}^{\mathrm{T}}\boldsymbol{BC},\boldsymbol{C}$ 可逆). 相似关系($\boldsymbol{A}=\boldsymbol{P}^{-1}\boldsymbol{BP},\boldsymbol{P}$ 可逆)以及等价关系($\boldsymbol{A}=\boldsymbol{PBQ},\boldsymbol{P}$ 和 $\boldsymbol{Q}$ 都可逆)都是等价关系. 而例 1.1.8 中,R_1 和 R_3 虽然都适合反身性和传递性,但却不满足对称性;R_2 对于反身性、对称性和传递性都不满足;R_4 是等价关系.

在以后的学习中会常碰到的一种重要的等价关系见例 1.1.9.

例 1.1.9 在整数集$\mathbb{Z}$中取定一个正整数 m,规定

$$aRb\Leftrightarrow m\mid(a-b),\quad\forall a,b\in\mathbb{Z},$$

则很容易验证得

① $\forall a\in\mathbb{Z}$,有 $m|(a-a)$;

② 若 $m|(a-b)$,则 $m|(b-a)$;

③ 若 $m|(a-b),m|(b-c)$,则 $m|(a-c)$.

所以 R 为$\mathbb{Z}$上的一个等价关系. 称 R 为$\mathbb{Z}$的关于模 m 的同余关系(congruence relation). 而 aRb 通常记作 $a\equiv b(\bmod m)$,或 $a\equiv b(m)$,读做 a 与 b 同余模 m.

定义 1.1.17 若$\sim$是集合 A 上的一个等价关系,$a\in A$,令

$$[a]=\{x\mid x\in A,a\sim x\},$$

称$[a]$为以 a 为代表元的 A 的一个等价类(equivalence class). 由 A 的全体等价类构成的集合称为集 A 在等价类关系$\sim$下的商集(quotient set),记作 $A/\sim$.

在例 1.1.8 中,R_4 为等价关系. 以 0 和 1 为代表元的等价类分别是

$$[0]=\{x \mid x\in\mathbb{Z},0R_4x\}=\{x \mid x\in\mathbb{Z},x=2m,m\in\mathbb{Z}\};$$
$$[1]=\{x \mid x\in\mathbb{Z},1R_4x\}=\{x \mid x\in\mathbb{Z},x=2m+1,m\in\mathbb{Z}\}.$$

$\mathbb{Z}$ 在 R_4 下的商集为 $\mathbb{Z}/R_4=\{[0],[1]\}$. 其中 $[0]$ 是全体偶数集, $[1]$ 是全体奇数集.

在例 1.1.9 中,习惯上将等价类称为剩余类, $[a]$ 记作 $\bar{a}$,而相应的商集称为 $\mathbb{Z}$ 的模 m 剩余类集并记为 $\mathbb{Z}_m$. 这样每个剩余类为

$$\bar{0}=\{\cdots,-3m,-2m,-m,0,m,2m,3m,\cdots\};$$
$$\bar{1}=\{\cdots,-3m+1,-2m+1,-m+1,1,m+1,2m+1,3m+1,\cdots\};$$
$$\vdots$$
$$\overline{m-1}=\{\cdots,-2m-1,-m-1,-1,m-1,2m-1,3m-1,4m-1,\cdots\};$$

而 $\mathbb{Z}_m=\{\bar{0},\bar{1},\bar{2},\cdots,\overline{m-1}\}$. 譬如,当 $m=3$ 时, $\mathbb{Z}_3=\{\bar{0},\bar{1},\bar{2}\}$,其中

$$\bar{0}=\{\cdots,-9,-6,-3,0,3,6,9,\cdots\};$$
$$\bar{1}=\{\cdots,-8,-5,-2,1,4,7,10,\cdots\};$$
$$\bar{2}=\{\cdots,-7,-4,-1,2,5,8,11,\cdots\}.$$

(3) 集合的分类

若一个非空集 A 能表示成它的一些不相交非空子集的并,那么这些子集构成的集合在以后的学习中会常遇到.

定义 1.1.18 设 $P=\{A_i \mid i\in I,A_i\subseteq A\}$ (I 为指标集)为非空集合 A 的一个子集族,如果 P 满足:

① $A_i\neq\varnothing,\forall i\in I$;

② $A=\bigcup\limits_{i\in I}A_i$;

③ $\forall A_i,A_j\in P$,当 $i\neq j$ 时,有 $A_i\cap A_j=\varnothing$,

则称 P 为 A 的一个分类(partition),其中每个子集 $A_i(i\in I)$ 称为 A 的一个类.

在例 1.1.8 中, $\mathbb{Z}$ 在 R_4 下的商集 $\mathbb{Z}/R_4=\{[0],[1]\}$ 就是 $\mathbb{Z}$ 的一个分类; 在例 1.1.9 中,在同余关系 R 下的模 m 剩余类集 $\mathbb{Z}_m$ 构成了 $\mathbb{Z}$ 的一个分类. 此外,我们再给出例子.

例 1.1.10 设 $A=\{1,2,3,4,5,6,7,8\}$,指出下列哪些是 A 的分类,为什么?

① $P_1=\{A_1,A_2,A_3,A_4\}$,其中 $A_1=\{1,2\},A_2=\{3,4,5\},A_3=\{6,7,8\},A_4=\varnothing$;

② $P_2=\{A_1,A_2,A_3,A_4\}$,其中 $A_1=\{1,2,3\},A_2=\{4,5\},A_3=\{6\},A_4=\{8\}$;

③ $P_3=\{A_1,A_2,A_3,A_4\}$,其中 $A_1=\{1,3,4\},A_2=\{2,3,5\},A_3=\{6,7\},A_4=\{8\}$;

④ $P_4=\{A_1,A_2,A_3,A_4\}$,其中 $A_1=\{2,3\},A_2=\{1,4,5\},A_3=\{6,7\},A_4=\{8\}$.

解 ① 因为 $A_4=\varnothing$,故 P_1 不是 A 的分类;

② 因为 $A\neq\bigcup\limits_{i=1}^{4}A_i$ 由于 $7\notin\bigcup\limits_{i=1}^{4}A_i$,所以 P_2 不是 A 的分类;

③ 因为 $A_1\cap A_2\neq\varnothing$,所以 P_3 不是 A 的分类;

④ P_4 为 A 的分类.

下面我们将看到,集合所谓的分类就是利用集合的某种等价关系,将该集合分解成一些称为类的子集. 比如例 1.1.9 中,可以利用"模的同余关系"给出$\mathbb{Z}$的一个分类.

集合 A 的分类与集合 A 上的等价关系之间存在着相互制约的联系.

定理 1.1.4 集合 A 的任一个等价关系～都确定了 A 的一个分类 P,并且每个等价类恰是这个分类 P 中的一个类. 反之,集合 A 的每一个分类 P 也确定 A 的一个等价关系～,而且 P 中的每个类恰为～的一个等价类.

证明 设 R 为 A 的一个等价关系,$\forall a\in A$,令

$$[a]=\{x \mid x\in A, x\sim a\}$$

为以 a 为代表元的等价类,那么在等价关系 R 下的商集 $A/\sim=\{[a]|a\in A\}$ 必为 A 的一个分类 P. 这是因为

① $\forall [a]\in A/\sim$,由 $a\sim a$,可知 $a\in[a]$,故$[a]\neq\varnothing$;

② $\forall a\in A$,则 $a\in[a]$,所以 $a\in \bigcup\limits_{[a]\in A/\sim}[a]$,进而 $A\subseteq \bigcup\limits_{[a]\in A/\sim}[a]$,因此 $A=\bigcup\limits_{[a]\in A/\sim}[a]$;

③ 设$[a]$,$[b]\in A/\sim$,且$[a]\cap[b]\neq\varnothing$,则有 $x\in[a]\cap[b]$,故 $x\in[a]$且 $x\in[b]$,所以 $x\sim a$ 且 $x\sim b$,进而知 $a\sim b$. 因此 $a\in[b]$,即$[a]\subseteq[b]$. 同理可证$[b]\subseteq[a]$,故$[a]=[b]$. 也就是说:若$[a]\neq[b]$,则$[a]\cap[b]=\varnothing$. 所以 $A/\sim$ 为 A 的一个分类,即 $A/\sim=P$.

反之,若 $P'=\{A_i\,|\,\varnothing\neq A_i\subseteq A, i\in I\}$为集 A 的一个分类. 在 A 中可定义关系$\sim'$. $\sim'=\{(a,b)\,|\,a,b\in A$,存在 $i\in I$ 使 $a,b\in A_i\}$,显然$\sim'$为 A 上的一个关系.

① $\forall a\in A$,由 $A=\bigcup\limits_{i\in I}A_i$ 知必存在 $j\in I$ 使 $a\in A_j$,所以 $a\sim' a$. 反身性成立;

② $\forall a,b\in A$,若 $a\sim' b$,这意味着存在某个 $A_i\in P$ 使 $a,b\in A_i$,显然 $b,a\in A_i$,所以 $b\sim' a$. 对称性成立;

③ $\forall a,b,c\in A$,若 $a\sim' b$ 且 $b\sim' c$,即存在 A_i 和 A_j 使 $a,b\in A_i$,$b,c\in A_j$,那么 $b\in A_i\cap A_j$,即 $A_i\cap A_j\neq\varnothing$,由分类的定义知,必有 $A_i=A_j$,所以 $a,b,c\in A_i$,故有 $a\sim' c$ 传递性成立.

所以$\sim'$为 A 的一个等价关系,且 $A/\sim'=P$. □

从定理 1.1.4 可看到$\sim=\sim'\Leftrightarrow P=P'$. 即集合 A 的等价关系与 A 的分类是相互确定,一一对应的. 一个集合的分类通过等价关系进行描述,为我们的讨论带来许多方便.

(4) 同余关系

在例 1.1.9 若将整数集$\mathbb{Z}$看成一个代数系统($\mathbb{Z}$,+),其中+为整数间通常的加法,那么很容易验证该例中的等价关系具有性质:若 aRb,cRd,则$(a+c)R(b+d)$. 将这一概念进行推广,我们得到了代数系统的同余关系,即:代数系统上的同余关系是一种特殊的等价关系,它能保证具有等价关系的二对元素分别运算后,仍然保持这种关系.

定义 1.1.19 设$(A,\circ)$为一个代数系统,～是 A 上的一个等价关系,如果 $\forall a,b,c,d\in A$,由$a\sim b$, $c\sim d\Rightarrow a\circ c\sim b\circ d$,则称～为对于 A 的运算∘是一个同余关系(congruence relation). 当 $a\in A$,则以 a 为代表元的等价类$[a]$习惯上称为 a 的同余类. 当 $a\sim b$ 时,称 a

与 b 同余且记为 $a\equiv b$.

例 1.1.11 固定正整数 $m\in\mathbb{Z}$ 在代数系统$(\mathbb{Z},\circ)$中(其中$\circ$为通常的乘法),那么$\mathbb{Z}$上的关系 R: $aRb\Leftrightarrow m\mid(a-b)$是$\mathbb{Z}$上对于$\circ$的一个同余关系.

首先,例 1.1.9 已证明了 R 为$\mathbb{Z}$上的等价关系.

其次,若 aRb,cRd,则有

$$m\mid(a-b),\quad 且\quad m\mid(c-d),$$

于是由 $ac-bd=a(c-d)+(a-b)d$,知

$$m\mid(ac-bd),$$

进而得$(ac)R(bd)$.

所以 R 对于$\mathbb{Z}$的通常乘法是一个同余关系.

定理 1.1.5 设$(A,\circ)$为一个代数系统,$\sim$是 A 上的关于$\circ$的一个同余关系,则在商集 $A/\sim$中可定义代数运算

$$\otimes:[a]\otimes[b]=[a\circ b],\quad \forall[a],[b]\in A/\sim.$$

证明 欲证$\otimes$: $A/\sim\times A/\sim\rightarrow A/\sim$,$([a],[b])\mapsto[a\otimes b]$是映射,显然只需证明像$[a\circ b]$与$[a]$,$[b]$的代表元选择无关.

事实上,若$[a]=[a']$,$[b]=[b']$,则 $a\sim a'$,$b\sim b'$.由$\sim$的同余性质,我们得 $a\circ b\sim a'\circ b'$,所以$[a\circ b]=[a'\circ b']$,即$[a]\otimes[b]=[a']\otimes[b']$.这说明$\otimes$确实是 $A/\sim$的一个代数运算,即$(A/\sim,\otimes)$是一个代数系统. □

习惯上,我们将代数系统$(A/\sim,\otimes)$中的代数运算$\otimes$称为由$(A,\circ)$的代数运算$\circ$诱导出的代数运算.

习题 1.1

1. 假如 $a\equiv b(n)$,$c\equiv d(n)$,那么

$$a+c\equiv b+d(n),\quad a-c\equiv b-d(n),$$
$$ma\equiv mb(n),\quad ac\equiv bd(n).$$

2. 试就 $n=-5$ 时,把整数集$\mathbb{Z}$进行同余分类.

3. 对于下面给出的$\mathbb{Z}$到$\mathbb{Z}$的映射 f,g,h

$$f:x\mapsto 3x;\quad g:x\mapsto 3x+1;\quad h:x\mapsto 3x+2.$$

计算 $f\circ g$,$g\circ f$,$g\circ h$,$h\circ g$,$f\circ g\circ h$.

4. 在复数集$\mathbb{C}$中,规定二元关系$\sim$: $a\sim b\Leftrightarrow a$ 的辐角$=b$ 的辐角.证明:$\sim$是$\mathbb{C}$的一个等价关系,决定相应的等价类.

5. 设 $A=\{1,2,3,4\}$,在 2^A 中规定二元关系$\sim$: $S\sim T\Leftrightarrow S,T$ 含有元素个数相同,证明这是一个等价关系.这里 2^A 表示 A 的幂集合,即由 A 的全部子集为元素构成的集合.

6. R_1,R_2 是 A 的两个等价关系,$R_1\cap R_2$ 是不是 A 的二元关系?是不是等价关系?为什么?$R_1\cup R_2$ 是不是 A 的二元关系?

7. 设 R_1,R_2 是 A 的两个等价关系，规定

$$R_1\circ R_2=\{(a,b)\mid \exists\, x\in A:(a,x)\in R_1,(x,b)\in R_2\}.$$

证明："∘"是 A 的一切二元关系所成集合 B 的一个二元运算.

8. 设$\mathbb{R}$为实数集，$\mathbb{R}^+$为正实数集，给出$\mathbb{R}$到$\mathbb{R}^+$的映射：

(1) 单而不满；　(2) 满而不单；　(3) 单而又满；　(4) 既不单也不满.

9. 令 σ 是 n 维向量空间 V 的一个线性变换，试叙述 σ 是单变换的充要条件以及 σ 是满变换的充要条件. 这两个条件有什么联系？

10. 设 $\varphi:A\to B,S\subseteq A$，证明 $\varphi^{-1}(\varphi(S))\supseteq S$，举例说明"="不一定成立.

11. 证明定理 1.1.1.

12. 证明定理 1.1.2.

13. 证明定理 1.1.3.

1.2 群的基本概念

本节主要介绍群的基本概念和基本性质.

1. 群的定义和例子

首先，我们看几个例子.

例 1.2.1 整数集$\mathbb{Z}$关于通常的加法"+"构成了一个代数系统$(\mathbb{Z},+)$，关于加法$\mathbb{Z}$适合结合律，而且$\mathbb{Z}$中的零 0 显然有性质：$\forall n\in\mathbb{Z}$，$0+n=n+0=n$，而且$\forall m\in\mathbb{Z}$，有 $m+(-m)=(-m)+m=0$.

例 1.2.2 设 $M_n(\mathbb{R})$为实数域$\mathbb{R}$上全体 n 阶矩阵构成的集合，且 $G=\{\boldsymbol{A}\in M_n(\mathbb{R})\mid |\boldsymbol{A}|\neq 0\}$为实数域上全体 n 阶可逆矩阵的集合，则关于矩阵通常的乘法$(G,\circ)$构成一个代数系统. 由高等代数的知识知：G 关于∘适合结合律，且将 n 阶单位矩阵记为$\boldsymbol{E}$ 时，有$\forall \boldsymbol{A}\in G,\boldsymbol{A}\circ\boldsymbol{E}=\boldsymbol{E}\circ\boldsymbol{A}=\boldsymbol{A}$，且$\forall \boldsymbol{A}\in G$ 时，有 $\boldsymbol{A}$ 的逆矩阵 $\boldsymbol{A}^{-1}\in G$ 使 $\boldsymbol{A}\circ\boldsymbol{A}^{-1}=\boldsymbol{A}^{-1}\circ\boldsymbol{A}=\boldsymbol{E}$.

经过数学家们长期的研究和总结，抽象出以下群的定义.

定义 1.2.1 设 G 为非空集合，"∘"为 G 上的一个代数运算，如果 G 的运算满足：

(1) "∘"满足结合律，即$\forall a,b,c\in G$，都有$(a\circ b)\circ c=a\circ(b\circ c)$；

(2) G 中有元素 e，使对每个元 $a\in G$，有 $e\circ a=a\circ e=a$；

(3) 对 G 中每个元素 a，存在元素 $b\in G$ 使 $a\circ b=b\circ a=e$.

则称 G 关于运算"∘"构成一个群(group)，记为$(G,\circ)$，在不产生混淆的前提下，简记为 G.

如果对群$(G,\circ)$中任两个元素 a,b 均有

$$a\circ b=b\circ a,$$

即 G 的代数运算满足交换律，则称 G 为交换群(commutative group)或 Abel 群(Abelian group). 否则称 G 为非交换群(non-commutative group)或非 Abel 群(non-Abelian group).

群$(G,\circ)$中的元素个数叫做群 G 的阶(order)，记为$|G|$. 如果$|G|$有限，称 G 为有限群

(finite group)，特别地，当$|G|=n$时，称G为n阶群. 否则称G为*无限群*(infinite group).

在群的定义中条件(2)的元素e称为群G的*单位元*(unity)或*恒等元*(identity)；条件(3)中的元素b称为元素a的*逆元*(inverse element).

例1.2.1中的代数系统$(\mathbb{Z},+)$为群并且是无限Abel群. 其中单位元就是整数0，每个整数m的逆元就是$-m$. 这个群称为*整数加群*(additive group of integers).

类似地可以得到有理数加群$(\mathbb{Q},+)$，实数加群$(\mathbb{R},+)$，复数加群$(\mathbb{C},+)$.

例1.2.2中的代数系统$(G,\circ)$构成一个无限群，当$n>1$时，这个群是一个非Abel群. 其中单位元为单位矩阵$\boldsymbol{E}$，对任意$\boldsymbol{A}\in G$，它的逆元就是逆矩阵$\boldsymbol{A}^{-1}$. 通常称为实数域$\mathbb{R}$上的*一般线性群*(general linear group over $\mathbb{R}$)并记为$GL_n(\mathbb{R})$.

例 1.2.3 设$G=\{1,-1,\mathrm{i},-\mathrm{i}\}$，关于复数的通常乘法，$G$构成一个有限Abel群. 其中$G$的运算表为

	1	−1	i	−i
1	1	−1	i	−i
−1	−1	1	−i	i
i	i	−i	−1	1
−i	−i	i	1	−1

有限群的运算表通常称为*群表*(group table). 从群表中可以清楚地辨认出群的交换性、单位元和每个元素的逆元.

例 1.2.4 设$\mathbb{Q}^*=\{a\in\mathbb{Q}\mid a\neq0\}$表示一切非零有理数的集合. 关于通常数的乘法，$\mathbb{Q}^*$构成一个群. 其中，整数1为$\mathbb{Q}^*$的单位元，非零有理数$\frac{a}{b}$的逆元为$\frac{b}{a}$. 同理可知，非零实数的集合$\mathbb{R}^*=\{x\in\mathbb{R}\mid x\neq0\}$，非零复数的集合$\mathbb{C}^*=\{x\in\mathbb{C}\mid x\neq0\}$关于通常数的乘法都是群.

例 1.2.5 全体n次单位根构成的集合

$$\begin{aligned}U_n&=\{x\in\mathbb{C}\mid x^n=1\}\\&=\left\{\cos\frac{2k\pi}{n}+\mathrm{i}\sin\frac{2k\pi}{n}\mid k=0,1,2,\cdots,n-1\right\}\end{aligned}$$

关于数的通常乘法构成一个n阶Abel群. 这是因为$\forall x,y\in U_n$，自然有$xy=yx$；而且

(1) $\forall x,y\in U_n$，则$(xy)^n=x^ny^n=1\times1=1$，所以$xy\in U_n$；

(2) 数的乘法适合结合律；

(3) $1\in U_n$且$\forall x\in U_n$，$1\cdot x=x\cdot 1=x$. 故1为U_n的单位元；

(4) $\forall x\in U_n$，由$(x^{n-1})^n=(x^n)^{n-1}=1^{n-1}=1$，则$x^{n-1}\in U_n$且$xx^{n-1}=x^n=1$. 所以$x^{n-1}$是$x$的逆元. 因此，$U_n$构成一个$n$阶Abel群，称$U_n$为*$n$次单位根群*.

注：(1) 集合G能否成为群，不仅要注意G的元素，还应关注它的代数运算. 同一个集合对一个代数运算可能构成群，但对另一个代数运算却不一定构成群：比如$\mathbb{Z}$关于整数的通常乘法不能构成群，$\mathbb{Q}^*$关于有理数的通常加法不能成为群.

(2) 如果一个 Abel 群 G 的代数运算用加号"+"表示,常称其为*加群*(additive group),这时 G 的单位元改用 0 表示并称其为 G 的*零元*(zero element);G 中元素 a 的逆元用 $-a$ 表示,并称为 a 的*负元*(negative element). 一般的群称为*乘群*(multiplicative group),并把运算叫做*乘法*(multiplication),运算的结果叫做*积*(product). 为了方便,往往还把 $a\circ b$ 简记为 ab. 今后,如不特别声明,我们的讨论总是假定群的运算为乘法. 显然,将一些相关的术语和记号适当的调整,有关乘群的一切结论对加群也必然成立.

下面介绍两个常用的群:*模 m 的整数加群*(additive group of integers modulo m)和*模 m 整数 U-群*(U-group of integers modulo m).

例 1.2.6 由例 1.1.11 我们已知道($\mathbb{Z}$,+)中的等价关系~:$a\sim b\Leftrightarrow m\mid(a-b)$是同余关系,又由定理 1.1.5 知在模 m 剩余类集 $\mathbb{Z}_m=\{\overline{0},\overline{1},\overline{2},\cdots,\overline{m-1}\}$ 中可定义代数运算 $+:\overline{a}+\overline{b}=\overline{a+b},\forall\,\overline{a},\overline{b}\in\mathbb{Z}_m$. 另外还注意到:

(1) $\forall\,\overline{a},\overline{b},\overline{c}\in\mathbb{Z}_m$,

$(\overline{a}+\overline{b})+\overline{c}=\overline{a+b}+\overline{c}=\overline{(a+b)+c}=\overline{a+(b+c)}=\overline{a}+\overline{b+c}=\overline{a}+(\overline{b}+\overline{c})$,

即$(\mathbb{Z}_m,+)$中结合律成立.

(2) $\forall\,\overline{a}\in\mathbb{Z}_m,\overline{0}+\overline{a}=\overline{0+a}=\overline{a}$,且 $\overline{a}+\overline{0}=\overline{a+0}=\overline{a}$,所以$(\mathbb{Z}_m,+)$中有零元.

(3) $\forall\,\overline{a}\in\mathbb{Z}_m,\overline{a}+\overline{-a}=\overline{a-a}=\overline{0}$,且$\overline{-a}+\overline{a}=\overline{(-a)+a}=\overline{0}$,所以 $\overline{a}$ 有负元$\overline{-a}$.

由上述分析可知$(\mathbb{Z}_m,+)$构成一个群,又显然 $\overline{a}+\overline{b}=\overline{a+b}=\overline{b+a}=\overline{b}+\overline{a},\forall\,\overline{a},\overline{b}\in\mathbb{Z}_m$,故$(\mathbb{Z}_m,+)$成为一个 Abel 群,即$\mathbb{Z}_m$ 关于模 m 剩余类加法构成一个加法群,称其为模 m 整数加群.

设"∘"为整数的通常乘法,则($\mathbb{Z}$,∘)为代数系统且在 $\mathbb{Z}_m$ 中有代数运算 $\overline{a}\,\overline{b}=\overline{ab}$,即$(\mathbb{Z}_m,\cdot)$为代数系统,且满足交换律,我们又可引入另一个常见的 Abel 乘群.

例 1.2.7 设 m 为大于 1 的正整数,记(a,m)表示正整数 a,m 的最大公因数,而

$$U(m)=\{\overline{a}\in\mathbb{Z}_m\mid(a,m)=1\},$$

则 $U(m)$关于模 m 剩余类乘法构成一个 Abel 乘群.

事实上,因为 $m>1$,而$(1,m)=1$,所以 $\overline{1}\in U(m)$,即 $U(m)\neq\varnothing$.

(1) $\forall\,\overline{a},\overline{b}\in U(m)$,则$(a,m)=1,(b,m)=1\Rightarrow(ab,m)=1,\overline{a}\,\overline{b}=\overline{ab}\in U(m)$;

(2) $\forall\,\overline{a},\overline{b},\overline{c}\in U(m)$,

$$(\overline{a}\,\overline{b})\overline{c}=\overline{ab}\,\overline{c}=\overline{(ab)c}=\overline{a(bc)}=\overline{a}\,\overline{bc}=\overline{a}(\overline{b}\,\overline{c});$$

(3) $\forall\,\overline{a}\in U(m),\overline{1}\,\overline{a}=\overline{1a}=\overline{a}$ 且 $\overline{a}\,\overline{1}=\overline{a1}=\overline{a}$,所以 $\overline{1}$ 为 $U(m)$的单位元;

(4) $\forall\,\overline{a}\in U(m)$,而$(a,m)=1$,故存在 $s,t\in\mathbb{Z}$ 使 $as+mt=1$,所以$(s,m)=1$,即 $\overline{s}\in U(m)$. 由于 $0\sim m$,所以 $0\sim mt$,即$\overline{mt}=\overline{0}$. 于是 $\overline{a}\,\overline{s}=\overline{as}=\overline{as+mt}=\overline{1}$,同理 $\overline{s}\,\overline{a}=\overline{1}$,所以 $\overline{s}$ 为 $\overline{a}$ 的逆元.

由上述推理知,$U(m)$关于剩余类乘法构成一个 Abel 乘群. 这个乘群称为模 m 整数 U-群.

注意:(1) $|U(m)|=\varphi(m)$,其中 $\varphi(m)$是欧拉函数,表示小于 m 的与 m 互素的正整数

的个数.

(2) 若 $m=p$(素数),则 $U(p)=\mathbb{Z}_p^*=\{\bar{1},\bar{2},\cdots,\overline{p-1}\}$.

(3) 为了表述上的方便,常习惯将模 m 整数加群 $\mathbb{Z}_m=\{\bar{0},\bar{1},\bar{2},\cdots,\overline{m-1}\}$ 中的元素 $\bar{n}$ 仍记成 n,即 $\mathbb{Z}_m=\{0,1,2,\cdots,m-1\}$.

比如当 $m=4$ 时,$\mathbb{Z}_4=\{0,1,2,3\}$ 的加法表和乘法表分别为

+	0	1	2	3
0	0	1	2	3
1	1	2	3	0
2	2	3	0	1
3	3	0	1	2

和

•	0	1	2	3
0	0	0	0	0
1	0	1	2	3
2	0	2	0	2
3	0	3	2	1

由于模 m 整数 U-群 $U(m)$ 的元素均来自 $\mathbb{Z}_m$,自然地 $U(m)$ 中的元素也该有相应的变化,类似地,当 $m=10$ 时,模 10 整数 U-群 $U(10)=\{1,3,7,9\}$ 的群表为

•	1	3	7	9
1	1	3	7	9
3	3	9	1	7
7	7	1	9	3
9	9	7	3	1

2. 群的基本性质

设 G 为群,那么有下列性质.

性质 1.2.1 G 中的单位元是唯一的.

性质 1.2.2 $\forall a\in G$,则 a 在 G 中的逆元是唯一的.

上述两个性质的证明留作练习.

性质 1.2.3 $\forall a\in G$,a 与 a^{-1} 互为逆元,即 $(a^{-1})^{-1}=a$.

证明 因为 $a(a^{-1})=e$,$(a^{-1})a=e$,所以 a 是 a^{-1} 的逆元,即 $(a^{-1})^{-1}=a$.

性质 1.2.4 $\forall a,b\in G$,$(ab)^{-1}=b^{-1}a^{-1}$.

证明 因为 $(ab)(b^{-1}a^{-1})=a(bb^{-1})a^{-1}=aea^{-1}=e$,同理 $(b^{-1}a^{-1})(ab)=e$,所以 $b^{-1}a^{-1}$ 为 ab 的逆元,即 $(ab)^{-1}=b^{-1}a^{-1}$.

性质 1.2.5 群 G 中消去律成立:$\forall a,b,c\in G$,如果 $ab=ac$,则 $b=c$(左消去律);如果 $ba=ca$,则 $b=c$(右消去律).

证明 如果 $ab=ac$,则

$$b=eb=(a^{-1}a)b=a^{-1}(ab)=a^{-1}(ac)=(a^{-1}a)c=ec=c.$$

同理可证右消去律成立.

定理 1.2.1 设代数系统 $(G,\circ)$ 关于乘法"$\circ$"满足结合律,则 G 为群的充要条件是,对任意 $a,b\in G$,方程

$$ax = b, \quad ya = b$$

在 G 中都有解.

证明 设 G 为群,则 $x=a^{-1}b$ 和 $y=ba^{-1}$ 显然分别是这两个方程的解.

反之,由条件,对 G 中固定的元素 b, $yb=b$ 在 G 中有解 e,即 $eb=b$. $\forall a\in G$,因为 $bx=a$ 在 G 中有解 c,即 $bc=a$. 故 $ea=e(bc)=(eb)c=bc=a$. 又因 $ya=e$ 在 G 中有解 a',所以 $a'a=e$.

下面要证明 $ae=a$ 且 $aa'=e$. 事实上,对于 a', $ya'=e$ 在 G 中仍有解 a'',即 $a''a'=e$. 于是

$$aa' = (ea)a' = e(aa') = (a''a')(aa') = a''(a'a)a' = a''(ea') = a''a' = e,$$

也就是说 $a'a=aa'=e$. 进一步,

$$ae = a(a'a) = (aa')a = ea = a,$$

所以有 $ae=ea=a$. 即 e 为 G 的单位元,且任意元 $a\in G$, $a^{-1}=a'$. 故 G 是一个群. □

注意:在群 G 中,方程 $ax=b$, $ya=b$ 的解的唯一性是显然可见的.

定理 1.2.2 设有限代数系统 G 关于乘法满足结合律,则 G 为群的充要条件是 G 的乘法满足消去律.

证明 若 G 构成群,由性质 1.2.5 得知 G 的乘法满足消去律.

反之,若 G 的乘法满足消去律,先证 $\forall a,b\in G$,方程 $ax=b$ 在 G 中有解. 事实上,设 $|G|=n$,即

$$G = \{a_1, a_2, \cdots, a_n\}, \quad 且当 i \neq j 时, a_i \neq a_j.$$

因为 $a\in G$,所以 $G_1=\{aa_1, aa_2, \cdots, aa_n\}\subseteq G$. 如果 G_1 中有两个元素相同:$aa_i=aa_j$, $i\neq j$,那么由消去律有 $a_i=a_j$. 这与 $a_i\neq a_j$ 矛盾. 因此 G_1 也含有 n 个元素,即 $G_1=G$. 于是 $G=\{aa_1, aa_2, \cdots, aa_n\}$,而 $b\in G$,这表明存在某个 $aa_k\in G$,使 $aa_k=b$,即 $ax=b$ 在 G 中有解.

同理可证明 $ya=b$ 在 G 中也有解. 由定理 1.2.1 知 G 为群. □

注意:此定理对无限阶的代数系统不成立. 例如关于数的通常乘法,自然数集合 $\mathbb{N}$ 满足消去律,但 $\mathbb{N}$ 对于普通乘法不构成群.

3. 元素的阶

(1) 元素的方幂

群定义中的结合律表明,在群 G 中,任意 m 个元素 $a_1, a_2, \cdots, a_m$ 的乘积与运算的顺序无关,因此可以写成 $a_1a_2\cdots a_m$.

由此,可定义群 G 的元素的方幂:对任意正整数 n, $\forall a\in G$,定义

$$a^n = \underbrace{a \cdot a \cdot a \cdot \cdots \cdot a}_{n个},$$

同时约定

$$a^0 = e, \quad a^{-n} = (a^{-1})^n \quad (n 为正整数).$$

则 a^n 对任何整数 n 都有意义,我们可以证明:对任意 $a\in G$, $\forall n,m\in\mathbb{Z}$ 都有下列指数法则:

① $a^na^m=a^{n+m}$;

② $(a^n)^m=a^{nm}$;

③ 若 G 为 Abel 群，则 $(ab)^n=a^nb^n$.

值得提醒的是，当 G 为加群时，元素的方幂则相应改写为倍数：$na=\underbrace{a+a+\cdots+a}_{n个}$，$0a=0$，$(-n)a=n(-a)$. 而指数法则转变为倍数法则：

① $na+ma=(n+m)a$；

② $m(na)=(mn)a$；

③ $n(a+b)=na+nb$.

(2) 元素的阶

定义 1.2.2 设 G 为群，e 为 G 的单位元，$a\in G$. 使

$$a^m=e$$

成立的最小正整数 m 称为元素 a 的阶，记作 $|a|=m$ 或者 $\mathrm{ord}(a)=m$. 若使以上等式成立的正整数 m 不存在，则称 a 的阶是无限阶的，记作 $|a|=\infty$ 或者 $\mathrm{ord}(a)=\infty$.

注意：在加群 G 中，元素 a 的阶是使等式

$$ma=0$$

成立的最小正整数.

例如，在模 6 的剩余类加群 $(\mathbb{Z}_6,+)$ 中，0 的阶为 1，1 和 5 的阶为 6，2 和 4 的阶为 3，3 的阶为 2. 在模 10 单位群 $U(10)$ 中，1 的阶为 1，3 和 7 的阶为 4，9 的阶为 2.

又如整数加群 $(\mathbb{Z},+)$ 中，除了零元 0 外，每个元素的阶都是无限的.

再如有理数域 $\mathbb{Q}$ 上的一般线性群 $GL_3(\mathbb{Q})$ 中，单位矩阵 $\boldsymbol{E}$ 的阶为 1，矩阵 $\begin{pmatrix}0&1&0\\0&0&1\\1&0&0\end{pmatrix}$ 的阶为 3，矩阵 $\begin{pmatrix}1&0&0\\0&1&0\\0&0&0\end{pmatrix}$ 的阶为无限.

有限群 G 中元素的阶具有下列重要性质.

定理 1.2.3 有限群 G 中每个元素的阶均有限.

证明 设 $|G|=n$，$\forall a\in G$，如果 $a=e$，结论成立. 否则

$$a,a^2,a^3,\cdots,a^n,a^{n+1}$$

中必有相等的元素. 不妨设 $a^i=a^j$，$1\leqslant i<j\leqslant n+1$，那么

$$a^{j-i}=e,\quad 其中\ j-i>0.$$

从而 a 的阶有限. □

注意：定理 1.2.3 的逆命题不真. 事实上，设 U_i 为 i 次单位根群，现令

$$U=\bigcup_{i=1}^{\infty}U_i.$$

因一个 m 次单位根与一个 n 次单位根的乘积必是一个 mn 次单位根，故 U 对数的通常的乘

法构成一个群，而且是一个无限 Abel 群. 但这个群中每个元素的阶都是有限的.

定理 1.2.4 设 G 为群，$a\in G$，且 $|a|=m$，那么：

① $a^n=e\Leftrightarrow m|n$；

② $a^s=a^t\Leftrightarrow m|(s-t)$；

③ $e=a^0,a^1,a^2,\cdots,a^{m-1}$ 两两不等；

④ 设 $r\in\mathbb{Z}$，则 $|a^r|=\dfrac{m}{(m,r)}$，其中 (m,r) 表示 m 与 r 的最大公因数.

证明 ① 设 $m|n$，则 $n=mq$，于是 $a^n=a^{mq}=(a^m)^q=e^q=e$. 反之，设 $a^n=e$，令 $n=mq+r$，其中 $0\leqslant r<m$，则 $e=a^n=a^{mq+r}=(a^m)^q a^r=a^r$. 而 $|a|=m$，所以 $r=0$，即 $m|n$.

② $a^s=a^t\Leftrightarrow a^{s-t}=e\Leftrightarrow m|(s-t)$.

③ 若存在 $0\leqslant i<j\leqslant m-1$ 使 $a^i=a^j$，则 $0<j-i\leqslant m-1$，且 $a^{j-i}=e$. 由①知 $m|(j-i)$，显然矛盾.

④ 留给读者自证. □

作为对偶问题，读者易证明下面性质.

定理 1.2.5 设 $a\in G$，且 $|a|=\infty$，那么：

① $a^n=e\Leftrightarrow n=0$；

② $a^s=a^t\Leftrightarrow s=t$；

③ $\cdots,a^{-2},a^{-1},a^0=e,a^1,a^2,\cdots$ 两两不等；

④ $\forall\, 0\neq r\in\mathbb{Z}$，$|a^r|=\infty$. □

为了帮助读者熟悉常用到的群的例子，表 1.2.1 将一些群例汇集在一起，以便进行比较.

表 1.2.1

群	运算	单位元	群的元素	逆元	是否为 Abel 群
$\mathbb{Z}$	数的加法	0	n	$-n$	是
$\mathbb{Q}^+$	数的乘法	1	m/n	n/m	是
$\mathbb{Z}_m$	模 m 剩余类加法	0	n	$m-n$	是
$GL_n(\mathbb{R})$	矩阵的乘法	$\boldsymbol{E}$	$\mathbf{A},\lvert\mathbf{A}\rvert\neq 0$	$\mathbf{A}^{-1}$	否
$U(n)$	模 n 剩余类乘法	1	$k,(k,n)=1$	$kx=1(\bmod n)$ 的解	是

群论的起源

群的概念在数学史上出现是在19世纪的上半叶，但是其思想的萌芽在古希腊欧几里得(Euclid，约公元前330—公元前275)的《几何原本》中就已经出现了. 此后，群的概念以运动和变换作为基础潜在地形成了. 到了19世纪后期，它才正式出现，不久就在整个数学中占有重要的地位，成为现代数学的基础之一.

有意识地开辟通向群的概念的道路始于18世纪末，当时，拉格朗日(J. L. Lagrange，1736—1813)、范德蒙德(A. T. Vandermonde，1735—1796)、鲁菲尼(P. Ruffini，1765—1822)等试图求出高次代数方程的代数解法，由于研究方程诸根之间的置换而注意到了群的概念. 基于这种思考方式，阿贝尔(N. H. Abel，1802—1829)证明了5次以上的一般的代数方程没有根式解. 而置换群与代数方程之间的关系的完全描述是由伽罗瓦(E. Galois，1811—1832)在1830年左右做出的(现称为伽罗瓦理论)，这一工作后来在若尔当(C. Jordan，1838—1921)的名著《置换和代数方程论》中得到了很好的介绍和发展. 置换群是最终形成抽象群的第一个主要来源.

群的思想也以独立的方式产生于几何学. 19世纪中叶，几何学的研究重点逐渐转移到研究几何图形的变换以及它们的分类上. 这种研究被默比乌斯(A. Mobius，1790—1868)广泛地进行. 以凯莱(A. Cayley，1821—1895)为首的不变量理论的英国学派给出了几何学的更为系统的分类，凯莱明确地使用了"群"这个术语. 这个发展的最后阶段是克莱因(C. F. Klein，1849—1925)在1872年提出了著名的"埃尔兰根纲领"，他指出：集合的分类可以通过变换群来实现.

数论是群的概念的第三个来源. 早在1761年，欧拉(L. Eyler，1707—1783)就使用了同余式和它们分成的同余类，这在群论的语言中就意味着把一个群分解成子群的陪集. 高斯(C. F. Gauss，1777—1855)则研究了分圆方程，并且实际上确定了它们的伽罗瓦群的子群. 戴德金(J. W. R. Dedekind，1831—1916)于1858年和克罗内克(L. Kronecker，1823—1891)于1870年在其代数数论的研究中也引入了有限交换群以至有限群.

1882—1883年，迪克(W. Von dyck，1856—1934)的论文把上述三个主要来源的工作纳入抽象群的概念之中，建立了(抽象)群的定义. 到19世纪80年代，数学家们终于成功地概括出抽象群论的公理体系，此公理体系大约在1890年得到公认.

20世纪80年代，群的概念已经普遍地被认为是数学及其许多应用中最基本的概念之一. 它不但渗透到诸如几何学、代数拓扑学、函数论、泛函分析及其他许多数学分支中而起着重要的作用，还形成了一些新学科如拓扑群、李群、代数群等，它们还具有与群结构相联系的其他结构，如拓扑、解析流形、代数簇等，并在结晶学、理论物理、量子化学以及编码学、自动机理论等方面，都有重要作用.

习题 1.2

1. 设 $G=\{(a,b)\mid a,b\in\mathbb{R},a\neq 0\}$，规定：$(a,b)\cdot(c,d)=(ac,ad+b)$. 证明 $\{G,\cdot\}$ 是一个群.

2. 设 $\mathbb{Z}$ 是整数集，m 是一个固定的自然数，令 $G=\{km\mid k\in\mathbb{Z}\}$，证明：$\{G,+\}$ 是一个群.

3. 设 G 是一个群，s 是 G 的固定的元素，在 G 中规定运算 $a\circ b=asb$. 证明 $\{G,\circ\}$ 是一个群.

4. 证明：任意偶数阶有限群 G 必含有元素 $a\neq e$，使得 $a^2=e$.

5. 设群 G 中每个元素都满足 $a^2=e$，证明：G 是交换群.

6. 假如$\{1,2,3,4\}$的乘法表是

	1	2	3	4
1	2	1	4	3
2	4	2	3	1
3	1	3	2	4
4	3	4	1	2

它们是否成为群？假如不是群，结合律是否成立？有无单位元？

7. 验证$\left\{\begin{pmatrix}1&0\\0&1\end{pmatrix},\begin{pmatrix}-1&0\\0&-1\end{pmatrix},\begin{pmatrix}1&0\\0&-1\end{pmatrix},\begin{pmatrix}-1&0\\0&1\end{pmatrix}\right\}$关于矩阵的乘法构成群.

8. 设 $G=\{\mathbb{Z},+\}$，对 G 规定运算$\circ$：$a\circ b=a+b-2$. 证明$\{G,\circ\}$是一个群.

9. $G=\{a+b\mathrm{i}\mid a,b\in\mathbb{Z},\mathrm{i}^2=-1\}$，证明$\{G,+\}$是一个群.

10. 设 G 为群，$a,b,c\in G$，证明：$xaxba=xbc$ 在 G 中有且仅有一个解.

11. 证明定理 1.2.4④.

12. 设 G 为群，证明：

(1) G 的单位元是唯一的；

(2) $\forall a\in G$，则 a 在 G 中的逆元是唯一的.

1.3 子群

通过局部来了解整体，这是认识事物的常规手段. 犹如我们有子集、子空间的概念一样，我们也希望能通过群的某些特殊子集——子群来研究群的性质，这是研究群的一般方法.

1. 子群的概念

定义 1.3.1 设 G 为群，H 是 G 的一个非空子集，如果 H 关于 G 的运算也构成群，则称 H 为 G 的一个子群(subgroup)，记作 $H\leqslant G$.

例如，任意一个群 $G\neq\{e\}$都至少有两个子群：单位元群$\{e\}$和 G 自身. 习惯上称$\{e\}$和 G 为 G 的平凡子群(trivial subgroup)，G 的其他子群(如果还有的话)称为 G 的非平凡子群(nontrivial subgroup)，而每个不等于 G 自身的子群 H 称为 G 的真子群(proper subgroup)，记作 $H<G$.

例 1.3.1 设 n 为整数集$\mathbb{Z}$中一个固定整数. 令 $H=\{nx\mid x\in\mathbb{Z}\}$，则由习题 1.2 中的第 2 题知 H 为整数加群$(\mathbb{Z},+)$的子群，称为由 n 生成的子群，且记为 $n\mathbb{Z}$ 或$\langle n\rangle$.

易知，关于数的通常加法"+"，有

$$(2\mathbb{Z},+)\leqslant(\mathbb{Z},+)\leqslant(\mathbb{Q},+)\leqslant(\mathbb{R},+)\leqslant(\mathbb{C},+).$$

关于数的通常乘法"∘",还有

$$(\mathbb{Q}^*,\circ)\leqslant(\mathbb{R}^*,\circ)\leqslant(\mathbb{C}^*,\circ).$$

但是,$(\mathbb{Q}^*,\circ)$不是$(\mathbb{R},+)$的子群,因为两者的运算不一样;$(\mathbb{Z}_m,+)$也不是$(\mathbb{Z},+)$的子群,因为$\mathbb{Z}_m$ 不是$\mathbb{Z}$ 的子集.

2. 子群的性质

性质 1.3.1 若 $H\leqslant K,K\leqslant G$,则 $H\leqslant G$.

这是子群定义的直接结果.

性质 1.3.2 设 $H\leqslant G$,则:

(1) H 的单位元 e_H 就是 G 的单位元 e_G;

(2) 若 $a\in H$,a 在 H 中的逆元 a_H^{-1} 就是 a 在 G 中的逆元 a_G^{-1}.

证明 (1) 因为 $e_He_H=e_H=e_He_G$,则由群 G 的消去律得 $e_H=e_G$.

(2) 因为 $aa_H^{-1}=e_H=e_G=aa_G^{-1}$,由群 G 的消去律知 $a_H^{-1}=a_G^{-1}$.

以后我们仍用 e 表示子群 H 的单位元;当 $a\in H$ 时,用 a^{-1}表示 a 在 H 中的逆元.

要判断群 G 的非空子集 H 是否为子群,不必检验群定义中的所有条件,因此我们有下面的定理.

定理 1.3.1 设 G 为群,$\varnothing\neq H\subseteq G$,则下列各命题等价:

(1) $H\leqslant G$;

(2) $\forall a,b\in H$,有 $ab\in H$ 且 $a^{-1}\in H$;

(3) $\forall a,b\in H$,有 $ab^{-1}\in H$.

证明 采用循环论证法.

(1) ⇒(2) 设 $H\leqslant G$,由群的运算是封闭的可知 $ab\in H$. 再由群的定义和性质 2,$a_G^{-1}=a_H^{-1}\in H$.

(2) ⇒(3) $\forall a,b\in H$,由(2)知 $b^{-1}\in H$ 且 $ab^{-1}\in H$.

(3) ⇒(1) 因 $H\neq\varnothing$,故存在 $h\in H$ 且 $e=hh^{-1}\in H$,所以 G 的单位元 $e\in H$. 另外,$\forall a,b\in H$,则由(3)$b^{-1}=eb^{-1}\in H$,即 H 中每个元素在 H 中有逆元. $ab=a(b^{-1})^{-1}\in H$. 于是 H 适合封闭性. 最后,因 $\varnothing\neq H\subseteq G$,$H$ 自然满足结合律. 于是 H 是一个群,所以 $H\leqslant G$. □

对于群 G 的非空有限子集 H 构成 G 的子群的判定更为简单.

定理 1.3.2 设 G 为群,H 是 G 的非空有限子集,则

$$H\leqslant G\Leftrightarrow\forall a,b\in H,\text{有 } ab\in H.$$

证明 必要性显然成立.

对充分性证明如下. 因 $H\subseteq G$,故 H 中结合律和消去律都成立. 又因题设,在 H 中封闭性成立且 H 为有限集,由定理 1.2.2,H 为群,即 $H\leqslant G$. □

例 1.3.2 设 k,n 都是正整数且 $k\mid n$,设 $U_k(n)=\{x\in U(n)\mid x\equiv1(\mathrm{mod}\ k)\}$,那么 $U_k(n)\leqslant U(n)$.

证明 $1\in U_k(n)$,所以 $U_k(n)\neq\varnothing$.

$$\forall x,y\in U_k(n)\Rightarrow k\mid(x-1),k\mid(y-1),$$

而 $xy-1=x(y-1)+(x-1)$,所以 $k\mid(xy-1)$,即 $xy\in U_k(n)$. 因为 $U_k(n)$ 是有限集,由定理 1.3.2 可知 $U_k(n)\leqslant U(n)$.

例 1.3.3 设 $GL_n(\mathbb{R})$ 为实数域 $\mathbb{R}$ 上的 n 次一般线性群,记

$$SL_n(\mathbb{R})=\{\boldsymbol{A}\in M_n(\mathbb{R})\mid |\boldsymbol{A}|=1\},$$

则 $SL_n(\mathbb{R})\leqslant GL_n(\mathbb{R})$,并称 $SL_n(\mathbb{R})$ 为实数域 $\mathbb{R}$ 上的 n 次特殊线性群(special linear group).

证明 因为 $|\boldsymbol{E}_n|=1$,故有 $\boldsymbol{E}_n\in SL_n(\mathbb{R})$. 而 $\forall\boldsymbol{A}\in SL_n(\mathbb{R})$,由 $|\boldsymbol{A}|=1$,得 $\boldsymbol{A}$ 可逆,即 $\boldsymbol{A}\in GL_n(\mathbb{R})$,所以 $SL_n(\mathbb{R})$ 为 $GL_n(\mathbb{R})$ 的非空子集.

$\forall\boldsymbol{A},\boldsymbol{B}\in SL_n(\mathbb{R})$,因为 $|\boldsymbol{AB}^{-1}|=|\boldsymbol{A}||\boldsymbol{B}^{-1}|=1$,所以 $\boldsymbol{AB}^{-1}\in SL_n(\mathbb{R})$.

据定理 1.3.1 之(3)得,$SL_n(\mathbb{R})\leqslant GL_n(\mathbb{R})$.

例 1.3.4 设 G 为群而 $\varnothing\neq A\subseteq G$,记

$$C(A)=\{g\in G\mid ga=ag,\forall a\in A\},$$

则 $C(A)$ 是 G 的子群,并称 $C(A)$ 为 A 在 G 内的中心.

证明 因为 $\forall a\in A,ea=ae$,故 $e\in C(A)$. 所以 $C(A)\neq\varnothing$.

其次,$\forall g,h\in C(A),\forall a\in A$,则

$$(gh)a=g(ha)=g(ah)=(ga)h=(ag)h=a(gh).$$

所以 $gh\in C(A)$.

最后,$\forall g\in C(A),\forall a\in A$,有 $ga=ag$. 此式两端同时左乘和右乘 g^{-1} 得

$$g^{-1}(ga)g^{-1}=g^{-1}(ag)g^{-1},$$

经整理得 $ag^{-1}=g^{-1}a$,所以 $g^{-1}\in C(A)$.

于是由定理 1.3.1 之(2)知,$C(A)\leqslant G$.

注意:在例 1.3.4 中,若令 $A=G$,则

$$C(G)=\{g\in G\mid gx=xg,\forall x\in G\}$$

称为 G 的中心(the center of G).

性质 1.3.3 设 $H\leqslant G,K\leqslant G$,则 $H\cap K\leqslant G$.

证明 显然 $e\in H\cap K$,故 $H\cap K\neq\varnothing$.

$\forall x,y\in H\cap K$,有 $x,y\in H$ 且 $x,y\in K$. 而 H 和 K 均为 G 的子群,故有 $xy^{-1}\in H$ 且 $xy^{-1}\in K$,所以 $xy^{-1}\in H\cap K$. 由定理 1.3.1 之(3)知,$H\cap K\leqslant G$.

一般地,我们有下面的定理,其证明留作练习.

定理 1.3.3 设 G 为群,I 是一个指标集,而 $H_i\leqslant G(i\in I)$,则 $\bigcap_{i\in I}H_i\leqslant G$.

3. 由集合生成的子群

设 S 为群 G 的一个非空子集,令 M 为 G 的一切包含 S 的子群所形成的集合:

$$M=\{K\leqslant G\mid S\subseteq K\}.$$

(显然 $G\in M$),令 $H=\bigcap_{K\in M}K$,则 $H\leqslant G$.

通常称 H 为群 G 的由子集 S 生成的子群,记为 $\langle S\rangle$,即

$$\langle S\rangle=\bigcap_{S\subseteq K\leqslant G}K.$$

同时 S 称为子群 $\langle S\rangle$ 的生成元集.

如果 $S=\{s_1,s_2,\cdots,s_n\}$ 是有限集,则记

$$\langle S\rangle=\langle s_1,s_2,\cdots,s_n\rangle,$$

并称 $\langle S\rangle$ 是有限生成的子群.

定理 1.3.4 设 G 为群,$\varnothing\neq S\subseteq G$,则由 S 生成的子群 $\langle S\rangle$ 是 G 的含 S 的最小子群.

证明 设 $H\leqslant G$ 且 $S\subseteq H$. 由于 $\langle S\rangle$ 是 G 的所有包含 S 的子群的交,所以 $\langle S\rangle\subseteq H$ 且 $S\subseteq\langle S\rangle$. □

下面定理提供了生成子群的基本特征.

定理 1.3.5 设 G 为群,$\varnothing\neq S\subseteq G$,则下列三个集合是相同的:

(1) $\langle S\rangle=\bigcap_{S\subseteq K\leqslant G}K$;

(2) $T=\{s_1^{\alpha_1}s_2^{\alpha_2}\cdots s_k^{\alpha_k}\mid s_i\in S,\alpha_i=\pm 1,k\in\mathbb{N}\}$;

(3) $L=\{s_1^{n_1}s_2^{n_2}\cdots s_t^{n_t}\mid s_i\in S,n_i\in\mathbb{Z},t\in\mathbb{N}\}$.

(定理 1.3.5 的证明留作练习). □

注意:当 $S=\{a\}$ 为单元集时,$\langle S\rangle$ 记为 $\langle a\rangle$,且 $\langle a\rangle=\{a^n\mid n\in\mathbb{Z}\}$,称之为由 a 生成的循环子群. 特别地,若 $G=\langle a\rangle$,则称 G 为循环群,而 a 叫做 G 的一个生成元.

阿贝尔小传

阿贝尔(N. H. Abel,1802—1829)是 19 世纪最伟大的数学家之一,1802 年 8 月 5 日出生于挪威. 16 岁时,他就开始学习牛顿、欧拉、拉格朗日和高斯的经典数学著作. 在他 19 岁那年,阿贝尔解决了一个让一些著名数学家烦恼了数百年的难题,他证明了虽然一元二次、三次甚至四次方程都有求根公式,但是对于一般的五次方程却不存在这样的求根公式. 虽然阿贝尔在近世代数的许多领域建立起来之前就早早地过世了,但是他对于五次方程求解问题的解决为这些研究领域做出了基础性的工作. 阿贝尔和雅可比(C. Gustav Jacobi,1804—1851)是公认的椭圆函数论的创始人. 这是作为椭圆积分的反函数而为他所发现的. 这一理论很快就成为 19 世纪分析中的重要领域之一,他对数论、数学物理以及代数几何有许多应用. 阿贝尔发现了椭圆函数的加法定理、双周期性. 此外,在交换群、二项级数的严格理论、级数求和等方面都有巨大的贡献. 正当他的工作开始受到其所应该受到的重视时,阿贝尔染上了肺结核,于 1829 年 4 月 6 日不幸逝世,年仅 27 岁. 1872 年,若尔当引入了阿贝尔群这一术语,以纪念这位英年早逝的天才数学家. 另外我们常说阿贝尔积分、阿贝尔积分方程、阿贝尔函数、阿贝尔级数、阿贝尔部分和公式、阿贝尔收敛判别法、阿贝尔可加性也是数学家们用来纪念这位数学伟人的. 很少有几个数学家能使他的名字同数学中的这么多概念和定理联系在一起. 谁也不难想象,要是他活到正常寿命的话该有多少贡献啊!

习题 1.3

1. 设群 $G=GL_2(\mathbb{R})$，$\boldsymbol{A}=\begin{pmatrix}1&0\\0&2\end{pmatrix}$，$\boldsymbol{B}=\begin{pmatrix}0&1\\1&0\end{pmatrix}$，求 $C(\boldsymbol{A})$，$C(\boldsymbol{B})$.

2. 证明：群 G 的任意多个子群的交还是 G 的子群.

3. 设 $a\in G$，$C(a)=\{g\in G\mid ga=ag\}$. 证明：$C(a)\leqslant G$ 且 $C(G)=\bigcap\limits_{a\in G}C(a)$.

4. 证明定理 1.3.3.

5. 证明定理 1.3.5.

6. G 是 n 阶有限群，证明：G 的元素都满足方程 $x^n=e$.

7. 设 S 是群 G 的子群，令

$$N(S)=\{a\in G\mid aSa^{-1}=S\},$$

则 $N(S)$ 叫做 S 的正规化子. 证明：$N(S)$ 是 G 的子群.

8. 设 A,B 是群 G 的两个子群，证明 $AB\leqslant G\Leftrightarrow AB=BA$.

9. 设 A,B 是群 G 的两个子群，试证 $A\cup B$ 是 G 的子群当且仅当 $A\leqslant B$ 或 $B\leqslant A$，利用这一事实证明，群 G 不能表示成两个真子群的并.

10. 找出 $\mathbb{Z}_{12}$ 的所有生成元，并找出所有子群.

11. 在习题 1.2 中的第 9 题，找出 G 的所有子群.

1.4 置换群

群论历史上最早出现的一类群是与有限集合的一一变换联系在一起的. 这类群通常称为置换群，而一般群的概念正是从置换群中抽象出来的.

1. 变换群

设 A 是一个非空集合，A 到 A 自身的映射称为 A 的变换；A 到 A 自身的双射称为 A 的一一变换. 将 A 的全部一一变换构成的集合记作 $S(A)$（或记为 Sym$A$）. 变换的合成就是映射通常的合成，又称为乘法，通常乘号省略不写.

定理 1.4.1 设 A 为非空集合，则 $S(A)$ 关于变换的乘法构成一个群.

证明 因为 A 上的恒等变换 I_A 是一一变换，故 $I_A\in S(A)$，即 $S(A)\neq\varnothing$.

显然 A 上的任两个一一变换的合成仍是一一变换；由于映射的合成都满足结合律，所以 $S(A)$ 中的乘法运算也满足结合律；显然恒等变换 I_A 为 $S(A)$ 的单位元且 $S(A)$ 中的每一个变换都是双射，故都有逆变换，即逆元存在.

从而由群的定义知，$S(A)$ 关于变换的乘法构成群. □

定义 1.4.1 设 A 是非空集合，把 A 上全部一一变换构成的群 $S(A)$ 称为 A 的对称群（symmetric group），称 $S(A)$ 的任一个子群称为 A 的一个变换群（transformation group）.

例 1.4.1 设$\mathbb{R}$为实数集,$\sigma_{(a,b)}$为$\mathbb{R}$的一个变换,其中$a,b\in\mathbb{R}$,且$a\neq0$,$\sigma_{(a,b)}(x)=ax+b$,$\forall x\in\mathbb{R}$.证明:

(1) $\sigma_{(a,b)}$为$\mathbb{R}$的一个一一变换;

(2) $G=\{\sigma_{(a,b)}\mid\forall a,b\in\mathbb{R},a\neq0\}$构成$\mathbb{R}$的一个变换群.

证明 (1) 显然$\sigma_{(a,b)}$是$\mathbb{R}$的一个一一变换.

(2) 由(1)已知G为$\mathbb{R}$的一些特定的一一变换构成的集合,且$1_{\mathbb{R}}=\sigma_{(1,0)}\in G$,所以$G\neq\varnothing$.

首先,$\forall\sigma_{(a,b)},\sigma_{(c,d)}\in G$,$\forall x\in\mathbb{R}$.由于

$$\begin{aligned}\sigma_{(a,b)}\sigma_{(c,d)}(x)&=\sigma_{(a,b)}(cx+d)\\&=a(cx+d)+b\\&=acx+ad+b\\&=\sigma_{(ac,ad+b)}(x).\end{aligned}$$

因为$a\neq0$,$c\neq0$,故$ac\neq0$,所以$\sigma_{(a,b)}\sigma_{(c,d)}=\sigma_{(ac,ad+b)}\in G$,即$G$对变换的乘法是封闭的.

其次,因为变换的乘法是适合结合律的,故代数系统$(G,\cdot)$的乘法适合结合律.

另外,$\forall\sigma_{(a,b)}\in G$,对于$\sigma_{(1,0)}\in G$,有

$$\sigma_{(1,0)}\sigma_{(a,b)}=\sigma_{(a,b)}=\sigma_{(a,b)}\sigma_{(1,0)}.$$

所以$\sigma_{(1,0)}$是G的单位元.

最后,$\forall\sigma_{(a,b)}\in G$,由$\frac{1}{a},-\frac{b}{a}\in\mathbb{R}$,且$\frac{1}{a}\neq0$,则$\sigma_{(\frac{1}{a},-\frac{b}{a})}\in G$,且

$$\sigma_{(a,b)}\sigma_{(\frac{1}{a},-\frac{b}{a})}=\sigma_{(1,0)}=\sigma_{(\frac{1}{a},-\frac{b}{a})}\sigma_{(a,b)},$$

即$\sigma_{(\frac{1}{a},-\frac{b}{a})}$为$\sigma_{(a,b)}$的逆元.

因此,G是实数集$\mathbb{R}$的一个变换群.

注意:(1) 变换群一般不是 Abel 群.在例 1.4.1 中,$\sigma_{(1,2)}\sigma_{(3,4)}=\sigma_{(3,6)}$,$\sigma_{(3,4)}\sigma_{(1,2)}=\sigma_{(3,10)}$,所以$\sigma_{(1,2)}\sigma_{(3,4)}\neq\sigma_{(3,4)}\sigma_{(1,2)}$.

(2) 集合A上一些非一一变换对变换的乘法也可以构成群(这类群的构造,作为练习留给读者).但这类群不叫A上的变换群.

我们会在后面对变换群进行更深入的讨论,本节重点讨论有限集A上的变换群——置换群.

2. 置换群

由于有限集合A中元素的表示形式与问题的讨论关系不大,所以我们总是记

$$A=\{1,2,\cdots,n\}.$$

设σ为A的任一个一一变换,若σ将1变到i_1,2变到i_2,$\cdots$,n变到i_n,则可将置换σ写为

$$\sigma=\begin{pmatrix}1&2&3&\cdots&n\\i_1&i_2&i_3&\cdots&i_n\end{pmatrix}.\tag{1.4.1}$$

当然,因 A 的元素的次序与置换 σ 的对应关系无关,所以 σ 也可另记为

$$\sigma=\begin{pmatrix}3 & 1 & 2 & \cdots & n\\ i_3 & i_1 & i_2 & \cdots & i_n\end{pmatrix}, \tag{1.4.2}$$

等等.

易知,在(1.4.1)式中若固定第一行元素的次序,那么第二行就为 $1,2,3,\cdots,n$ 的一个排列,所以每个置换都唯一确定了一个这样的排列;反过来,任一个 n 元排列都可依(1.4.1)式得到唯一的一个 n 元置换.在下面的讨论中,我们总是将 n 元置换的第一行按自然次序表示.

定义 1.4.2 设 A 是一个含有 n 个元素的集合,不妨记为 $A=\{1,2,\cdots,n\}$.A 上的每个一一变换叫做一个 n 元置换(permutation);A 上的全体 n 元置换构成的群叫做 n 次对称群,记为 S_n,同时 S_n 的每个子群称为置换群(permutation group).

由于 n 个数共有 $n!$ 个 n 元排列,即含有 n 个元素的集合 A 共有 $n!$ 个 n 元置换,所以有下面的定理.

定理 1.4.2 n 次对称群 S_n 的阶是 $n!$. □

例 1.4.2 写出三次对称群 S_3 的所有元素,并且判断 S_3 是不是交换群.

解 因 $|S_3|=3!$,故 S_3 的六个元素为

$$\begin{pmatrix}1&2&3\\1&2&3\end{pmatrix},\quad \begin{pmatrix}1&2&3\\2&3&1\end{pmatrix},\quad \begin{pmatrix}1&2&3\\3&1&2\end{pmatrix}$$

$$\begin{pmatrix}1&2&3\\1&3&2\end{pmatrix},\quad \begin{pmatrix}1&2&3\\3&2&1\end{pmatrix},\quad \begin{pmatrix}1&2&3\\2&1&3\end{pmatrix}.$$

因为

$$\begin{pmatrix}1&2&3\\2&1&3\end{pmatrix}\begin{pmatrix}1&2&3\\1&3&2\end{pmatrix}=\begin{pmatrix}1&2&3\\2&3&1\end{pmatrix},$$

$$\begin{pmatrix}1&2&3\\1&3&2\end{pmatrix}\begin{pmatrix}1&2&3\\2&1&3\end{pmatrix}=\begin{pmatrix}1&2&3\\3&1&2\end{pmatrix}.$$

因此 S_3 不是 Abel 群.类似地可知,当 $n\geqslant3$ 时,S_n 都不是 Abel 群.

注意:因为置换的乘法实际上就是映射的合成,故自然沿袭了从右至左的顺序习惯,但有的资料上的顺序恰好相反,读者要特别注意.

从上述分析中易知,在 S_n 中,恒等变换

$$\begin{pmatrix}1&2&3&\cdots&n\\1&2&3&\cdots&n\end{pmatrix}$$

是群 S_n 的单位元.

如果 S_n 中元素 $\sigma=\begin{pmatrix}1&2&3&\cdots&n\\i_1&i_2&i_3&\cdots&i_n\end{pmatrix}$,那么

$$\sigma^{-1}=\begin{pmatrix}i_1 & i_2 & i_3 & \cdots & i_n\\ 1 & 2 & 3 & \cdots & n\end{pmatrix},$$

置换还可以用另一种方法表示，我们先给出一个定义.

定义 1.4.3 设 σ 为一个 n 元置换，如果

$$\sigma(i_1)=i_2,\quad \sigma(i_2)=i_3,\quad \cdots,\quad \sigma(i_{k-1})=i_k,\quad \sigma(i_k)=i_1$$

且 σ 将其余的数字(如果还有的话)保持不变，则称 σ 是一个长度为 k 的循环置换，或称为循环(cycle)，简称为 k-循环并记作

$$\sigma=(i_1i_2i_3\cdots i_k).$$

当 $k=1$ 时，1-循环就是恒等置换，记为 $(1)=(2)=\cdots=(n)$.

当 $k=2$ 时，2-循环 (i_1i_2) 称为对换(transposition).

每个 k-循环可形象地用图 1.4.1 表示，所以，每个 k-循环的表示方法不是唯一的，例如

$$\sigma=(i_1i_2i_3\cdots i_k)=(i_2i_3\cdots i_ki_1)=\cdots=(i_ki_1i_2\cdots i_{k-1}).$$

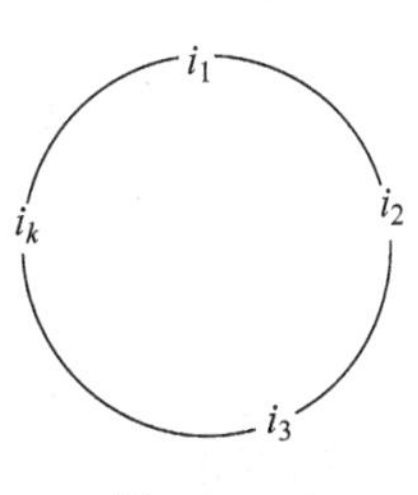

图 1.4.1

比如 7 元置换

$$\sigma=\begin{pmatrix}1 & 2 & 3 & 4 & 5 & 6 & 7\\ 2 & 4 & 3 & 6 & 5 & 1 & 7\end{pmatrix}$$

可写成 4-循环

$$\sigma=(1246)=(6124)=(4612)=(2461),$$

等等.

定义 1.4.4 设 $\sigma=(i_1i_2i_3\cdots i_k)$ 和 $\tau=(j_1j_2j_3\cdots j_t)$ 为两个无公共元素的循环置换，则称 σ 与 τ 为不相连循环(disjoint cycles).

前面我们已提出：两个置换的乘法通常是不能交换的，但是我们又有下面的结论.

定理 1.4.3 如果 $\sigma=(i_1i_2i_3\cdots i_k)$ 和 $\tau=(j_1j_2j_3\cdots j_t)$ 为 A 上两个不相连的循环，那么 $\sigma\tau=\tau\sigma$.

证明 设 x 是 A 中任意一个元素. 如果 $x\neq i_r$，$x\neq j_s$ $(r=1,2,\cdots,k,s=1,2,\cdots,t)$，那么 σ 和 τ 都保持 x 不变，即

$$\sigma\tau(x)=\sigma(x)=x,\quad \tau\sigma(x)=\tau(x)=x.$$

所以 $\sigma\tau(x)=\tau\sigma(x)$.

如果 x 是 $i_1,i_2,\cdots,i_k$ 中某一个元素，那么 τ 必保持 x 不变，而 $\sigma(x)\neq j_s$ $(s=1,2,\cdots,t)$. 于是 $\sigma\tau(x)=\sigma(x)$，$\tau\sigma(x)=\tau(\sigma(x))=\sigma(x)$. 所以也有 $\sigma\tau(x)=\tau\sigma(x)$.

同理可证，如果 x 是 $j_1,j_2,\cdots,j_t$ 中一个元素时，也有 $\sigma\tau(x)=\tau\sigma(x)$.

综上所述，所以 $\sigma\tau=\tau\sigma$. □

对于循环置换，我们注意到有如下事实.

例 1.4.3 设 $\sigma=\begin{pmatrix}1 & 2 & 3 & 4 & 5 & 6 & 7 & 8 & 9 & 10 & 11\\ 6 & 11 & 1 & 2 & 5 & 3 & 10 & 8 & 7 & 9 & 4\end{pmatrix}$ 为 11 元置换，那么可将 σ

作如下变形：

$$\sigma=\begin{pmatrix}1&6&3&2&11&4&7&10&9&5&8\\6&3&1&11&4&2&10&9&7&5&8\end{pmatrix}$$

$$=\begin{pmatrix}1&6&3&2&11&4&7&10&9&5&8\\6&3&1&2&11&4&7&10&9&5&8\end{pmatrix}\begin{pmatrix}1&6&3&2&11&4&7&10&9&5&8\\1&6&3&11&4&2&7&10&9&5&8\end{pmatrix}$$

$$\cdot\begin{pmatrix}1&6&3&2&11&4&7&10&9&5&8\\1&6&3&2&11&4&10&9&7&5&8\end{pmatrix}$$

$$=(1\ \ 6\ \ 3)(2\ \ 11\ \ 4)(7\ \ 10\ \ 9),$$

所以 σ 表示成互不相连循环的乘积.

一般地,对任意 n 元置换 σ,有

$$\sigma=\begin{pmatrix}1&2&3&\cdots&n\\k_1&k_2&k_3&\cdots&k_n\end{pmatrix}$$

$$=\begin{pmatrix}i_1&i_2&\cdots&i_k&\cdots&j_1&j_2&\cdots&j_s&a_1&a_2&\cdots&a_l\\i_2&i_3&\cdots&i_1&\cdots&j_2&j_3&\cdots&j_1&a_1&a_2&\cdots&a_l\end{pmatrix}$$

$$=(i_1\ \ i_2\ \ \cdots\ \ i_k)\cdots(j_1\ \ j_2\ \ \cdots\ \ j_k).$$

因此有如下定理.

定理 1.4.4 每一个非循环置换可表示为一些不相连循环的乘积. □

作为群元素的阶,每个置换的阶的计算有以下更一般的方法.

定理 1.4.5 设 σ 为 n 元置换.

(1) 如果 σ 可表示成一个 k-循环 $(i_1i_2\cdots i_k)$,那么 σ 的阶为 k,并 $\sigma^{-1}=(i_ki_{k-1}\cdots i_2i_1)$;

(2) 如果 σ 表示成一些不相连循环的乘积,那么 σ 的阶为各因子的阶的最小公倍数.

证明 (1) 设 $\sigma=(i_1i_2\cdots i_k)$,则 $\sigma^r(i_j)=i_{r+j}$($r+j$ 按模 k 取余数),所以 $\sigma^k(i_j)=i_j$,且当 $r<k$ 时,$\sigma^r(i_j)\neq i_j$,所以 $|\sigma|=k$. 通过直接计算可得

$$(i_1i_2\cdots i_k)(i_ki_{k-1}\cdots i_2i_1)=(1)\text{ 且 }(i_ki_{k-1}\cdots i_2i_1)(i_1i_2\cdots i_k)=(1),$$

所以

$$(i_1i_2\cdots i_k)^{-1}=(i_ki_{k-1}\cdots i_2i_1).$$

(2) 设 σ 是一些不相连循环的乘积

$$\sigma=\tau_1\tau_2\cdots\tau_s,$$

其中,τ_i 为 k_i-循环(这里自然有 $k_i>1$),又令 $t=[k_1,k_2,\cdots,k_s]$ 为 $k_1,k_2,\cdots,k_s$ 的最小公倍数. 由于 $k_i|t(i=1,2,\cdots,s)$,且不相连循环的乘积可以交换,故

$$\sigma^t=(\tau_1\tau_2\cdots\tau_s)^t=\tau_1^t\tau_2^t\cdots\tau_s^t=(1).$$

另外,设若

$$(\tau_1\tau_2\cdots\tau_s)^r=(1),$$

那么必有 $\tau_1^r\tau_2^r\cdots\tau_s^r=(1)$. 当 $\tau_i^r\neq(1)$ 时,τ_i^r 仍为 k_i-循环,但不相连循环的乘积不可能为(1),所以 $\tau_i^r=(1)$,即 $k_i|r,i=1,2,\cdots,s$. 从而 $t|r$ 即 σ 的阶是 $t=[k_1,k_2,\cdots,k_s]$. □

例 1.4.4 设 $\sigma=\begin{pmatrix}1&2&3&4&5&6&7\\5&7&6&3&1&4&2\end{pmatrix}$，$\tau=\begin{pmatrix}1&2&3&4&5&6&7\\6&4&1&5&2&3&7\end{pmatrix}$.

(1) 将 σ 和 τ 写成不相连循环的乘积；

(2) 求 σ^{-1} 以及 σ^{-1} 的阶；

(3) 求 $\tau\sigma\tau^{-1}$.

解 (1) $\sigma=(15)(27)(364)$，$\tau=(163)(245)$.

(2) 利用(1)，设 $\sigma_1=(15)$，$\sigma_2=(27)$，$\sigma_3=(364)$，因为

$$\sigma=\sigma_1\sigma_2\sigma_3,$$

所以 $\sigma^{-1}=(\sigma_1\sigma_2\sigma_3)^{-1}=\sigma_3^{-1}\sigma_2^{-1}\sigma_1^{-1}=(463)(72)(51)$.

因为 σ_3^{-1}，σ_2^{-1}，σ_1^{-1} 分别是 3-循环，2-循环和 2-循环，所以它们的阶分别是 3，2，2. 而 $[3,2,2]=6$，所以 $|\sigma^{-1}|=6$.

(3) $\tau\sigma\tau^{-1}=(62)(47)(135)$.

注：一般地

$$\tau\sigma\tau^{-1}=\begin{pmatrix}\tau(1)&\tau(2)&\cdots&\tau(n)\\\tau(i_1)&\tau(i_2)&\cdots&\tau(i_n)\end{pmatrix}.$$

从而，当 σ 表示成不相连循环乘积时，将出现在 σ 中各循环中的元素 i 换成 $\tau(i)$ 后就可得到 $\tau\sigma\tau^{-1}$.

比如，设

$$\sigma=(325)(41),\quad \tau=(24)(513),$$

那么

$$\tau\sigma\tau^{-1}=(\tau(3)\tau(2)\tau(5)(\tau(4)\tau(1)))=(541)(23).$$

在 n 次对称群 S_n 中，对换是长度最小的非单位元的循环，而且起着特殊的作用.

定理 1.4.6 每个 $n(n\geqslant 2)$ 元置换 σ 都可表示成对换的乘积.

证明 如果 $\sigma=(1)$，那么 $(1)=(12)(12)$.

如果 $\sigma=(i_1i_2\cdots i_k)$ 是一个 k-循环 $(k>2)$，则

$$\sigma=(i_1i_2)(i_1i_3)\cdots(i_1i_k).$$

所以每个循环都可表示成对换之积. 又由于每个置换可表示成不相连的循环之积，故每个置换也可表示成对换之积. □

例如

$$\begin{pmatrix}1&2&3&4&5&6\\1&5&6&2&4&3\end{pmatrix}=(25)(54)(36)=(23)(25)(54)(43)(36).$$

从中可以看出，一个置换表示成对换之积的方法不是唯一的，但是却有下面的结论.

定理 1.4.7 任一个置换表示成对换的乘积时，对换因子个数的奇偶性不变.

证明 设 $\sigma=\begin{pmatrix}1&2&\cdots&n\\i_1&i_2&\cdots&i_n\end{pmatrix}$ 为任一个 n 元置换，首先我们考虑到一个对换 (i_si_t) 与 σ

相乘时，乘积具有如下特点：

$$(i_s i_t)\sigma=(i_s i_t)\begin{pmatrix}1 & 2 & \cdots & s & \cdots & t & \cdots & n\\ i_1 & i_2 & \cdots & i_s & \cdots & i_t & \cdots & i_n\end{pmatrix}$$

$$=\begin{pmatrix}1 & 2 & \cdots & s & \cdots & t & \cdots & n\\ i_1 & i_2 & \cdots & i_t & \cdots & i_s & \cdots & i_n\end{pmatrix}.$$

这说明排列 $i_1 i_2 \cdots i_t \cdots i_s \cdots i_n$ 是由排列 $i_1 i_2 \cdots i_s \cdots i_t \cdots i_n$ 经过一次对换 $(i_s i_t)$ 的作用而得到的. 若 σ 表示对换的乘积

$$\sigma=\begin{pmatrix}1 & 2 & \cdots & n\\ i_1 & i_2 & \cdots & i_n\end{pmatrix}=(k_1 j_1)(k_2 j_2)\cdots(k_r j_r)$$

$$=(k_1 j_1)(k_2 j_2)\cdots(k_r j_r)\begin{pmatrix}1 & 2 & \cdots & n\\ 1 & 2 & \cdots & n\end{pmatrix}.$$

由上述分析可知，排列 $i_1 i_2 \cdots i_n$ 是由排列 $12\cdots n$ 经过 r 次对换 $(k_r j_r),(k_{r-1} j_{r-1}),\cdots,(k_1 j_1)$ 的作用得到的. 由于排列每经过一次对换的作用后都要改变其奇偶性，而现在 $12\cdots n \xrightarrow{(k_1 j_1)(k_2 j_2)\cdots(k_r j_r)} i_1 i_2 \cdots i_n$，即自然排列 $12\cdots n$ 经过 r 次对换作用化成 $i_1 i_2 \cdots i_n$，所以排列 $i_1 i_2 \cdots i_n$ 的奇偶性必定与对换个数 r 的奇偶性一致，这也表明，将 σ 表示成对换之积的表达式中对换个数的奇偶性是完全由 σ 自身唯一确定的. □

定义 1.4.5 若置换 σ 可表示成偶数(奇数)个对换的乘积，则称 σ 为偶(奇)置换.

我们很容易得到下面的结论(见习题 1.4 中的第 8 题)：

(1) 任何两个偶(奇)置换之积是偶置换；

(2) 一个偶置换与一个奇置换之积是奇置换；

(3) 一个偶(奇)置换的逆置换仍是偶(奇)置换.

定理 1.4.8 n 次对称群 S_n 中所有偶置换构成 S_n 的一个子群，称为 n 次交错群(alternating group)，记为 A_n，且 $|A_n|=\frac{n!}{2}$.

证明 因为两个偶置换之积仍是偶置换，故 A_n 对于置换的乘法封闭，由定理 1.3.2 知，$A_n \leqslant S_n$.

设 S_n 中奇、偶置换的个数分别为 k,l. 用对换(12)与 S_n 中所有奇置换相乘，得到 k 个偶置换，故 $k\leqslant l$. 类似可得 $l\leqslant k$，所以 $k=l$. 进而知 $|A_n|=\frac{n!}{2}$. □

凯莱小传

凯莱(Cayley，Arthur，1821—1895)英国数学家. 英国纯粹数学的近代学派带头人. 1821 年 8 月 16 日生于萨里郡里士满，1839 年入剑桥大学三一学院学习，1842 年毕业，后在三一学院任聘 3 年，开始了毕生从事的数学研究. 因未继续受聘，又不愿担任圣职(这是当时继续在剑桥的数学生涯的一个必要条件)，于 1846

年入林肯法律协会学习并于1849年成为律师，以后14年他以律师为职业，同时继续数学研究. 因大学法规的变化，1863年被任为剑桥大学纯粹数学的第一个萨德勒教授，直至逝世.

凯莱最主要的贡献是与J. J. 西尔维斯特一起，创立了代数型的理论，共同奠定了关于代数不变量理论的基础. 他是矩阵论的创立者. 他对几何学的统一研究也作了重要的贡献. 凯莱在劝说剑桥大学接受女学生中起了很大的作用. 他曾任剑桥哲学会、伦敦数学会、皇家天文学会的会长. 凯莱是极丰产的数学家，在数学、理论力学、天文学方面发表了近千篇论文，他的数学论文几乎涉及纯粹数学的所有领域，收集在共有14卷的《凯莱数学论文集》中，并著有《椭圆函数专论》一书.

习题 1.4

1. 将下列置换表示成不相连循环的乘积，计算各个置换的阶、奇偶性和它们的逆置换.

(1) $\begin{pmatrix}1 & 2 & 3 & 4 & 5 & 6\\ 2 & 1 & 5 & 4 & 6 & 3\end{pmatrix}$；　(2) $\begin{pmatrix}1 & 2 & 3 & 4 & 5 & 6 & 7\\ 7 & 6 & 1 & 2 & 3 & 4 & 5\end{pmatrix}$；

(3) $\begin{pmatrix}1 & 2 & 3 & 4 & 5 & 6\\ 2 & 1 & 3 & 5 & 4 & 6\end{pmatrix}$；　(4) $\begin{pmatrix}1 & 2 & 3 & 4 & 5 & 6\\ 6 & 1 & 2 & 4 & 3 & 5\end{pmatrix}$.

2. 计算下列置换的乘积并将其结果表示成不相连循环之积，同时给出每个积的逆，阶及奇偶性.

(1) (12)(134)(152)；　(2) (1243)(3521)；

(3) (17659)(1924)(1238)；　(4) (49678)(264)(187)(35).

3. 将上述两习题中各个置换表示成对换之积.

4. 对下列给出的置换 σ 和 τ，求：$\sigma\tau\sigma^{-1}$，$\tau\sigma\tau^{-1}$，$\sigma^{-1}\tau\sigma$，$\tau^{-1}\sigma\tau$，以及求 ρ 使 $\rho\sigma\rho^{-1}=\tau$.

(1) $\sigma=(135)(24)$，$\tau=(254)(31)$；　(2) $\sigma=(248)(513)$，$\tau=(12)(5364)$；

(3) $\sigma=(36)(4251)$，$\tau=(12)(5364)$；　(4) $\sigma=(1573)$，$\tau=(2453)$.

5. 设 $n\geqslant 3$，证明 S_n 的中心为单位元群.

6. 证明：r-循环 $(i_1 i_2 \cdots i_r)$ 为偶置换的充要条件是 r 为奇数.

7. 如果 σ 是阶为奇数的置换，证明：σ 是偶置换.

8. 证明：(1) 任两个偶(奇)置换之积是偶置换；

(2) 一个偶置换与一个奇置换之积是奇置换；

(3) 偶(奇)置换的逆置换仍是偶(奇)置换.

9. 写出群 S_3 的乘法表和所有子群.

10. 写出群 S_4 所有偶置换和奇置换，并求出这些元素的阶.

11. 举例说明：集合上的一些非一一变换也能构成群.

1.5 子群的陪集

群的最基本的概念是群的运算. 利用群的运算我们可以定义并讨论群的子集的运算，进而定义子群的陪集. 子群的陪集的概念是由伽罗华于1830年引入，后又由米勒(G. A.

Miller)于 1910 年完善而逐步形成的，它是我们对群进行分析的有力工具. 在这一节里，我们将介绍子群的陪集这一基本概念并讨论与此相关的性质，然后再证明有限群的一个著名定理——拉格朗日定理.

1. 定义和性质

定义 1.5.1 设 A 和 B 是乘群 G 的两个非空子集，那么集合

$$AB = \{ab \mid a \in A, b \in B\}$$

被称为子集 A 和 B 的乘积(product).

定义 1.5.2 设 H 为群 G 的一个子群，$a \in G$.

(1) $aH=\{ah|h\in H\}$ 叫做子群 H 的一个左陪集(left coset)；

(2) $Ha=\{ha|h\in H\}$ 叫做子群 H 的一个右陪集(right coset).

即，子群 H 的陪集恰为 H 与取定的元素 a 相乘的积子集；a 从左边去乘 H 得到的就是左陪集，a 从右边去乘 H 得到的就是右陪集. 习惯上称元素 a 为这个陪集的代表元. 关于左陪集与右陪集的讨论是完全类似的，以下只对左陪集进行讨论，其结果自然都适用于右陪集.

例 1.5.1 设 $H=\{(1),(13)\}$ 为 S_3 的子群，求 H 的所有左陪集.

解 $S_3=\{(1),(12),(13),(23),(123),(132)\}$，$H$ 的所有左陪集为

$$(1)H = (13)H = \{(1),(13)\},$$
$$(12)H = (132)H = \{(12),(132)\},$$
$$(23)H = (123)H = \{(23),(123)\}.$$

观察例 1.5.1，我们注意到：

(1) 子群 H 的陪集一般不再是子群(比如$(12)H$ 和$(23)H$)；

(2) 两个不同的元素却可以成为同一个左陪集的代表元(比如$(12)H=(132)H$，而$(12)\neq(132)$)；

(3) 即使在代表元相同的前提下，子群 H 的左陪集一般也不等于它的右陪集.(比如$(12)H\neq H(12)$).

定理 1.5.1 设 $H\leqslant G$，$\forall a,b\in G$，规定 G 中的一个关系～：

$$a \sim b \Leftrightarrow a^{-1}b \in H.$$

那么：(1) ～是 G 的一个等价关系；

(2) a 所在的等价类是 $\bar{a}=aH$.

证明 (1) 我们只需验证上述关系能满足下面三个条件即可：

① $\forall a\in G$，因 $H\leqslant G$，故 $a^{-1}a=e\in H$，所以 $a\sim a$；

② $\forall a,b\in G$，若 $a\sim b$ 则 $a^{-1}b\in H$，又因 $H\leqslant G$，$b^{-1}a=(a^{-1}b)^{-1}\in H$，所以 $b\sim a$；

③ $\forall a,b,c\in G$，若 $a\sim b$ 且 $b\sim c$，则 $a^{-1}b\in H$ 且 $b^{-1}c\in H$，

$$a^{-1}c = (a^{-1}b)(b^{-1}c) \in H, \quad 即\ a \sim c.$$

由①,②和③,得知$\sim$是G的一个等价关系.

(2) 由$\sim$确定了G的一个分类$G/\sim=\{\bar{g}\mid g\in G\}$,其中$\bar{g}=\{x\mid x\in G,x\sim g\}$. $\forall b\in\bar{a}$,那么$a\sim b$,即$a^{-1}b\in H$.这表明存在某个$h\in H$使$a^{-1}b=h$,即$b=ah\in aH$,所以$\bar{a}\subseteq aH$.

反之,$\forall c\in aH$,即存在某个$h\in H$使$c=ah$,即$a^{-1}c=h\in H$,所以$a\sim c\Rightarrow c\in\bar{a}\Rightarrow aH\subseteq\bar{a}$,故$\bar{a}=aH$. □

由定理1.5.1知$\{aH\mid a\in H\}$是G的一个分类,且$G=\bigcup\limits_{a\in G}aH$称为$G$关于$H$的左陪集分解式.

在例1.5.1中,$\{H,(12)H,(23)H\}$就是S_3的由$\sim$确定的分类,且有分解式

$$S_3=H\cup(12)H\cup(23)H.$$

定理1.5.2 设$H\leqslant G,a,b\in G$,则

(1) $a\in aH$;

(2) $aH=H\Leftrightarrow a\in H$;

(3) $aH=bH$或$aH\cap bH=\varnothing$;

(4) $aH=bH\Leftrightarrow a^{-1}b\in H$;

(5) $|aH|=|H|$;

(6) $aH\leqslant G\Leftrightarrow a\in H$.

证明 只证明(3),(4)和(5),其余的留作习题.

(3) 设$aH\cap bH\neq\varnothing$,任取$x\in aH\cap bH$,故存在$h_1,h_2\in H$使$x=ah_1$和$x=bh_2$,进而得$a=bh_2h_1^{-1}$.所以$aH=(bh_2h_1^{-1})H=b(h_2h_1^{-1}H)=bH$.

(4) $aH=bH\Leftrightarrow H=a^{-1}bH\Leftrightarrow a^{-1}b\in H$(由(2)).

(5) 作对应$f:H\to bH$其中$f(h)=ah,\forall h\in H$.显然f是映射且易知f是满射.若$ah_1=ah_2$,由群G的消去律知$h_1=h_2$,所以f为单射.由此知f是双射,故$|aH|=|H|$. □

2. 拉格朗日定理

现设$(G/\sim)_{\mathrm{L}}=\{aH\mid a\in G\}$,$(G/\sim)_{\mathrm{R}}=\{Ha\mid a\in G\}$分别表示$G$关于$H$的全体左陪集和全体右陪集构成的集合,那么有下面的引理.

引理1.5.1 $|(G/\sim)_{\mathrm{L}}|=|(G/\sim)_{\mathrm{R}}|$.

证明 设$\varphi:(G/\sim)_{\mathrm{L}}\to(G/\sim)_{\mathrm{R}}$,其中$aH\mapsto Ha^{-1}$,$\forall aH\in(G/\sim)_{\mathrm{L}}$.任取$aH,bH\in(G/\sim)_{\mathrm{L}}$,由

$$aH=bH\Leftrightarrow a^{-1}b\in H\Leftrightarrow a^{-1}(b^{-1})^{-1}\in H\Leftrightarrow Ha^{-1}=Hb^{-1},$$

所以φ不仅是合理的而且是单射.

又任取$Hx\in(G/\sim)_{\mathrm{R}}$,故$x^{-1}\in G$,进而$x^{-1}H\in(G/\sim)_{\mathrm{L}}$,使

$$\varphi(x^{-1}H)=H(x^{-1})^{-1}=Hx.$$

所以φ是满射.

因为φ是$(G/\sim)_{\mathrm{L}}$到$(G/\sim)_{\mathrm{R}}$的双射,得

$$|(G/\sim)_L| = |(G/\sim)_R|.$$ □

引理 1.5.1 告诉我们：群 G 关于子群 H 的左陪集集合与右陪集集合等势或说这两个集合中元素的"个数"相等. 对于这个"个数"，有下面的定义.

定义 1.5.3 群 G 关于子群 H 的左(右)陪集的个数(有限或无限)称为 H 在 G 中的指数(index)，记作 $[G:H]$.

在例 1.5.1 中，$[S_3:H]=3$.

特别地，当 $H=\{e\}$ 时，$[G:H]=|G|$；当 $H=G$ 时，$[G:H]=1$.

定理 1.5.3(拉格朗日定理) 设 G 为有限群，$H\leqslant G$，那么 $|G|=|H|[G:H]$.

证明 因为 G 是有限群，故 $|H|$ 与 $[G:H]$ 都是有限数. 现设 $[G:H]=r$，则 $G=g_1H\cup g_2H\cup\cdots\cup g_rH$ 为互不相交的并. 又由定理 1.5.2 得

$$|g_iH|=|H|,\quad i=1,2,\cdots,r,$$

所以
$$|G|=\sum_{i=1}^{r}|g_iH|=r\cdot|H|=|H|[G:H].$$ □

此定理表明有限群 G 的每个子群 H 的阶和 H 在 G 中的指数 $[G:H]$，都是 $|G|$ 的因子. 但反之不成立，即当 m 是有限群 G 的阶的因子时，G 未必有 m 阶子群. 例如 $|A_4|=12$，但 A_4 无 6 阶子群.

拉格朗日小传

拉格朗日(Joseph Louis Lagrange，1736—1813)法国数学家、物理学家. 他在数学、力学和天文学三个学科领域中都有历史性的贡献，其中尤以数学方面的成就最为突出. 1736 年 1 月 25 日生于意大利的都灵. 少年时读了哈雷介绍牛顿有关微积分之短文，因而对分析学产生兴趣. 他亦常与欧拉有书信往来，在探讨数学难题(等周问题)的过程中，当时只有 18 岁的他就以纯分析的方法发展了欧拉所开创的变分法，奠定变分法之理论基础. 后人都灵大学. 1755 年，19 岁的他就已当上都灵皇家炮兵学校的数学教授. 不久便成为柏林科学院通讯院院士. 两年后，他参与创立都灵科学协会之工作，并于协会出版的科技会刊上发表大量有关变分法、概率论、微分方程、弦振动及最小作用原理等论文. 这些著作使他成为当时欧洲公认的第一流数学家.

拉格朗日科学研究所涉及的领域极其广泛. 他在数学上最突出的贡献是使数学分析与几何与力学脱离开来，使数学的独立性更为清楚，从此数学不再仅仅是其他学科的工具. 拉格朗日把大量时间花在代数方程和超越方程的解法上，作出了有价值的贡献，推动了代数学的发展.《关于解数值方程》和《关于方程的代数解法的研究》把前人解三、四次代数方程的各种解法，总结为一套标准方法，即把方程化为低一次的方程(称辅助方程或预解式)以求解. 但这并不适用于五次方程. 在他有关方程求解条件的研究中早已蕴含了群论思想的萌芽，这使他成为伽罗瓦建立群论之先导.

在数论方面，拉格朗日也显示出非凡的才能. 他对费马(Fermat)提出的许多问题作出了解答. 如，一个正整数是不多于 4 个平方数的和的问题等，他还证明了圆周率的无理性. 这些研究成果丰富了数论的内容.

在《解析函数论》以及他早在1772年的一篇论文中，在为微积分奠定理论基础方面作了独特的尝试，他企图把微分运算归结为代数运算，从而抛弃自牛顿以来一直令人困惑的无穷小量，并想由此出发建立全部分析学.但是由于他没有考虑到无穷级数的收敛性问题，他自以为摆脱了极限概念，其实只是回避了极限概念，并没有达到他想使微积分代数化、严密化的目的.不过，他用幂级数表示函数的处理方法对分析学的发展产生了影响，成为实变函数论的起点.

拉格朗日也是分析力学的创立者.拉格朗日在其名著《分析力学》中，在总结历史上各种力学基本原理的基础上，发展达朗贝尔、欧拉等人研究成果，引入了势和等势面的概念，进一步把数学分析应用于质点和刚体力学，提出了运用于静力学和动力学的普遍方程，引进广义坐标的概念，建立了拉格朗日方程，把力学体系的运动方程从以力为基本概念的牛顿形式，改变为以能量为基本概念的分析力学形式，奠定了分析力学的基础，为把力学理论推广应用到物理学其他领域开辟了道路.

近百余年来，数学领域的许多新成就都可以直接或间接地溯源于拉格朗日的工作.所以他在数学史上被认为是对分析数学的发展产生全面影响的数学家之一.

习题 1.5

1. 在 S_3 中，设 $A=\{(13),(132)\}$，$B=\{(12),(23)\}$，求 AB 和 BA.

2. 在 S_3 中，设 $A=\{(123),(132)\}$，$B=\{(13),(23)\}$，$C=\{(12),(13)\}$.计算 AB 和 AC，从中可得到什么启示？

3. 设 A,B,C 都是群 G 的非空子集，证明：

(1) $A(BC)=(AB)C$；

(2) $\forall g\in G$，若 $gA=gB$(或 $Ag=Bg$)，则 $A=B$；

(3) 若 $H\leqslant G$，那么 $HH=H$.

4. 设 H 和 K 都是群 G 的子群，证明：$HK\leqslant G\Leftrightarrow HK=KH$.

5. 设 H,K 都是群 G 的子群，设 $|H|=m$，$|K|=n$ 且 $(m,n)=1$，证明：$H\cap K=\{e\}$.

6. 设 $H\leqslant G$，$K\leqslant G$ 而 $a\in G$，证明：$a(H\cap K)=aH\cap aK$.

7. 证明：一个子群 H 的左陪集内的所有元素的逆元素组成 H 的一个右陪集.

8. 设 H,K 是群 G 的有限子群，证明：$|HK|=\dfrac{|H||K|}{|H\cap K|}$.

9. 设 H 是群 G 的子群，$a,b\in G$，证明以下条件是等价的：

(1) $b^{-1}a\in H$； (2) $a^{-1}b\in H$； (3) $b\in aH$；

(4) $a\in bH$； (5) $aH=bH$； (6) $aH\cap bH\neq\varnothing$.

10. 设 $H\leqslant G$，$a\in G$，则：

(1) $a\in aH$；

(2) $aH=H\Leftrightarrow a\in H$；

(3) $aH\leqslant G\Leftrightarrow a\in H$.

1.6 循环群

循环群是一类最基本且非常重要的群，在诸多数学分支，比如有限域论、数论等都与循环群有着密切的联系. 循环群也是一类最简单的群. 群论中三个主要问题：存在性、数量及群的结构在循环群中都得到圆满的解决.

1. 循环群的概念

定义 1.6.1 设 G 为群，如果存在 $a\in G$ 使

$$G=\{a^n \mid n\in \mathbb{Z}\},$$

则称 G 是*循环群*，并称 a 是群 G 的一个*生成元*(generator). 习惯上记为 $G=(a)$，当 G 中元素的个数是无限时，称 G 为*无限循环群*；当 G 中元素的个数为 n 时，称 G 为 *n 阶循环群*.

注意：当由 a 生成的群 G 是加群时，循环群 G 中元素的表达形式则改为 $G=(a)=\{na\mid n\in\mathbb{Z}\}$. 除了特殊情况外，下面讨论的主要是乘法群.

例 1.6.1 整数加群 $(\mathbb{Z},+)$ 是由整数 1 生成的无限循环群，即 $(\mathbb{Z},+)=(1)$.

例 1.6.2 模 m 的整数加群 $\mathbb{Z}_m=\{0,1,\cdots,m-1\}$ 是一个 m 阶循环群，而且易证 $\mathbb{Z}_m=(1)$.

例 1.6.3 $U(10)$ 是循环群.

证明 因为 $U(10)=\{1,3,7,9\}$，并且 $1=3^0,3=3^1,7=3^3,9=3^2$，所以 $U(10)$ 的每个元素都是 3 的方幂，即 $U(10)=(3)$.

由循环群 $G=(a)$ 的定义可知，G 恰好由其生成元 a 的一切方幂所组成(加法循环群 $G=(a)$ 则是由 a 的一切整数倍组成)，即 $G=\{\cdots,a^{-3},a^{-2},a^{-1},a^0=e,a^1,a^2,a^3,\cdots\}$.

为了弄清循环群的数量问题，我们需要区别两种情况分别考虑.

首先，若 G 的生成元 a 是有限阶的，不妨设 $|a|=n$，即存在 $i,j\in\mathbb{Z}$，$i<j$ 使得 $a^i=a^j$. 这时则有

$$a^{j-i}=e,$$

其中 $j-i$ 是一个正整数. 由此可断定

$$a^0=e,a^1,a^2,\cdots,a^{n-1}$$

是 n 个两两不同的元素，且 $G=(a)$ 中任一元素必为这 n 个元素中的一个，即 G 是一个 n 阶循环群 $G=(a)=\{e,a^1,a^2,\cdots,a^{n-1}\}$.

其次，若生成元 a 是无限阶的，即对任意 $i,j\in\mathbb{Z}$，$i\neq j$ 时，则有 $a^i\neq a^j$，这表明 $G=(a)$ 是一个无限循环群，

$$G=(a)=\{\cdots,a^{-3},a^{-2},a^{-1},a^0=e,a^1,a^2,a^3,\cdots\}.$$

利用上述分析结果，我们可得：若 $G=(a)$，那么 $|G|=|a|$，即 G 的阶恰为其生成元的阶，同时易知下列定理成立(见习题 1.6 中的第 8 题).

定理 1.6.1 设 G 为群，则：

(1) 当 G 是有限群时，$G=(a)\Leftrightarrow|G|=|a|$；

(2) $\forall a\in G,(a)=(a^{-1})$；

(3) 若 $G=(a)$ 为 n 阶循环群，那么 $a^r=a^s \Leftrightarrow n|(r-s)$；

(4) 若 $G=(a)$ 为无限循环群，则 $a^r=a^s \Leftrightarrow r=s$.

2. 循环群的数量

我们先给出群同构的定义.

定义 1.6.2 设 G 与 G' 是两个群. 如果存在 G 到 G' 的一个双射 φ，且保持运算，即 $\forall a, b\in G$ 有 $\varphi(ab)=\varphi(a)\varphi(b)$，则称 φ 是群 G 到 G' 的同构映射. 此时称群 G 与 G' 在 φ 之下同构，记为 $G\overset{\varphi}{\cong}G'$，简记为 $G\cong G'$.

定理 1.6.2(结构定理) 若把整数加群记为 $\mathbb{Z}$，模 n 整数加群记为 $\mathbb{Z}_n$，设 $G=(a)$，那么：

(1) 若 $|a|=\infty$，则 $G\cong\mathbb{Z}$；

(2) 若 $|a|=n$，则 $G\cong\mathbb{Z}_n$.

证明 (1) 给出对应法则

$$\varphi:\mathbb{Z}\to G,\quad 其中\ m\mapsto a^m,\quad \forall m\in\mathbb{Z}.$$

从循环群的定义易知，φ 是一个映射且是满射. 又由 $G=(a)$ 是无限循环群，$m_1\neq m_2\Rightarrow a^{m_1}\neq a^{m_2}$，所以 φ 是单射，即为双射. 再验证 φ 是群的同构，即

$$\forall m_1,m_2\in\mathbb{Z},\varphi(m_1+m_2)=a^{m_1+m_2}=a^{m_1}a^{m_2}=\varphi(m_1)\varphi(m_2).$$

因而 $G\cong\mathbb{Z}$.

(2) 设对应法则

$$\varphi:\mathbb{Z}_n\to G,\quad 其中\ \varphi(\bar{k})=a^k,\quad \forall\ \bar{k}\in\mathbb{Z}_n.$$

首先验证 φ 是映射，即需验证 $\bar{k}$ 在法则 φ 之下的像 a^k 与剩余类 $\bar{k}$ 的代表元的选取无关.

事实上，设 $\varphi(\bar{k})=a^k,\varphi(\bar{l})=a^l$. 若 $\bar{k}=\bar{l}$ 则 $n|(k-l)$，所以 $a^k=a^l$，这就表明 φ 确实是一个映射. 容易验证 φ 为双射. 此外

$$\varphi(\bar{k}+\bar{l})=\varphi(\overline{k+l})=a^{k+l}=a^ka^l=\varphi(\bar{k})\varphi(\bar{l}),$$

因此 φ 是群的同构映射，即 $G\cong\mathbb{Z}_n$.

推论 1.6.1 (1) 任意两个无限循环群必同构；

(2) 两个有限循环群同构当且仅当它们有相同的阶.

上述定理和推论解决了循环群的结构和数量问题：在同构的观点下，无限循环群只有一个，即整数加群 $\mathbb{Z}$；n 阶循环群只有模 n 整数加群. 所以可以这样说，在群同构的意义下，循环群只有整数加群 $\mathbb{Z}$ 与模 n(n 是正整数)整数加群 $\mathbb{Z}_n$.

3. 循环群的子群

确定一个群的所有子群是群论中一个极有意义的重要工作. 一般来说，这也是一个相当复杂的问题，但就循环群而言，它的子群是容易弄清楚的.

定理 1.6.3(基本定理) 设 $G=(a)$ 是一个循环群，那么：

(1) G 的每一个子群都是循环群；

(2) 若 G 是无限循环群，则 G 的每个非单位元子群都是无限阶的；

(3) 若 G 是 n 阶循环群，则 G 的每个子群的阶都是 n 的因子；反之对于 n 的每个正整数因子 k，G 都有唯一的一个 k 阶子群 $(a^{n/k})$.

证明 (1) 设 H 是 G 的任一个子群. 如果 $H=\{e\}$，那么 $H=(e)$ 是循环群. 如果 $H\neq\{e\}$，那么 H 中每个非单位元都是 a 的方幂的形式，并且 $a^r\in H\Leftrightarrow a^{-r}\in H$，所以 H 中必含有 a 的某些正整数幂. 设 m 是使 $a^m\in H$ 的最小正整数，我们可以断言：$H=(a^m)$.

由子群的元素对乘法的封闭性得知 $(a^m)\subseteq H$. 而对任意 $b\in H$，则 $b\in G=(a)$，即 $b=a^k$. 由整数带余除法知，存在 $q,r\in\mathbb{Z}$，$0\leqslant r<m$ 使

$$k=mq+r,$$

则

$$a^r=a^{k-mq}=a^k(a^m)^{-q}\in H.$$

因 $r<m$，从 m 的选取得 $r=0$. 于是

$$b=a^k=a^{mq}=(a^m)^q\in(a^m),$$

即 $H\subseteq(a^m)$，所以 $H=(a^m)$ 为循环群.

(2) 设 $H\leqslant G$ 且 $H\neq\{e\}$. 由(1)的证明可设 $H=(a^m)$，且 $m>0$. 又 G 是无限阶循环群，所以 $|a|$ 是无限的，进而 $|a^m|$ 也是无限的. 这表明 H 是无限阶的子群.

(3) 设 $H\leqslant G$，而 G 是 n 阶群，由拉格朗日定理得 $|H|\,\big|\,n$. 反之，设 k 是 n 的任一个正整数因子，令 $t=\frac{n}{k}$. 现证 (a^t) 为 k 阶子群. 事实上，显然 $(a^t)^k=(a^{\frac{n}{k}})^k=a^n=e$，而且若存在正整数 s 使 $(a^t)^s=e$，则 $n\,|\,ts$. 而 $n=tk\Rightarrow k\,|\,s$，进而知 $s\geqslant k$. 这表明 $|a^t|=k$，即 (a^t) 为 k 阶子群.

为证明唯一性，设 $H=(a^m)$ 是 G 的任一个 k 阶子群，其中 m 是使 $a^m\in H$ 的最小正整数. 设 $n=mq+r$，$0\leqslant r<m$，故

$$e=a^n=a^{mq+r}=a^{mq}a^r.$$

所以 $a^r=a^{-mq}=(a^m)^{-q}\in H$. 这表明 $r=0$，即 $n=mq$，故 $k=|H|=|(a^m)|=\frac{n}{m}=q$，即 $k=q$.

因此 $m=\frac{n}{q}=\frac{n}{k}=t$，所以 $H(a^m)=(a^t)$. □

由前述已知，若 $a\in G$，且 $|a|=n$，那么 $|a^k|=\frac{n}{(k,n)}$. 除此之外，还有下述定理.

定理 1.6.4 设 $G=(a)$ 为循环群，则：

(1) 若 G 为无限循环群，则 $(a^r)=(a^s)\Leftrightarrow r=\pm s$；

(2) 若 G 为 n 阶循环群，则 $(a^r)=(a^s)\Leftrightarrow(r,n)=(s,n)$. □

该定理的证明作为习题.

例 1.6.4 求 $G=(a)$ 的全部子群，其中 $|a|=30$.

解 因为 30 的全部正因子为 1,2,3,5,6,10,15,30，所有 G 的子群共有 8 个：

$$(a)=\{e,a^1,a^2,\cdots,a^{29}\};$$

$$(a^2) = \{e, a^2, a^4, \cdots, a^{28}\};$$
$$(a^3) = \{e, a^3, a^6, \cdots, a^{27}\};$$
$$(a^5) = \{e, a^5, a^{10}, a^{15}, a^{20}, a^{25}\};$$
$$(a^6) = \{e, a^6, a^{12}, a^{18}, a^{24}\};$$
$$(a^{10}) = \{e, a^{10}, a^{20}\};$$
$$(a^{15}) = \{e, a^{15}\};$$
$$(a^{30}) = \{e\}.$$

从例 1.6.3 我们已知道 3 是 $U(10)$的生成元,此外,易验证 7 也是 $U(10)$的生成元. 这就表明,循环群的生成元一般是不唯一的.

定理 1.6.5 设 $G=(a)$,那么:

(1) 如果 $G=(a)$是无限循环群,则 G 只有两个生成元 a 与 a^{-1};

(2) 如果 $G=(a)$是 n 阶循环群,a^s 为 G 的生成元$\Leftrightarrow(s,n)=1$,且 G 恰有 $\varphi(n)$个生成元(这里 $\varphi(n)$是欧拉函数).

证明 (1) 因$|a|=\infty$,则知$(a)=(a^{-1})$,即 a^{-1}与 a 均为 G 的生成元. 此外,对任意一个大于 1 的正整数 m,有

$$(a^m) = \{\cdots, a^{-3m}, a^{-2m}, a^{-m}, e, a^m, a^{2m}, a^{3m}, \cdots\}.$$

由于 $m>1$,故 $a\notin(a^m)$,即 a^m 不是 G 的生成元,同理 a^{-m}也不是 G 的生成元. 这说明,$G=(a)$只有 a 与 a^{-1}这两个生成元.

(2) $\Rightarrow$ 因为$|a^s|=\dfrac{n}{(n,s)}$,又 a^s 是 G 的生成元,那么$|a^s|=n\Rightarrow(n,s)=1$.

$\Leftarrow$ 因$(n,s)=1$,故$|a^s|=\dfrac{n}{(n,s)}=n$,所以$(a^s)=(a)$,这表明 a^s 是 G 的生成元. □

由循环群的基本定理直接可推出:n 阶循环群 G 只有 $\varphi(n)$个生成元,这里 $\varphi(n)$表示 n 的正因子的个数.

利用拉格朗日定理,我们自然得到下面的结论.

定理 1.6.6 设 G 为 n 阶群,那么:

(1) $\forall a\in G$,则$|a|\,\big|\,n$;

(2) $\forall a\in G, a^n=e$.

证明 (1) 用 a 生成 G 的子群$(a)=H$,且知$|H|=|a|$. 由拉格朗日定理知$|a|\,\big|\,n$.

(2) 设$|a|=m$,由(1)知 $m|n$,即 $n=mn_1$. 所以 $a^n=(a^m)^{n_1}=e^{n_1}=e$. □

西罗小传

西罗(P. L. Sylow,1832—1918),挪威数学家. 1832 年 12 月 12 日生于挪威克里斯蒂安尼亚(现称奥斯陆). 1850 年在克里斯蒂安尼亚教会学校毕业,后进入克里斯蒂安尼亚大学学习,曾获得数学竞赛金牌. 1855 年,他成为一名中学教师. 尽管教书的职业花费了他大量的时间,但西罗还是挤出时间来研究阿贝尔的论文. 在 1862—1863 学年中西罗得到了克里斯蒂安尼亚大学的临时职位,为学生讲授伽罗瓦理论和置

换群.在他的学生中,有一位后来成为著名数学家,他就是李代数和李群的创始人之一李(S. Lie).从1873年至1881年,西罗同李合作,编辑出版了阿贝尔著作的新版本.1902年又与别人合作出版了阿贝尔的通信集.西罗最重要的成就——西罗定理是他在1872年获得的.在得知了西罗的结果后,若尔当称它是"置换群论中最基本的结论之一".这些定理以后成为研究理论特别是有限群论的重要工具.西罗对于椭圆函数论也有贡献.1898年他从中学退休后,任克里斯蒂安尼亚大学教授,直至1918年9月7日去世.

习题 1.6

1. 证明每个循环群都是交换群.

2. 设 $G=(a)$ 为12阶循环群,求 G 的全部子群.

3. 证明:每个素数阶的群都是循环群.

4. 设 $G=(a)$ 为循环群且 $(a^r)\leqslant G,(a^s)\leqslant G$,证明:$(a^r)\cap(a^s)=(a^t)$,其中 $t=[r,s]$.

5. 设 $G=(a)$ 为 n 阶循环群,证明:G 的 s 阶子群 H 是所有满足 $b^s=e,b\in G$ 的元素组成的集合.

6. 设 G 为群,$a,b\in G$.如果 $(|a|,|b|)=1$ 且 $ab=ba$,则 $|ab|=|a||b|$.

7. 费马定理:设 p 为素数,证明:对任意一个与 p 互素的整数 a 有 $a^{p-1}\equiv 1(\bmod p)$.

8. 证明定理1.6.1.

9. 设 $G=(a)$ 为24阶循环群,试列举出 G 的8阶子群的所有生成元.

10. 设 p 为素数,G 为群且 G 的 p 阶元素的个数大于 $p-1$.证明:G 不是循环群.

1.7 正规子群与商群

在1.5节中我们已看到:若 $H\leqslant G$,由 H 可确定出 G 的两个商集:$(G/\sim)_L$ 和 $(G/\sim)_R$.易知,当 G 是交换群时,必有 $aH=Ha$,所以 $\forall a\in G$,有 $(G/\sim)_L=(G/\sim)_R$.但一般情况下 $aH\neq Ha$,即上述两个商集不同.但在非交换群 G 中,确实又存在使 $aH=Ha$ 都成立的子群.例如在 S_3 中,$H=\{(1),(123),(132)\}\leqslant G$,易验证,$\forall a\in S_3$,都有 $aH=Ha$.

具有这种特殊性质的子群是伽罗华(E. Galois)在170多年前发现的,并称为正规子群.在群的理论中正规子群占有十分重要的地位.本节介绍这类特殊子群的概念并引入商群的定义.

1. 正规子群

定义1.7.1 设 G 为任意群,$H\leqslant G$,如果 $\forall a\in G$,都有 $aH=Ha$,则称 H 为群 G 的一个正规子群(normal subgroup)或不变子群(invariant subgroup),记为 $H\lhd G$.

注意:(1) 由上述定义可知,当 G 为交换群时,G 的每个子群都是正规子群;

(2) 对任意一个群 G,单位元子群$\{e\}$和 G 本身自然是 G 的正规子群,称它们为 G 的平凡正规子群;

(3) 务必正确理解条件"$aH=Ha$"的正确含义.

例 1.7.1 在 S_3 中,设 $H=\{(1),(123),(132)\}$,易验证,$\forall a\in S_3$,都有 $aH=Ha$. 所以 $H\lhd S_3$.

由例 1.5.1 可知 $K=\{(1),(13)\}\leqslant S_3$,但 K 不是 S_3 的正规子群.

例 1.7.2 特殊线性群 $SL_n(\mathbb{R})$是一般线性群 $GL_n(\mathbb{R})$的正规子群,即 $SL_n(\mathbb{R})\lhd GL_n(\mathbb{R})$.

例 1.7.3 若 $H\leqslant G$ 且$[G:H]=2$,那么 $H\lhd G$(见习题 1.7 中的第 1 题). 也就是说,凡是指数为 2 的子群 H 必为正规子群.

由此可知在 S_n 中($n>1$),因为$[S_n:A_n]=2$,所以总有 $A_n\lhd S_n$.

例 1.7.4 设 $H\leqslant K,K\leqslant G$,若 $H\lhd G$,那么必有 $H\lhd K$.

证明 因 $H\lhd G$,故 $\forall g\in G$ 总有等式 $gH=Hg$,当 g 取遍 K 时,等式自然也成立,所以 $H\lhd K$.

但需注意,正规子群不具有传递性,即当 $H\lhd K,K\lhd G$,却推不出 $H\lhd G$(见习题 1.7 中的第 2 题).

2. 正规子群的基本性质

定理 1.7.1 设 $H\leqslant G$,那么下列条件是等价的:

(1) $H\lhd G$;

(2) $gHg^{-1}=H,\forall g\in G$;

(3) $gHg^{-1}\subseteq H,\forall g\in G$;

(4) $ghg^{-1}\in H,\forall g\in G,\forall h\in H$.

证明 (1) ⇒(2) 因为 $H\lhd G$,故 $\forall g\in G,gH=Hg$. 所以

$$gHg^{-1}=(Hg)g^{-1}=H(gg^{-1})=H.$$

(2) ⇒(3) 由于 $gHg^{-1}=H$,自然有 $gHg^{-1}\subseteq H$.

(3) ⇒(4) 因为 $gHg^{-1}\subseteq H$,故 $\forall h\in H$,必有 $ghg^{-1}\in H$.

(4) ⇒(1) 任取 $g\in G$,要证 $gH=Hg$. $\forall x\in gH$,存在 $h\in H$ 使 $x=gh$. 而由(4)知 $ghg^{-1}\in H$,故存在 $h_1\in H$ 使 $ghg^{-1}=h_1$. 那么

$$x=gh=(ghg^{-1})g=h_1g\in Hg,\quad \text{即 } gH\subseteq Hg.$$

反之,$\forall y\in Hg$,存在 $h'\in H$ 使 $y=h'g$. 而因 $g^{-1}\in G,g^{-1}h'g=g^{-1}h'(g^{-1})^{-1}\in H$,所以存在 $h_2\in H$ 使 $g^{-1}h'g=h_2$. 所以 $y=h'g=g(g^{-1}h'g)=gh_2\in gH$. 即 $Hg\subseteq gH$.

于是 $gH=Hg$,由此得 $H\lhd G$. □

例 1.7.5 设 S_4 为 4 次对称群,而 $B_4=\{(1),(12)(34),(13)(24),(14)(23)\}$,则 $B_4\lhd S_4$.

证明 由于 B_4 是 S_4 的一个有限子集,故 $B_4\leqslant S_4$ 的充要条件是 B_4 关于置换的乘法封闭(见定理 1.3.2).

构造 B_4 的乘法表为

	(1)	(12)(34)	(13)(24)	(14)(23)
(1)	(1)	(12)(34)	(13)(24)	(14)(23)
(12)(34)	(12)(34)	(1)	(14)(23)	(13)(24)
(13)(24)	(13)(24)	(14)(23)	(1)	(12)(34)
(14)(23)	(14)(23)	(13)(24)	(12)(34)	(1)

由此可见，B_4 是封闭的，故 $B_4\leqslant S_4$.

为了证明 $B_4\lhd S_4$，需要验证 $\forall\sigma\in B_4,\forall\tau\in S_4$，均有 $\tau\sigma\tau^{-1}\in B_4$.

事实上，如果 $\sigma=(1)$，自然有 $\tau(1)\tau^{-1}=(1)\in B_4$. 否则 $\sigma=(i_1i_2)(i_3i_4)$，其中 i_1,i_2,i_3,i_4 是 1,2,3,4 的一个排列. 于是

$$\tau\sigma\tau^{-1}=(\tau(i_1i_2)\tau^{-1})(\tau(i_3i_4)\tau^{-1})=(\tau(i_1)\tau(i_2))(\tau(i_3)\tau(i_4)).$$

由于 τ 为置换，所以 $\tau(i_1),\tau(i_2),\tau(i_3),\tau(i_4)$ 必为 1,2,3,4 的一个排列，故 $\tau\sigma\tau^{-1}\in B_4$.

由定理 1.7.1 知，$B_4\lhd S_4$.

例 1.7.6 设 G 为群且 $H\leqslant G$，子集

$$N(H)=\{x\in G\mid xH=Hx\}$$

称为 H 在 G 中的正规化子(normalizer)，那么 $N(H)\leqslant G$ 且 $H\lhd N(H)$(见习题 1.7 中的第 3 题).

正规化子 $N(H)$ 的最大特征就是：$N(H)$ 是 G 的以 H 为正规子群的最大子群. 特别地，$H\lhd G\Leftrightarrow N(H)=G$.

例 1.7.7 设 G 为群，定义 G 的中心为

$$C(G)=\{x\in G\mid ax=xa,\forall a\in G\},$$

则 $C(G)\lhd G$.

证明 由前面知识已知 $C(G)\leqslant G$，现证 $C(G)$ 为 G 的正规子群. 事实上，$\forall g\in G,\forall c\in C(G)$，则有 $gc=cg$，进而 $gcg^{-1}=cgg^{-1}=c\in C(G)$. 这样，根据定理 1.7.1，便知 $C(G)\lhd G$.

正规子群具有如下重要性质.

定理 1.7.2 设 G 为群，$H\leqslant G,K\leqslant G$，那么：

(1) 如果 $H\lhd G$，则 $H\cap K\lhd K$；如果 $H\lhd G,K\lhd G$，则 $H\cap K\lhd G$；

(2) 如果 $H\lhd G$，则 $HK\leqslant G$ 且 $H\lhd HK$；如果 $H\lhd G,K\lhd G$，则 $HK\lhd G$；

(3) 如果 $H\lhd G,K\lhd G$ 并且 $H\cap K=\{e\}$，那么 $\forall h\in H,\forall k\in K$，均有 $hk=kh$(见习题 1.7 中的第 4 题). □

3. 商群

设 G 为群，$H\leqslant G$，那么 H 的所有左陪集构成的集合

$$(G/\sim)_L=\{gH\mid\forall g\in G\}$$

可否在某个运算方法之下构成一个群？首先要解决一个关键问题：在 $(G/\sim)_L$ 中规定一个代数运算使其成为一个代数系统. 自然想到，H 的任意两个左陪集 aH 与 bH 作为 G 的子集

相乘，其乘积能否还是一个左陪集？具体写出来就是：在什么条件下，对任意的 $a,b\in G$，都有

$$aH\cdot bH=abH.$$

定理 1.7.3 设 G 为群，$H\leqslant G$. 那么 H 的任意两个左陪集 xH 与 yH 之积 $(xH)(yH)$ 仍是一个左陪集的充分必要条件是 $H\lhd G$.

证明 $\Rightarrow$ $\forall x,y\in G$，设 $(xH)(yH)=zH$. 而 $e\in H$，故 $xy\in(xH)(yH)=zH$，这表明 $zH=xyH$，即有

$$(xH)(yH)=xyH.$$

由 x 的任意性，特取 $x=e$. 那么

$$HyH=yH.$$

$\forall h,h_1\in H$，由上等式知，必有 $h_2\in H$ 使 $hyh_1=yh_2$，进一步有 $hy=yh_2h_1^{-1}\in yH$，即

$$Hy\subseteq yH.$$

另外，由 y 的任意性知 $Hy^{-1}\subseteq y^{-1}H$，那么 $y(Hy^{-1})y\subseteq y(y^{-1}H)y$，即 $yH\subseteq Hy$. 故而 $yH=Hy$，所以 $H\lhd G$.

$\Leftarrow$ 因为 $H\lhd G$，那么 $\forall x,y\in G$，由群中乘法的结合律知

$$(xH)(yH)=(x(Hy))H=(x(yH))H=xy(HH)=xyH.$$

这表明，H 的左陪集 xH 与 yH 的乘积恰好为左陪集 xyH，所以 H 的任两个左陪集之积仍为一个左陪集，而且易知，乘积与陪集的代表元的选取无关. □

当 $H\lhd G$ 时，我们就不必再区分 H 的左陪集 gH 和 H 的右陪集 Hg，可以直接称 gH 或 Hg 为 H 的陪集即可，并用 G/H 表示 H 的全体陪集构成的集合，即

$$G/H=\{gH\mid g\in G\}.$$

定理 1.7.4 设 G 为群，$H\lhd G$，那么

$$G/H=\{gH\mid g\in G\}$$

关于运算 $(xH)(yH)=xyH$ 构成群.

证明 (1) 定理 1.7.3 已证明了运算的合理性和封闭性.

(2) 对 G/H 中任意三个元素 xH,yH,zH，总有

$$(xHyH)zH=xyHzH=(xy)zH=x(yz)H=xHyzH=xH(yHzH),$$

即有

$$(xHyH)zH=xH(yHzH).$$

(3) 因为 $H=eH=He$，于是 $\forall xH\in G/H$，则

$$N\cdot xH=eN\cdot xH=xHH=xH.$$

这表明，G 的单位元 e 所在的陪集 H 恰为 G/H 的单位元.

(4) $\forall gH\in G/H$，则 $g^{-1}H\in G/H$，而且

$$gH\cdot g^{-1}H=gg^{-1}H=eH=H.$$

同理 $g^{-1}HgH=H$，即 $(gH)^{-1}=g^{-1}H$.

所以 G/H 中每个元素 gH 的逆元为 $g^{-1}H$. 上述论证了 G/H 是一个群. □

定义 1.7.2 设 G 为群且 $H \lhd G$, H 的所有陪集 G/H 关于运算 $xHyH=xyH$ 构成的群称为 G 关于正规子群 H 的商群(quotient group).

结合陪集个数的概念和 H 在 G 中指数 $[G:H]$ 的定义可知：当 G 为有限群时，$|G/H|=[G:H]=\frac{|G|}{|H|}$.

注意：当 G 为加法群时，正规子群 H 的陪集为 $g+H$，商群 G/H 的运算为

$$(x+H)+(y+H)=(x+y)+H.$$

伽罗瓦小传

伽罗瓦(E. Galois，1811—1832)，法国数学家. 1811 年 10 月 25 日出生于巴黎近郊布拉伦. 幼年受到良好的家庭教育. 1827 年开始自学勒让德、拉格朗日、高斯和柯西等大师的经典著作和论文. 18 岁时，他完成了一篇代数方程理论方面的重要论文，并递交给了法国科学院请求发表. 论文交给柯西审阅，柯西给予了肯定，但随后石沉大海，以后他投到巴黎科学院的论文又有两次被遗失或退回. 1828 年至 1830 年期间，他提出了他最主要成就“群的概念”，用群论彻底解决了根式求解代数方程的问题，而且由此发展了一整套关于群和域的理论，为了纪念他，人们称之为伽罗瓦理论. 1832 年 5 月 30 日，伽罗瓦由于政治和爱情的纠葛在决斗中被人射中，第二天就不幸去世，死时还不到 21 岁. 伽罗瓦和另外一位数学家阿贝尔的主要贡献都在群论中，属于所谓的纯数学，或者说是很少得到实际应用的近世数学理论. 而伽罗瓦在并不知道阿贝尔的工作的情形下深入研究了方程能用根式求解的必须满足的本质条件，建立了方程与由方程的根所定义的扩域以及根的“容许”置换组成的群之间的关系. 他得到了代数方程能用根式解的充要条件是它所对应的群可解. 由此，他认识到求解五次及五次以上的方程需要用完全不同于低次方程的方法. 他提出的“伽罗瓦域”、“伽罗瓦群”和“伽罗瓦理论”是近世代数所研究的重要课题，是代数学发展中的一个里程碑. 伽罗瓦之前，代数学研究的中心问题是代数方程的求根问题，而伽罗瓦之后，代数学的中心问题转移到研究群、环、域等代数系统的结构与分类，步入了近世代数的阶段.

直到 1870 年，法国数学家若尔当在其著作《置换和代数方程论》中对伽罗瓦理论作了长篇论述. 从此，伽罗瓦的工作才被完全理解，同时也确立了他在数学史上的地位.

习题 1.7

1. 若 G 为群，$H \leqslant G$ 且 $[G:H]=2$，那么 $H \lhd G$.
2. 举例说明正规子群不具有传递性.
3. 设 G 为群且 $H \leqslant G$，证明：$N(H) \leqslant G$ 且 $H \lhd N(H)$.
4. 证明定理 1.7.2.
5. 设 G 为交换群且 $H \lhd G$，证明：G/H 也为交换群.
6. 设 G 为循环群且 $H \lhd G$，证明：G/H 也为循环群.
7. 设 $H \leqslant G$，证明：$H \lhd G \Leftrightarrow \forall x, y \in G$，若 $xy \in H$ 则 $yx \in H$.

8. 设 $C(G)$ 为 G 中心，且 $G/C(G)$ 为循环群，证明 G 为交换群.

9. 设 $H \lhd G$ 且 $|G/H|=r$，证明：$\forall g \in G$，都有 $g^r \in H$.

10. (A. L. Cauchy 定理)设 G 为 p^n 阶有限交换群，其中 p 为素数，证明：G 中必有 p 阶元素.

1.8 群的同态与同构

在数学上，数学对象之间的关系往往会通过某种特殊的映射来体现. 这种映射不仅能呈现出两个数学对象元素之间的联系，而且还能反映出它们之间某种结构方面的关系. 在群论中，分析两个群之间的关系时，群同态映射的概念发挥了极其广泛和重要的作用. 通过群同态映射，我们可以了解群自身，它的子群、商群以及它的同态像之间的密切联系，而这种联系对群结构的讨论是极为重要的.

1. 群同态的基本概念

定义 1.8.1 设 G 和 G' 是群. 如果从 G 到 G' 的一个映射

$$\varphi: G \to G'$$

能保持群运算，即

$$\varphi(ab) = \varphi(a)\varphi(b), \quad \text{对一切 } a, b \in G,$$

则称 φ 是 G 到 G' 的一个群同态映射或简称为群同态(homomorphism). 进一步，如果 φ 是满射，则称 φ 为群 G 到 G' 的满同态(epimorphism)，此时就说 G' 是 G 的一个群同态像. 并称 G 与 G' 同态，记为 $G \sim G'$. 如果 φ 是单射，则称 φ 为 G 到 G' 的单同态(monomorphism). 如果 φ 是双射，则称 φ 为 G 到 G' 的群同构映射或简称为群同构(isomorphism)，并称 G 与 G' 同构，记为 $G \cong G'$.

例 1.8.1 设 G, G' 为群而 e' 是 G' 的单位元，令

$$\varphi: G \to G', \quad a \mapsto e'.$$

那么

$$\forall x, y \in G, \varphi(xy) = e' = e'e' = \varphi(x)\varphi(y).$$

所以 φ 为 G 到 G' 的群同态.

例 1.8.2 设 $GL_n(\mathbb{R})$ 为一般线性群，$\{\mathbb{R}^*, \cdot\}$ 为非零实数乘群. 令

$$\varphi: GL_n(\mathbb{R}) \to \mathbb{R}^*, \quad \boldsymbol{A} \mapsto |\boldsymbol{A}|.$$

那么对任意 $\boldsymbol{A}, \boldsymbol{B} \in GL_n(\mathbb{R})$，

$$\varphi(\boldsymbol{AB}) = |\boldsymbol{AB}| = |\boldsymbol{A}||\boldsymbol{B}| = \varphi(\boldsymbol{A})\varphi(\boldsymbol{B}).$$

所以 $GL_n(\mathbb{R}) \sim \mathbb{R}^*$.

例 1.8.3 设 G 为群而 $H \lhd G$，令 $\pi: G \to G/H, a \mapsto aH$，则

$$\pi(ab) = abH = (aH)(bH) = \pi(a)\pi(b),$$

所以 π 是 G 到 G/H 的群同态，显然 π 是满射，故 $G \sim G/H$.

习惯上称例 1.8.3 这个 π 为群的自然同态(natural homomorphism).之所以这样称呼,除了 π 的对应法则极其自然之外,还提醒我们使 G 与其商群 G/H 成为群同态的映射不止 π 一个.

例 1.8.3 的意义还在于,表明了群 G 的每一个商群 G/H 均为 G 的同态像.因此,G 的每个商群 G/H 都在某些方面(群的性质)有些像 G.从而,我们能够由商群的一些性质去推测群 G 的一些性质.由于 G/H 是 G 的元素以 H 为模归类而成的群,所以一般来说,商群 G/H 会比原群 G 简单得多.

群同构是一类极其重要的群同态.同构的两个群由运算所带来的规律性是相同的.尽管同构的两个群可能会有这样或那样的差别,可是从近世代数的观点来看,它们的差异只是表面的、次要的,它们的共同点——运算性质则是完全一样的.

定理 1.8.1(凯莱定理) 任意群 G 都与一个变换群同构.

证明 任取群 G 的元素 a,令

$$a_{\mathrm{L}}: G \to G, \quad x \mapsto ax.$$

由于 G 为群,易证 a_{L} 是 G 上的一个一一变换(见习题 1.8 中的第 1 题).将 G 上这样的一一变换的全体构成一个集合

$$G_{\mathrm{L}} = \{a_{\mathrm{L}} \mid a_{\mathrm{L}}(x) = ax, \forall x \in G\}.$$

显然 G_{L} 为 G 的对称群的子集,即 $G_{\mathrm{L}} \subseteq S(G)$.而 G 上的恒等变换 $I_G = e_{\mathrm{L}} \in G_{\mathrm{L}}$,故 $G_{\mathrm{L}} \neq \varnothing$.

另外,$\forall a_{\mathrm{L}}, b_{\mathrm{L}} \in G_{\mathrm{L}}$,$(a_{\mathrm{L}} b_{\mathrm{L}})(x) = a_{\mathrm{L}}(bx) = a(bx) = (ab)x = (ab)_{\mathrm{L}}(x)$,即

$$a_{\mathrm{L}} b_{\mathrm{L}} = (ab)_{\mathrm{L}} \in G_{\mathrm{L}}, \quad e_{\mathrm{L}} a_{\mathrm{L}} = a_{\mathrm{L}} = a_{\mathrm{L}} e_{\mathrm{L}}.$$

亦即 e_{L} 为 G_{L} 的单位元,且 $(a^{-1})_{\mathrm{L}} a_{\mathrm{L}} = (a^{-1}a)_{\mathrm{L}} = e_{\mathrm{L}} = (aa^{-1})_{\mathrm{L}} = a_{\mathrm{L}} (a^{-1})_{\mathrm{L}}$,所以

$$(a_{\mathrm{L}})^{-1} = (a^{-1})_{\mathrm{L}} \in G_{\mathrm{L}}.$$

这就说明了,G_{L} 是 G 的对称群 $S(G)$ 的一个子群,即 G_{L} 为集合 G 的变换群.

现令 $\varphi: G \to G_{\mathrm{L}}, a \mapsto a_{\mathrm{L}}$.显然 φ 是一个映射且是一个满射.另外,若 $\varphi(a) = a_{\mathrm{L}} = b_{\mathrm{L}} = \varphi(b)$,那么 $ax = a_{\mathrm{L}}(x) = b_{\mathrm{L}}(x) = bx$,$\forall x \in G$,由 G 中的消去律知,$a = b$.因此 φ 也是单射.于是,φ 为 G 到 G_{L} 的一个双射.

除此之外,$\varphi(ab) = (ab)_{\mathrm{L}} = a_{\mathrm{L}} b_{\mathrm{L}} = \varphi(a)\varphi(b)$,这样,$\varphi$ 就是 G 到 G_{L} 的群同构映射,即有 $G \cong G_{\mathrm{L}}$. □

由 G 所唯一确定的变换群 G_{L} 叫做 G 的*左正则表示*(left regular representation),而 G_{L} 中每个元素 a_{L} 叫做 G 的*左平移*(left translation).

当 G 是有限群时,我们自然有下面的推论.

推论 1.8.1 每一个 n 阶有限群 G 都同构于 S_n 的一个子群.

2. 群同态的性质

对群的同态映射 $\varphi: G \to G'$,有下面的定理.

定理 1.8.2 设 $\varphi: G \to G'$ 是群的同态映射,e 和 e' 分别为群 G 和 G' 的单位元,$a \in G$,则:

(1) φ 将 e 变到 e',即 $\varphi(e) = e'$;

(2) φ 将 a 的逆元变到 $\varphi(a)$ 的逆元，即 $\varphi(a^{-1})=\varphi(a)^{-1}$；

(3) 对任一个整数 m，$\varphi(a^m)=\varphi(a)^m$；

(4) 如果 $|a|=m$，那么 $|\varphi(a)|$ 是 m 的因子.

证明 (1) 因为 $e'\varphi(a)=\varphi(a)=\varphi(ea)=\varphi(e)\varphi(a)$，由群的消去律得

$$e'=\varphi(e),$$

即 $\varphi(e)$ 为 G' 的单位元.

(2) 通过计算可知

$$\varphi(a)\varphi(a^{-1})=\varphi(aa^{-1})=\varphi(e)=e'=\varphi(a)\varphi(a)^{-1}.$$

又由群的消去律可得

$$\varphi(a^{-1})=\varphi(a)^{-1}.$$

这表明，$\varphi(a^{-1})$ 为 $\varphi(a)$ 的逆元.

(3) 如果 $m=0$，那么 $a^0=e$，$\varphi(a)^0=e'$，所以

$$\varphi(a^0)=\varphi(e)=e'=\varphi(a)^0;$$

如果 $m>0$，
$$\begin{aligned}\varphi(a^m)&=\varphi(a^{m-1}a)=\varphi(a^{m-1})\varphi(a)\\&=\varphi(a^{m-2}a)\varphi(a)=\varphi(a^{m-2})\varphi(a)^2\\&=\cdots=\varphi(a)\varphi(a)^{m-1}=\varphi(a)^m;\end{aligned}$$

如果 $m<0$，$\varphi(a^m)=\varphi((a^{-1})^{-m})=\varphi(a^{-1})^{-m}=(\varphi(a)^{-1})^{-m}=\varphi(a)^m$.

(4) 因为 $|a|=m$，所以由(3)，$\varphi(a)^m=\varphi(a^m)=\varphi(e)=e'$，这表明 $|\varphi(a)|\,\big|\,m$. □

为进一步讨论群同态的性质，引入下面的定义.

定义 1.8.2 设 φ 为群 G 到群 G' 的群同态，对于每个 $a\in G$，$\varphi(a)$ 叫做 a 在 φ 之下的像. 所有这些 $\varphi(a)$ 构成的集合叫做 φ 的像(image)，记作 $\mathrm{Im}\varphi$. G' 的单位元 e' 的全体原像的集合叫做 φ 的核(kernel)，记作 $\ker\varphi$. 即

$$\mathrm{Im}\varphi=\{\varphi(a)\mid a\in G\}$$

以及
$$\ker\varphi=\{a\in G\mid\varphi(a)=e'\}.$$

定理 1.8.3 设 $\varphi:G\to G'$ 为群同态映射，那么：

(1) φ 是满射 $\Leftrightarrow \mathrm{Im}\varphi=G'$；

(2) φ 是单射 $\Leftrightarrow \ker\varphi=\{e\}$. □

证明留作练习.

定理 1.8.4 设 $\varphi:G\to G'$ 为群同态映射，那么：

(1) 若 $H\leqslant G$，则 $\varphi(H)\leqslant G'$；

(2) 若 $H\lhd G$，则 $\varphi(H)\lhd \mathrm{Im}\varphi$；

(3) 若 $N\leqslant G'$，则 $\varphi^{-1}(N)\leqslant G$；

(4) 若 $N\lhd G'$，则 $\varphi^{-1}(N)\lhd G$.

证明 (1) 因为 $H\neq\varnothing$，所以 $\varphi(H)\neq\varnothing$. $\forall x,y\in\varphi(H)$，则存在 $a,b\in H$ 使 $x=\varphi(a)$，$y=\varphi(b)$. 由于 $H\leqslant G$，故 $ab\in H$，

$$xy = \varphi(a)\varphi(b) = \varphi(ab) \in \varphi(H).$$

另外,又因 $H \leqslant G$,所以 $a^{-1} \in H$.

$$x^{-1} = \varphi(a)^{-1} = \varphi(a^{-1}) \in \varphi(H).$$

由此可知 $\varphi(H) \leqslant G'$.

(2) 由于 G 是 G 的平凡子群,所以 $\mathrm{Im}\varphi = \varphi(G) \leqslant G'$. 又利用(1)知 $\varphi(H) \leqslant \mathrm{Im}\varphi$. 对于任意 $x \in \varphi(H)$ 和任意 $y \in \mathrm{Im}\varphi$,则存在 $a \in H, b \in G$ 使 $x = \varphi(a), y = \varphi(b)$. 而由于 $H \lhd G$,故 $b^{-1}ab \in H$. 由此

$$\begin{aligned} y^{-1}xy &= \varphi(b)^{-1}\varphi(a)\varphi(b) = \varphi(b^{-1})\varphi(a)\varphi(b) \\ &= \varphi(b^{-1}ab) \in \varphi(H), \end{aligned}$$

即有 $\varphi(H) \lhd \mathrm{Im}\varphi$.

(3) 因为 $\varphi(e) = e' \in N$,故 $e \in \varphi^{-1}(N) \Rightarrow \varphi^{-1}(N) \neq \varnothing$. $\forall a, b \in \varphi^{-1}(N)$,故 $\varphi(a), \varphi(b) \in N$. 从而

$$\varphi(ab) = \varphi(a)\varphi(b) \in N,$$

即有 $ab \in \varphi^{-1}(N)$.

又因 $N \leqslant G, \varphi(a) \in N$,所以 $\varphi(a)^{-1} \in N$. 由此

$$\varphi(a^{-1}) = \varphi(a)^{-1} \in N,$$

即有 $a^{-1} \in \varphi^{-1}(N)$.

由上可知,$\varphi^{-1}(N) \leqslant G$.

(4) 由(3)知 $\varphi^{-1}(N) \leqslant G$. 现任取 $a \in \varphi^{-1}(N)$,任取 $g \in G$,那么 $\varphi(a) \in N$ 且 $\varphi(g)^{-1}\varphi(a)\varphi(g) \in N$. 所以

$$\varphi(g^{-1}ag) = \varphi(g^{-1})\varphi(a)\varphi(g) = \varphi(g)^{-1}\varphi(a)\varphi(g) \in N,$$

即有 $g^{-1}ag \in \varphi^{-1}(N)$. 所以 $\varphi^{-1}(N) \lhd G$. □

推论 1.8.2 设 G 和 G' 为群,φ 是 G 到 G' 的一个群同态. 那么:

(1) $\mathrm{Im}\varphi$ 是 G' 的一个子群,即 $\mathrm{Im}\varphi \leqslant G'$;

(2) $\ker\varphi$ 是 G 的一个正规子群,即 $\ker\varphi \lhd G$.

3. 群同态基本定理

在正规子群、商群以及群同态之间,存在着一些极为重要的内在联系. 通过这些联系,我们将看到正规子群和商群在群论研究中的重要作用.

定理 1.8.5(群同态基本定理) 设 G 和 G' 为群,φ 是 G 到 G' 的一个群同态满射. 令 $K = \ker\varphi$,则 $G/K \cong G'$.

证明 由推论 1.8.2 知 $K \lhd G$. 现在 G/K 与 G' 之间建立以下对应:

$$\psi: aK \mapsto \varphi(a).$$

(1) (ψ 的合理性)设 $aK = bK$,则 $a^{-1}b \in K$. 于是 $e' = \varphi(a^{-1}b) = \varphi(a)^{-1}\varphi(b)$, $\varphi(a) = \varphi(b)$. 即上述的对应与陪集的代表元的选取无关,于是 G/K 中每个陪集在 ψ 之下在 G' 中只

有一个像，因此，ψ 确为 G/K 到 G' 的一个映射.

(2) $\forall x\in G'$，因 φ 是满射，故存在 $a\in G$ 使 $x=\varphi(a)$. 于是 $\psi(aK)=\varphi(a)=x$，从而 x 在 ψ 之下有逆像 aK，即 ψ 是满射.

(3) 又若 $aK\neq bK$，那么 $a^{-1}b\notin K$，从而 $\psi(a^{-1}bK)=\varphi(a^{-1}b)\neq e'$，即 $\varphi(a)\neq\varphi(b)$ 也就是说，$\psi(aK)\neq\psi(bK)$，所以 ψ 为单射.

(4) $$\psi(aKbK)=\psi(abK)=\varphi(ab)=\varphi(a)\varphi(b)=\psi(aK)\psi(bK),$$
故 ψ 是群同构映射，从而 $G/K\cong G'$. □

上述定理表明，若群 G' 是另一个群 G 的同态像，在同构意义下，G' 是 G 的一个商群.

从群同态基本定理可得下面的结论.

推论 1.8.3 设 φ 是群 G 到 G' 的群同态，而 $K=\ker\varphi$，那么：

(1) $G/K\cong\mathrm{Im}\varphi$；

(2) $\forall a\in G$，元素 $\varphi(a)$ 在 φ 之下的逆像集为陪集 aK，即有 $\varphi^{-1}(\varphi(a))=aK$，或 $a,b\in G$，$\varphi(a)=\varphi(b)\Leftrightarrow aK=bK$. □

推论 1.8.4 设 φ 是有限群 G 到 G' 的满同态，那么
$$|G'|\,\big|\,|G|.$$

证明 因为 φ 是满同态，故 $G/\ker\varphi\cong G'$，从而 $|G'|=|G/\ker\varphi|$，进一步有 $|G|=|G'||\ker\varphi|$，故 $|G'|$ 整除 $|G|$. □

汤普森小传

汤普森(J. G. Thompson，1932—)，美国数学家. 1932 年 10 月 13 日出生于堪萨斯州的渥太华. 1951 年作为神学专业学生进入耶鲁大学，但二年级时转为数学专业. 1955 年起到芝加哥大学攻读博士，四年后获博士学位. 在哈佛大学任教一年之后，于 1962 年回到芝加哥大学任教授，1971 年被选为美国科学院院士，1979 年被选为英国皇家学会会员.

1959 年，汤普森在他的博士论文中证明了一个有 50 年历史的有关有限群的自同构的弗罗贝尼乌斯(Frobenius)猜想. 并用该论文中的方法在 1963 年与费特(W. Feit)合作证明了有限群的伯恩赛德猜想：有限非阿贝尔单群必为偶数阶的，或等价地说，每一个奇数阶群都是可解群. 发表这一结果的论文长达 225 页，占了《太平洋数学杂志》整整一期，这一结果标志着有限单群分类的重大突破. 他所获得的结果以及证明中所用到的方法在 20 世纪 60 年代和 70 年代被许多数学家应用和推广，最终导致了 80 年代有限单群分类问题的彻底解决.

20 世纪 70 年代后期，汤普森还在编码理论，有限射影平面理论以及模函数论中有过重要贡献. 他最近有关伽罗瓦群的工作被认为是域论中最重要的工作之一. 汤普森的一系列成就带来一系列荣誉：他曾荣获美国学会科尔代数奖(1966 年)，菲尔兹奖(1970 年)，沃尔夫奖(1992 年)，法国科学院授予的庞加莱金质奖章(1992 年)(他是到目前为止获此奖的第三人)以及美国国家科学奖(2000 年).

习题 1.8

1. 设 G 为群，$a\in G$. 证明：左平移 $a_{\mathrm{L}}:x\mapsto ax$ 是 G 上的一个一一变换. a_{L} 是否为 G 到

自身的同构？（类似可以讨论右平移 $a_R: x \mapsto xa$）

2. 求出模 4 整数加群$\mathbb{Z}_4$ 的正规表示.

3. 证明定理 1.8.3.

4. 设 φ 是两个群 G 到 G' 的满同态，那么：

(1) 若 G 为交换群，则 G' 也是交换群；

(2) 若 G 为循环群，则 G' 也是循环群；

(3) 若 G 为单群（阶大于 1 且只有平凡正规子群的群），则 G' 是单群或单位元群.

5. 证明：

(1) 无限循环群与任何循环群同态；

(2) 两个有限阶循环群 G 与 G' 同态$\Leftrightarrow |G'| \mid |G|$.

6. 证明：有理数加群$(\mathbb{Q},+)$与非零有理数乘群$(\mathbb{Q}^*,\cdot)$不同构.

7.（第一同构定理）证明：设 φ 是群 G 到 G' 的同态满射，且 $\ker\varphi \leqslant H \lhd G$，令 $H' = \varphi(H)$，则

$$G/H \cong G'/H'.$$

8.（第二同构定理）证明：设 G 为群，且 $H \leqslant G, N \lhd G$. 则 $H \cap N \lhd H$，且 $HN/N \cong H/(H \cap N)$.

9.（第三同构定理）证明：设 G 为群且 $N \lhd G, \overline{H} \leqslant G/N$，则：

(1) 存在 G 的唯一子群 H 使 $\overline{H} = H/N$；

(2) 当 $\overline{H} \lhd G/N$ 时，存在唯一的 $N \lhd G$ 使

$$G/H \cong (G/N)/(H/N).$$

10. 设 G 为群，$N \lhd G$，如果 $N \leqslant H \lhd G$ 时，必有 $N = H$ 或 $H = G$，则称 N 为 G 的极大正规子群. 只有平凡正规子群的群称为单群. 证明：N 是 G 的极大正规子群$\Leftrightarrow G/N$ 为单群.

1.9 对称与群

对称性(symmetry)是自然界最普遍、最重要的特性. 近代科学表明，自然界的所有重要规律均与某种对称性有关，甚至所有自然界中的相互作用，都具有某种特殊的对称性，即所谓"规范对称性". 对称性的研究日益深入，已经应用到许多不同领域. 群论的应用往往与对称性紧密联系在一起，利用群，可以将研究对象中存在的这样或那样的对称性与其性质联系起来. 结构总是与性质有密切的关系，对称性必然揭示出本质的性质. 我们力求用最简洁的语言和例子让读者认识到群论的奇妙结构和广泛应用. 这种奇妙的结构和广泛的应用其实是一种必然，大自然具有超凡的美，对称是美的本质，这里的对称包括外在和内在两种. 群论是刻画对称最有力的数学工具，实际上群论的产生就来源于对对称的刻画，通过研究群的分

类，可以对具有对称性的客观事物进行分类. 因此，人们也常说群论即是描述对称的数学理论.

下面我们从数学的几个领域来探讨如何利用群来研究事物的对称性.

定义 1.9.1 如果平面上(或空间中)的正交变换将图形 Γ 变成与它自己重合的图形，则把这个正交变换叫做图形 Γ 的对称变换(symmetric transformation).

例 1.9.1 等边三角形$\triangle ABC$(图 1.9.1)的对称性可以用对称变换来刻画. 这些变换可以分为以下两类(旋转和反射)：

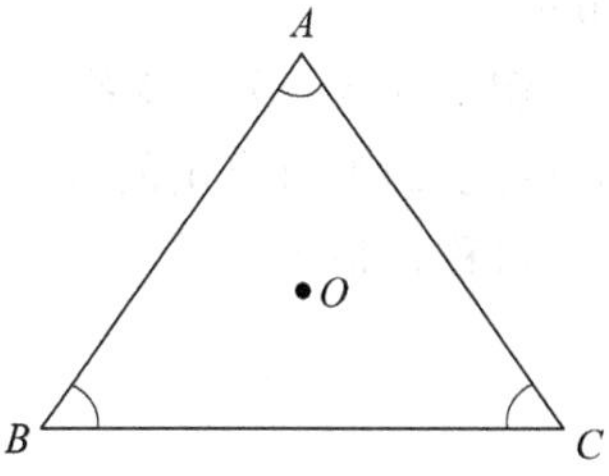

(1) $\triangle ABC$ 在平面内围绕它的中心 O 逆时针旋转 120°，240°，这两个运动可表示为

$$v=\begin{pmatrix}A & B & C\\ B & C & A\end{pmatrix},\quad w=\begin{pmatrix}A & B & C\\ C & A & B\end{pmatrix}.$$

图 1.9.1

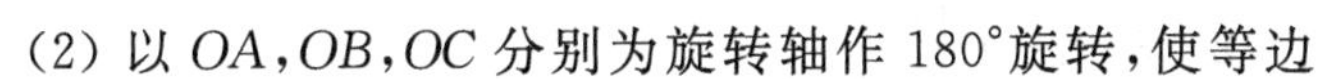

(2) 以 OA，OB，OC 分别为旋转轴作 180°旋转，使等边三角形在空中运动，运动之后三角形还占有空间同样位置，这三个运动可以简单表示为

$$x=\begin{pmatrix}A & B & C\\ A & C & B\end{pmatrix},\quad y=\begin{pmatrix}A & B & C\\ C & B & A\end{pmatrix},\quad z=\begin{pmatrix}A & B & C\\ B & A & C\end{pmatrix}.$$

使三角形保持不动的“运动”可表示为

$$e=\begin{pmatrix}A & B & C\\ A & B & C\end{pmatrix}.$$

上述变换(1)，(2)描述了等边三角形的全部对称变换. 这里我们通过正交变换描述了几何对象的对称性. 如果把这 6 个对称变换组成一个集合，即 $G=\{e,v,w,x,y,z\}$，则这些正交变换的乘积仍然是正交变换，而且仍将等边三角形变成与它自己重合的图形. 因此，任意两个对称变换的乘积仍是它的对称变换. 从而集合 G 对映射的乘法封闭，进一步可以证明 G 关于映射的乘法构成群.

例 1.9.2 **二面体群**(dihedral group) $n(\geqslant 3)$边的正多边形的对称变换组成一个 $2n$ 阶群. 它们完全由从顶点集合到自身上的映射决定. 设顶点以顺时针方向编号为 $1,2,\cdots,n$. 顶点 1 可以映成任何顶点 $1,2,\cdots,n$，然后其余的顶点就得以顺时针或逆时针方向排列. 全体对称变换由旋转

$$\alpha=\begin{pmatrix}1 & 2 & 3 & \cdots & n-1 & n\\ 2 & 3 & 4 & \cdots & n & 1\end{pmatrix}$$

和反射 β 生成. 这里当 n 为奇数时

$$\beta=\begin{pmatrix}1 & 2 & 3 & \cdots & n-1 & n\\ 1 & n & n-1 & \cdots & 3 & 2\end{pmatrix},$$

当 n 为偶数时

$$\beta=\begin{pmatrix}1 & 2 & 3 & \cdots & n-1 & n\\ n & n-1 & n-2 & \cdots & 2 & 1\end{pmatrix}.$$

这时 $\alpha^n=I,\beta^2=I,\beta\alpha=\alpha^{-1}\beta$,这里 I 表示恒等置换.此外,这些关系完全决定这个群,因为由 α 和 β 生成的每个元素不外乎 $\alpha^{i_1}\beta^{j_1}\cdots\alpha^{i_r}\beta^{j_r}$,而由于 $\beta\alpha^i=\alpha^{-i}\beta$,因而,每个元素都可以改写成 α^i 或 $\alpha^i\beta$ 的形式($i=0,1,\cdots,n-1$),它们就是已知群的 $2n$ 个不同的元素.

用 D_n ($n\geqslant 3$) 来表示二面体群,容易验证该群是非 Abel 群.

例 1.9.3 立方体的对称群.立方体的对称是由八个顶点到自身上的映射决定的.设这些顶点编号如图 1.9.2.

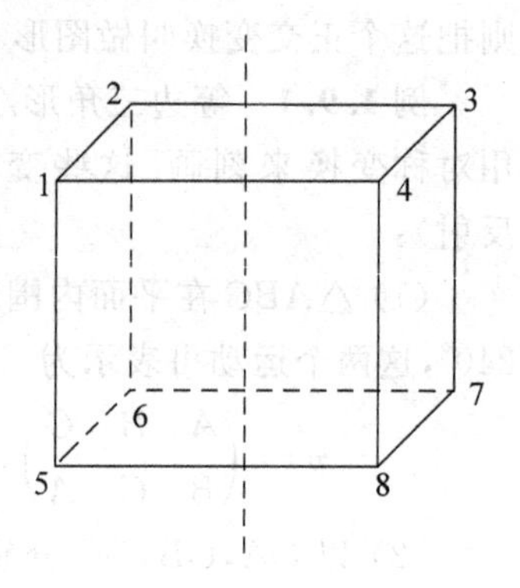

图 1.9.2

对称包括了旋转

$$\alpha=\begin{pmatrix}1&2&3&4&5&6&7&8\\2&3&4&1&6&7&8&5\end{pmatrix},$$

$$\beta=\begin{pmatrix}1&2&3&4&5&6&7&8\\1&4&8&5&2&3&7&6\end{pmatrix},$$

和反射

$$\lambda=\begin{pmatrix}1&2&3&4&5&6&7&8\\5&6&7&8&1&2&3&4\end{pmatrix}.$$

元素 α 和 β 生成一个群 G_1,它能把每个顶点映成另外的顶点.这可从下面的关系看出:

$$1\xrightarrow{\alpha}2\xrightarrow{\alpha}3\xrightarrow{\alpha}4\xrightarrow{\beta}5\xrightarrow{\alpha}6\xrightarrow{\alpha}7\xrightarrow{\alpha}8\xrightarrow{\alpha}5\xrightarrow{\beta}2\xrightarrow{\alpha^{-1}}1$$

其中,$i\xrightarrow{x}j$ 表示元素 x 把 i 映成 j.例如 $\beta\alpha^2$ 把 4 变成 7.保持 1 不变的元素组成一个子群 H_1,而且可以写出

$$G_1=H_1+H_1x_2+H_1x_3+H_1x_4+H_1x_5+H_1x_6+H_1x_7+H_1x_8,$$

这里 x_i 表示把 1 变成 i 的一个元素.不妨这样来取这些 x_i:$x_2=\alpha,x_3=\alpha^2,x_4=\alpha^3,x_5=\alpha^3\beta,x_6=\alpha^3\beta\alpha,x_7=\alpha^3\beta\alpha^2,x_8=\alpha^3\beta\alpha^3$.因为一共只有八个数字而且同一个陪集 H_1x_i 的全体元素都把 1 变成同一个 i,这就包括了 H_1 的全体可能的陪集,因而 H_1 在 G_1 内的指数是 8.

立方体的保持顶点 1 不变的旋转必须使它的三个邻接的顶点作循环置换.因此 H_1 只包含 I,β,β^2,即它的阶是 3,因而 G_1 的阶是 24.反射 λ 不在 G_1 内,但是由于 $\lambda^2=I,\lambda\alpha=\alpha\lambda$,$\lambda\beta=\alpha^2\beta\alpha^2\lambda$,因而由 α,β,λ 生成的群 G 满足 $G=G_1+G_1\lambda$,这说明 G 的阶是 48.G 是由立方体的全体对称变换构成的群.

图形 Γ 的所有对称变换组成的集合关于映射的乘法构成的群称为图形 Γ 的对称群(symmetric group).

由于图形的对称性可由对称群这一代数对象来刻画,因而就可以用代数方法去研究图形的对称.一个图形的对称程度越高,该图形的对称变换就越多,即它的对称群的阶数就越高.这也就是说图形的对称程度的高低与其对称群的阶数密切相关,利用群可以刻画对称图形及其性质.

利用群还可以研究数域和多项式的对称.

先回忆一下在高等代数中学过的数域的概念.

定义 1.9.2 令$\mathbb{C}$表示复数全体,称$\mathbb{C}$的一个含有 0 和 1 的子集 F 为一个数环(ring of numbers),如果 F 满足条件(1):

(1) F 关于数的加法、减法和乘法是封闭的,即若 $a,b\in F$,则 $a+b,a-b,a\cdot b$ 都在 F 中.

如果除条件(1)外 F 还满足:

(2) 若 $0\neq a\in F$,则 a 的逆元 a^{-1} 也在 F 中,则称 F 为一个数域(field of numbers).

显然,全体非负整数不是数环,而全体整数是数环但不是数域.全体有理数、全体实数都是数域. $F=\{a+b\sqrt{2}\mid a,b$ 是有理数$\}$也是数域.

平面图形是一个几何结构,即把一个点集 M 连同此点集 M 中任意两点间的距离作为一个整数来考虑,而其对称群就是 M 的保持其任意两点间距离的变换的全体,这些保持 M 的几何结构(即距离)的变换的全体,就刻画了几何结构的对称.

类似地,数域 F 是一个代数结构,数域 F 的对称性也同样地可用 F 的保持代数结构(即运算)的变换的全体来刻画,虽然它不像图形对称那样直观,但它是客观存在的.这样就有下面的定义.

定义 1.9.3 数域 F 的自同构(self-isomorphism)ϕ 是指:

(1) ϕ 是 F 的一一变换;

(2) 对任意 $x,y\in F$,有 $\phi(x+y)=\phi(x)+\phi(y)$,$\phi(x\cdot y)=\phi(x)\cdot\phi(y)$.

在定义中没有要求自同构保持 F 中的减法运算和取逆,这是因为它们是保持加法和乘法运算的推论.

引理 1.9.1 设 ϕ 是数域 F 的自同构,则有:

(1) $\phi(0)=0,\phi(1)=1$;

(2) 对任意 $x,y\in F$,有 $\phi(-x)=-\phi(x)$,$\phi(x-y)=\phi(x)-\phi(y)$;

(3) 对任意 $0\neq x\in F$,有 $x^{-1}\in F$,使 $\phi(x^{-1})=(\phi(x))^{-1}$.

证明 (1) $\phi(0)=\phi(0+0)=\phi(0)+\phi(0)$,故 $\phi(0)=0$.同理可证 $\phi(1)=1$.

(2) $0=\phi(0)=\phi(x+(-x))=\phi(x)+\phi(-x)$,故 $\phi(-x)=-\phi(x)$.进而

$$\phi(x-y)=\phi(x+(-y))=\phi(x)+\phi(-y)=\phi(x)+(-\phi(y))=\phi(x)-\phi(y).$$

(3) $0\neq x\in F$,$\phi(1)=\phi(x\cdot x^{-1})=\phi(x)\phi(x^{-1})=1$,故 $\phi(x^{-1})=\phi(x)^{-1}$. □

前已述及,两个使几何图形不变的变换的乘积仍是使几何图形不变的变换.类似地,有下面的引理.

引理 1.9.2 设 ϕ,ψ 是数域 F 的两个自同构,则 ϕ^{-1},$\phi\psi$ 也是数域 F 的自同构.

证明 由于数域 F 的自同构首先是集 F 的变换,故 ϕ^{-1},$\phi\psi$ 的意义是清楚的,它们都是集 F 的变换.

先证 $\phi\psi$ 是自同构.任取 $x,y\in F$,则依变换乘积的定义有

$$(\psi\phi)(xy)=\psi(\phi(xy))=\psi(\phi(x)\phi(y))=\psi(\phi(x))\cdot\psi(\phi(y))=(\psi\phi)(x)\cdot(\psi\phi)(y).$$

类似地可证 $\phi\psi$ 保持加法运算.

再证 ϕ^{-1} 是自同构. 任取 $x,y\in F$,由于 ϕ 是 F 到 F 上的一一对应,故必有 $x',y'\in F$ 使得 $x=\phi(x'),y=\phi(y')$,此时当然也有 $x'=\phi^{-1}(x),y'=\phi^{-1}(y)$. 这样就有

$$\phi^{-1}(xy)=\phi^{-1}(\phi(x')\phi(y'))=\phi^{-1}(\phi(x'y'))=x'y'=\phi^{-1}(x)\phi^{-1}(y).$$ □

类似地可证 ϕ^{-1} 保持加法运算.

由引理 1.9.1 及引理 1.9.2 有下面的定理.

定理 1.9.1 令 $\mathrm{Aut}(F)$ 表示数域 F 的所有自同构的全体,令∘表示变换的乘法,则 $(\mathrm{Aut}(F),\circ)$ 具有下列性质:

(1) 对任意 $\phi,\psi\in\mathrm{Aut}(F)$,有 $\phi\circ\psi\in\mathrm{Aut}(F)$;

(2) 对任意 $\phi,\psi,\theta\in\mathrm{Aut}(F)$,有 $(\phi\circ\psi)\circ\theta=\phi\circ(\psi\circ\theta)$;

(3) 恒等变换 $I\in\mathrm{Aut}(F)$,对任意 $\phi\in\mathrm{Aut}(F)$,有 $I\circ\phi=\phi\circ I=\phi$;

(4) 对任意 $\phi\in\mathrm{Aut}(F)$,有 $\phi^{-1}\in\mathrm{Aut}(F)$,即有 $\phi\circ\phi^{-1}=\phi^{-1}\circ\phi=I$.

由定理 1.9.1 可知,$(\mathrm{Aut}(F),\circ)$ 构成群,称该群为数域 F 的自同构群(self-isomorphism group).

注:数域 F 的自同构群相当于图形 Γ 的对称群,后者刻画了图形 Γ 的对称,前者则刻画了数域的"对称".

例 1.9.4 有理数$\mathbb{Q}$的自同构群只有一个元素——恒等自同构 I.

证明 任取$\mathbb{Q}$的一个自同构 ϕ,由 $\phi(1)=1$ 得 $\phi(2)=\phi(1+1)=\phi(1)+\phi(1)=2$,一般地对任意正整数 n 有 $\phi(n)=n$,进而 $\phi(-n)=-\phi(n)=-n,\phi\left(\frac{1}{n}\right)=\phi(n^{-1})=\phi(n)^{-1}=n^{-1}=\frac{1}{n}$. 故对任意整数 n,m,有 $\phi\left(\frac{m}{n}\right)=\phi\left(m\cdot\frac{1}{n}\right)=\phi(m)\cdot\phi\left(\frac{1}{n}\right)=m\cdot\frac{1}{n}=\frac{m}{n}$,即 $\phi=I$.

从上面证明可知对任意数域 F(它当然包含所有有理数)的自同构 ϕ 必有 $\forall x\in\mathbb{Q}$,$\phi(x)=x$.

例 1.9.5 令 $F=\mathbb{Q}(\sqrt{2})=\{a+b\sqrt{2}\mid a,b\in\mathbb{Q}\}$,易验证 F 是一个数域. 现考察 F 的自同构群.

解 任取 F 的自同构 ϕ,注意到对任意的 $a\in\mathbb{Q}$,有 $\phi(a)=a$,故有 $\phi(a+b\sqrt{2})=\phi(a)+\phi(b)\sqrt{2}=a+b\cdot\phi(\sqrt{2})$,这样只要$\sqrt{2}$在 ϕ 下的像 $\phi(\sqrt{2})$定了,则 ϕ 也就完全确定了. $\phi(2)=\phi((\sqrt{2})^2)=(\phi(\sqrt{2}))^2=2$,故 $\phi(\sqrt{2})=\pm\sqrt{2}$,所以 $\phi(a+b\sqrt{2})=a\pm b\sqrt{2}$. 易证这两个变换确是数域 F 的自同构. 这样,F 的自同构群是$\{I,\phi\}$.

例 1.9.6 令 $E=\mathbb{Q}(\sqrt{2},\sqrt{3})=\{a+b\sqrt{2}+c\sqrt{3}+d\sqrt{2}\sqrt{3}\mid a,b,c,d\in\mathbb{Q}\}$,易验证 E 是一个数域. 同例 1.9.5 类似,如果 ϕ 是 E 的自同构,则 ϕ 完全由 $\phi(\sqrt{2})$和 $\phi(\sqrt{3})$确定,而

$\phi(\sqrt{2})$的可能值只有$\sqrt{2}$和$-\sqrt{2}$，$\phi(\sqrt{3})$的可能值只有$\sqrt{3}$和$-\sqrt{3}$. 直接验证，可知下列变换都是数域E的自同构：

I：$a+b\sqrt{2}+c\sqrt{3}+d\sqrt{2}\sqrt{3}\to a+b\sqrt{2}+c\sqrt{3}+d\sqrt{2}\sqrt{3}$；

ϕ_1：$a+b\sqrt{2}+c\sqrt{3}+d\sqrt{2}\sqrt{3}\to a-b\sqrt{2}+c\sqrt{3}-d\sqrt{2}\sqrt{3}$；

ϕ_2：$a+b\sqrt{2}+c\sqrt{3}+d\sqrt{2}\sqrt{3}\to a+b\sqrt{2}-c\sqrt{3}-d\sqrt{2}\sqrt{3}$；

ϕ_3：$a+b\sqrt{2}+c\sqrt{3}+d\sqrt{2}\sqrt{3}\to a-b\sqrt{2}-c\sqrt{3}+d\sqrt{2}\sqrt{3}$.

这样，E的自同构群是$\{I,\phi_1,\phi_2,\phi_3\}$.

给两个数域F和E，如果有$F\subseteq E$，则称F是E的子域(subfield)，而称E为F的扩域(extension field).

对给定的两个数域F和E，$F\subseteq E$. 令

$$\mathrm{Aut}(E:F)=\{\phi\in\mathrm{Aut}(E)\mid\forall x\in F,\phi(x)=x\},$$

即它的元素是那些使得F中元素不动的数域E的自同构. 易证下列定理.

定理 1.9.2 若$(\mathrm{Aut}(E:F),\circ)$构成群，则称$(\mathrm{Aut}(E:F),\circ)$为数域$E$在$F$上的对称群. □

一般地，$(\mathrm{Aut}(E:F),\circ)$是$\mathrm{Aut}(E)$的一个真子集，它不再刻画数域$E$的对称，它刻画的是数域$E$的保持$F$中元素不动的那种对称性.

取例 1.9.5 中的$F=\mathbb{Q}(\sqrt{2})$，例 1.9.6 中的$E=\mathbb{Q}(\sqrt{2},\sqrt{3})$，则有$\mathbb{Q}\subseteq F\subseteq E$. 于是有下面结果.

例 1.9.7 $\mathrm{Aut}(E:\mathbb{Q})=\mathrm{Aut}(E)=\{I,\phi_1,\phi_2,\phi_3\}$.

例 1.9.8 $\mathrm{Aut}(E:F)=\{I,\phi_2\}$.

对数域F上任何一个n元多项式$f(x_1,x_2,\cdots,x_n)$总有集合$S=\{x_1,x_2,\cdots,x_n\}$上的n次置换使f不变，至少恒等置换就是一个. 使f不变的任两个置换的乘积显然仍使f不变. 易证，满足这个条件的全体置换关于置换的乘积做成一个n次置换群. 它是S_n的一个子群，称其为n元多项式$f(x_1,x_2,\cdots,x_n)$的对称群，记为S_f. 每个n元多项式都有一个确定的n次置换群，很显然，一个n元多项式的对称群的阶数越高，这个n元多项式的对称性越强.

若n元多项式$f(x_1,x_2,\cdots,x_n)$的对称群S_f是S_n，就称该n元多项式f为对称多项式(symmetric polynomial). 对称多项式是对称性最强的多项式.

例 1.9.9 求四元多项式$f=x_1x_2+x_3x_4$的对称群.

解 记x_i为i，则有

$$S_f=\left\{\begin{pmatrix}1234\\1234\end{pmatrix},\begin{pmatrix}1234\\2134\end{pmatrix},\begin{pmatrix}1234\\1243\end{pmatrix},\begin{pmatrix}1234\\2143\end{pmatrix},\begin{pmatrix}1234\\3412\end{pmatrix},\begin{pmatrix}1234\\4312\end{pmatrix},\begin{pmatrix}1234\\3421\end{pmatrix},\begin{pmatrix}1234\\4321\end{pmatrix}\right\}.$$

例 1.9.10 求n元多项式$f(x_1,x_2,\cdots,x_n)=x_1+2x_2+\cdots+nx_n$的对称群.

解 $S_f=\{I\}$.

例 1.9.11 求三元多项式 $f(x_1,x_2,x_3)=(x_1-x_2)(x_1-x_3)(x_2-x_3)$的对称群.

解
$$S_f=\left\{\begin{pmatrix}1&2&3\\1&2&3\end{pmatrix},\begin{pmatrix}1&2&3\\2&3&1\end{pmatrix},\begin{pmatrix}1&2&3\\3&1&2\end{pmatrix}\right\}.$$

例 1.9.12 求四元多项式 $f=x_1x_2-x_3x_4$ 的对称群.

解
$$S_f=\left\{\begin{pmatrix}1&2&3&4\\1&2&3&4\end{pmatrix},\begin{pmatrix}1&2&3&4\\2&1&3&4\end{pmatrix},\begin{pmatrix}1&2&3&4\\1&2&4&3\end{pmatrix},\begin{pmatrix}1&2&3&4\\2&1&4&3\end{pmatrix}\right\}.$$

以上我们从形式上考虑了多项式的对称性,下面再考察一元多项式的根的对称性,这可以看作是从“内容”的角度考虑一元多项式的对称性.

设 F 是一取定的数域,$F[x]$表示系数在 F 中的一元多项式的全体.任取 $F[x]$中的一个首项系数为 1 的 n 次多项式 $f(x)$,则根据代数基本定理知 $f(x)$在复数域$\mathbb{C}$有 n 个根,记作 $a_1,a_2,\cdots,a_n$,其中可能有相同者,但可将它们用不同的符号表示.这时显然有 $f(x)=(x-a_1)(x-a_2)\cdots(x-a_n)$.

我们把这些根 a_i 和系数域 F 放在一起,并设法在$\mathbb{C}$中找到一个包含 a_i 和 F 的尽可能小的(因为现在只对这些根 a_i 和 F 感兴趣)的数域.由于数域对加、减、乘、除(除数不为 0)是封闭的,故这个数域必包含下面的数集:

$$E=\left\{\frac{g(a_1,a_2,\cdots,a_n)}{h(a_1,a_2,\cdots,a_n)}\mid g,h\in F[x_1,x_2,\cdots,x_n],\text{且 }h(a_1,a_2,\cdots,a_n)\neq 0\right\}.$$

另一方面,数集 E 中的任意两个数经过加、减、乘、除(除数不为 0)后仍然具有 $\dfrac{g(a_1,a_2,\cdots,a_n)}{h(a_1,a_2,\cdots,a_n)}$的形式,故仍在 E 中.例如,把 $g(a_1,a_2,\cdots,a_n)$简记作 $g(a)$时,有

$$\frac{g_1(a)}{h_1(a)}+\frac{g_2(a)}{h_2(a)}=\frac{g_1(a)h_2(a)+h_1(a)g_2(a)}{h_1(a)h_2(a)}=\frac{g_3(a)}{h_3(a)},$$

其中 $g_3(a)=g_1(a)h_2(a)+h_1(a)g_2(a)$,$h_3(a)=h_1(a)h_2(a)$,故 E 中两元素之和仍在 E 中.同样地可证其他情形.

这样数域 E 是包含 F 和诸 a_i 的最小数域,常称 E 为把诸根 a_i 添加到 F 上得到的数域,也称 E 为多项式 $f(x)(\in F[x])$在数域 F 上的分裂域(splitting field),因为当把 $f(x)$看作 $E[x]$中多项式时,有 $f(x)=(x-a_1)(x-a_2)\cdots(x-a_n)$.即 $f(x)$在 $E[x]$中完全分解为一次多项式的乘积,下面常把 E 记作 $E=F(a_1,a_2,\cdots,a_n)$.

定义 1.9.4 设 F,f,E 的含义同上文.称$(\mathrm{Aut}(E:F),\circ)$为 F 上一元多项式 f 的根的对称群,也称之为 F 上一元多项式 f 的 Galois 群.

f 的 Galois 群$(\mathrm{Aut}(E:F),\circ)$刻画了 $f(x)$的根的对称性.多项式的根的对称性不像图形的对称性那样直观,那样具体,然而如果你仔细体会一下前面的讨论,比如,根是一些数,它们之间有代数结构,即有运算关系,又比如 E 这个数域概括了根之间的全部代数关系,等等.那么就能领悟到,$(\mathrm{Aut}(E:F),\circ)$的确刻画了根集的对称.

通过上面的陈述可看到群和对称的密切关系.这里所谈的对称,概括起来是,当考虑的对象 A 是一个带有若干关系的集合 M(数学中的对象大致都具有这种形式)时,就把所有保持这些关系不变的,集 M 的一一变换的全体所构成的群看作是这个对象 A 的对称.在物理和化学中,群论的应用则与对称性紧密联系在一起,比如说利用群彻底完成了晶体结构的分类研究.

伯恩赛德小传

伯恩赛德(W. Burnside,1852—1927),英国数学家.1852 年 7 月 2 日生于伦敦.1871 年人剑桥圣约翰学院学习,1873 年转入彭布罗克学院.1875—1886 年任研究员,1885 年起任格林尼治皇家海军学院数学教授,直至去世.1893 年选为英国皇家学会会员,1906—1908 年任伦敦数学会会长.前期主要研究应用数学,还研究椭圆函数以及微分几何等.1892 年起研究群论,是群表示论的主要创始人之一,应用群表示论证明 $p^a q^b$ 阶群((p,q)为素数)是可解群.1899 年获伦敦数学会德·摩根奖.他所著的《群论》(1897 年)是有限群论的第一部系统著作,深刻影响其后的群论体系.1900 年左右,伯恩赛德提出了一个著名的猜想:一个奇数阶群 G 必存在一个正规子群序列:$G=G_0 \triangleright G_1 \triangleright G_2 \triangleright \cdots \triangleright G_n=\{e\}$,使得每个 G_i/G_{i+1} 是交换群.这一猜想对有限单群分类问题的研究起了重大作用.50 多年后,猜想最终被费特和汤普森在一篇长达 255 页的论文中所证明,这也创造了单篇论文长度的世界纪录.伯恩赛德的另一重要猜想是关于群 $B_{m,n}$ 的,1994 年,齐尔曼诺夫(E. I. Zelmannov)由于在这一猜想方面的工作而获得菲尔兹奖.

习题 1.9

1. 写出正十二棱锥的旋转对称群的所有元素,这个群是否为循环群?

2. 写出正六边形的对称群的所有元素,它的生成元是什么?生成元适合的关系有哪些?这个群的阶是多少?

3. 正五边形的对称群 D_5 为 $D_5=\langle\sigma,\tau\rangle$,$\sigma^5=\tau^2=I$,$\tau\sigma\tau=\sigma^{-1}$,其中 σ 表示绕中心 O 转角为 $2\pi/5$ 的旋转,τ 表示关于某一条对称轴的反射,试问 $\sigma\tau,\sigma^2\tau,\sigma^3\tau,\sigma^4\tau$ 分别表示关于哪一条对称轴的反射?$(\sigma\tau)(\sigma^2\tau)$是 D_5 中的哪个元素?

4. 写出正四面体的对称群的所有元素.

5. 写出等腰三角形(非等边)的对称群的所有元素.

6. 试说明等边三角形的对称群与 S_3 的关系.

7. 设 F 是数域.证明:$\mathrm{Aut}(F:\mathbb{Q})=\mathrm{Aut}(F)$.

8. 设$\mathbb{Q}(\mathrm{i})=\{a+b\mathrm{i}\mid a,b\in\mathbb{Q}\}$,$\mathbb{Q}(\mathrm{i},\sqrt{5})=\{a+b\mathrm{i}+c\sqrt{5}+d\mathrm{i}\sqrt{5}\mid a,b,c,d\in\mathbb{Q}\}$.

(1) 证明:$\mathbb{Q}(\mathrm{i})$,$\mathbb{Q}(\mathrm{i},\sqrt{5})$是数域;

(2) 若记 $F=\mathbb{Q}(\mathrm{i})$,$E=\mathbb{Q}(\mathrm{i},\sqrt{5})$,求 $\mathrm{Aut}(F)$,$\mathrm{Aut}(E)$及 $\mathrm{Aut}(E:F)$,并写出 $\mathrm{Aut}(E)$的乘法表.

9. 求三元多项式 $f=x_1^2+x_1x_2+x_2x_3+x_3^2$ 的对称群 S_f.

10. 设 F 是数域,在 $F[x_1,x_2,x_3]$中的所有包含 $x_1^3x_2$ 的对称多项式中,写出项数最少的那个对称多项式.

11. 设 $f(x,y)$ 是 $\mathbb{R}[x,y]$ 中的对称多项式. 证明：在平面 $\mathbb{R}^2$ 中，由方程 $f(x,y)=0$ 确定的图形 K 关于直线 $l: x-y=0$ 是对称的.

12. 证明：$f=x^2-2$ 在 $\mathbb{Q}$ 上的分裂域是 $E=\{a+b\sqrt{2}\mid a,b\in\mathbb{Q}\}$.

*1.10 群的直积

群的直积是群论中的重要概念，也是研究群的重要手段之一，利用群的直积可以从已知的群构出新的群，可以用小群构造大群，也可以将一个群用它的子群来表示，本节介绍子群的直积及其基本性质.

定义 1.10.1 设 G_1,G_2 是群，$G=\{(a_1,a_2)\mid a_1\in G_1,a_2\in G_2\}$ 为集合 G_1 与 G_2 的笛卡儿积(Cartesian product)，在 G 中定义乘法运算

$$(a_1,a_2)\cdot(b_1,b_2)=(a_1b_1,a_2b_2);\quad (a_1,a_2),(b_1,b_2)\in G,$$

则 G 关于上述定义的乘法构成群，称为群 G_1 与 G_2 的外直积(external direct product)，记作 $G=G_1\times G_2$，G_1,G_2 称为 G 的直积因子.

当 G_1,G_2 是加群时，G_1 与 G_2 的外直积也可记作 $G_1\oplus G_2$.

定理 1.10.1 设 $G=G_1\times G_2$ 是群 G_1 与 G_2 的外直积，则：

(1) G 是有限群的充分必要条件是 G_1 与 G_2 都是有限群，并且，当 G 是有限群时，有 $|G|=|G_1||G_2|$；

(2) G 是交换群的充分必要条件是 G_1 与 G_2 都是交换群；

(3) $G_1\times G_2\cong G_2\times G_1$；

(4) 若令 $A_1=\{(a_1,e_2)\mid a_1\in G_1,e_2$ 为 G_2 的单位元$\}$，则 A_1 是 G 的子群，且 $G_1\cong A_1$；若令 $A_2=\{(e_1,a_2)\mid a_2\in G_2,e_1$ 为 G_1 的单位元$\}$，则 A_2 是 G 的子群，且 $G_2\cong A_2$.

证明 (1) 由笛卡儿积的性质可直接得出.

(2) 如果 G_1 和 G_2 都是交换群，则对任意的 $(a_1,a_2),(b_1,b_2)\in G$，有

$$(a_1,a_2)\cdot(b_1,b_2)=(a_1b_1,a_2b_2)=(b_1a_1,b_2a_2)=(b_1,b_2)\cdot(a_1,a_2),$$

所以 G 是交换群.

反之，如果 G 是交换群，那么对任意的 $a_1,b_1\in G_1$，$a_2,b_2\in G_2$ 有

$$(a_1,a_2)\cdot(b_1,b_2)=(b_1,b_2)\cdot(a_1,a_2),\quad 即(a_1b_1,a_2b_2)=(b_1a_1,b_2a_2).$$

故 $a_1b_1=b_1a_1$，$a_2b_2=b_2a_2$，所以 G_1,G_2 都是交换群.

(3) 构造映射

$$\phi: G_1\times G_2\to G_2\times G_1$$

$$(a_1,a_2)\to(a_2,a_1),\quad \forall(a_1,a_2)\in G_1\times G_2,$$

显然 ϕ 是双射，且

$$\begin{aligned}\phi((a_1,a_2)(b_1,b_2)) &= \phi(a_1b_1,a_2b_2) = (a_2b_2,a_1b_1)\\ &= (a_2,a_1)(b_2,b_1)\\ &= \phi(a_1,a_2)\cdot\phi(b_1,b_2)\end{aligned}$$

因此，ϕ 是 $G_1\times G_2$ 到 $G_2\times G_1$ 的同构映射，即 $G_1\times G_2\cong G_2\times G_1$.

(4) 构造映射

$$\phi: G_1 \to A_1,$$
$$a_1 \mapsto (a_1,e_2),$$

则易知 ϕ 是一个同构映射，因此 A_1 是 G 的子群，同理可证另一个结论. □

例 1.10.1 设 $G_1=\langle a\rangle$，$G_2=\langle b\rangle$分别是 3 阶和 5 阶的循环群，则 $G=G_1\times G_2$ 是一个 15 阶的循环群.

证明 首先，由定理 1.10.1 知，G 是一个 15 阶的交换群，设 $c=(a,b)\in G$，(e_1,e_2)是 G 的单位元，则 $c^3=(e_1,b^3)$，$c^5=(a^2,e_2)$，所以 c^3，c^5 都不等于(e_1,e_2)，可知$|c|\neq 3,5$，由拉格朗日定理知，$|c|=15$，即 $G=\langle c\rangle$是 15 阶循环群.

例 1.10.2 $\mathbb{Z}_2\oplus\mathbb{Z}_2\cong G$，这里 $G=\{(1),(12)(34),(13)(24),(14)(23)\}$.

证明 对于 4 阶群$\mathbb{Z}_2\oplus\mathbb{Z}_2$ 中的任意元(a,b)有$(a,b)+(a,b)=(0,0)$. 故$\mathbb{Z}_2\oplus\mathbb{Z}_2$ 中没有 4 阶元素，所以$\mathbb{Z}_2\oplus\mathbb{Z}_2$ 不是循环群，而 4 阶群在同构的意义下仅有两个，于是$\mathbb{Z}_2\oplus\mathbb{Z}_2\cong G$. 事实上，$\mathbb{Z}_2\oplus\mathbb{Z}_2$ 到 G 的任意一个将零元$(0,0)$映到(1)的双射都是一个群同构.

定理 1.10.2 设 G_1，G_2 是群，a 和 b 分别是 G_1 和 G_2 中的有限阶元素，则对于$(a,b)\in G_1\times G_2$，有$|(a,b)|=[|a|,|b|]$.

证明 设$|a|=m$，$|b|=n$，$s=[m,n]$，则$(a,b)^s=(a^s,b^s)=(e_1,e_2)$，从而$(a,b)$的阶有限. 设其为 t，则需证 $t=s$. 首先 $t|s$. 又因为$(e_1,e_2)=(a,b)^t=(a^t,b^t)$，所以 $a^t=e_1$，$b^t=e_2$，于是 $m|t$ 且 $n|t$，从而 t 是 m 和 n 的公倍数. 而 s 是 m 和 n 的最小公倍数. 因此 $s|t$，从而 $s=t$. □

例 1.10.3 试确定$\mathbb{Z}_{15}\oplus\mathbb{Z}_5$ 中 5 阶元素的个数.

解 由定理 1.10.2，即要确定$\mathbb{Z}_{15}\oplus\mathbb{Z}_5$ 中满足 $5=|(a,b)|=[|a|,|b|]$的元素(a,b)的个数，用 ord 表示阶. 即要求：或者 ord$a=5$ 且 ord$b=1$ 或 5；或者 ord$a=1$ 且 ord$b=5$. 分别讨论如下：

(1) ord$a=$ord$b=5$，此时 a 可选 $\overline{3},\overline{6},\overline{9},\overline{12}$，$b$ 可选 $\overline{1},\overline{2},\overline{3},\overline{4}$，从而共有 16 个 5 阶的元.

(2) ord$a=5$，ord$b=1$，此时 a 如上，而 b 为 $\overline{0}$，故共有 4 个 5 阶元.

(3) ord$a=1$，ord$b=5$，$a=\overline{0}$，b 同(1)，故也有 4 个 5 阶元.

于是$\mathbb{Z}_{15}\oplus\mathbb{Z}_5$ 共有 24 个 5 阶元.

定理 1.10.3 设 G_1 和 G_2 分别是 m 阶及 n 阶的循环群，则 $G_1\times G_2$ 是循环群的充要条件是$(m,n)=1$.

证明 设 $G_1=\langle a\rangle$，$G_2=\langle b\rangle$.

假设 $G_1\times G_2$ 是循环群. 若$(m,n)=t\neq 1$，则由于 ord$a=m$，ord$b=n$ 而 $a^{m/t}$和 $b^{n/t}$的阶都

是t,因此$\langle(a^{m/t},e_2)\rangle$和$\langle(e_1,b^{n/t})\rangle$是循环群$G_1\times G_2$中的两个不同的$t$阶子群,矛盾,所以$(m,n)=1$.

反之,假设$(m,n)=1$,则$\mathrm{ord}(a,b)=[m,n]=mn=|G_1||G_2|=|G_1\times G_2|$,所以$(a,b)$是$G_1\times G_2$的生成元,因此$G_1\times G_2$是循环群. □

定义 1.10.2 设H和K是群G的正规子群,如果群G满足条件$G=HK$,且$H\cap K=\{e\}$,则称G是H和K的内直积(internal direct product).

定理 1.10.4 设H和K是G的子群,则G是H和K的内直积的充分必要条件是G满足以下两个条件:

(1) G中每个元可唯一地表为hk的形式,其中$h\in H,k\in K$;

(2) H中任意元与K中任意元可交换,即:对任意$h\in H,k\in K$,有$hk=kh$.

证明 如果G是H和K的内直积,则$G=HK$,所以,G中每个元g都可表示为hk形式,其中$h\in H,k\in K$,如果$g=hk=h'k'$,$h'\in H,k'\in K$,则$h'^{-1}h=k'k^{-1}\in H\cap K=\{e\}$,从而$h'^{-1}h=k'k^{-1}=e$,因此$h=h',k=k'$,即条件(1)成立.

对任意$h\in H,k\in K$,考虑$g=hkh^{-1}k^{-1}\in G$,则由于$K\lhd G$,故$g=(hkh^{-1})k^{-1}\in Kk^{-1}=K$.同理$g\in H$,所以$g\in H\cap K$,即$g=e$,于是$hk=kh$,条件(2)成立.

反之,若H,K是G的子群,且条件(1)和(2)成立,则$G=HK$.又对任意的$h_1\in H$,$g=hk\in G$,其中$h\in H,k\in K$,则由条件(2)$kh_1=h_1k$,所以$gh_1g^{-1}=(hk)h_1(hk)^{-1}=(hk)h_1(k^{-1}h^{-1})=hh_1kk^{-1}h^{-1}=hh_1h^{-1}\in H$.于是$H\lhd G$.同理可得$K\lhd G$.

对任意的$g\in H\cap K$,有$ge=g=eg$,而由条件(1),g表示为hk的形式是唯一的,故得$g=e$,即$H\cap K=\{e\}$.从而G是H和K的内直积. □

例 1.10.4 设$G=\{\mathrm{diag}(\boldsymbol{A}_1,\boldsymbol{A}_2)\mid \boldsymbol{A}_1,\boldsymbol{A}_2\in GL_2(\mathbb{R})\}$,则易证$G$是$GL_4(\mathbb{R})$的子群,令

$$H=\{\mathrm{diag}(\boldsymbol{A},\boldsymbol{E}_2)\mid \boldsymbol{A}\in GL_2(\mathbb{R})\},\quad K=\{\mathrm{diag}(\boldsymbol{E}_2,\boldsymbol{A})\mid \boldsymbol{A}\in GL_2(\mathbb{R})\}.$$

则H和K是G的正规子群,显然$H\cap K=\{\boldsymbol{E}_4\}$,且对$\mathrm{diag}(\boldsymbol{A}_1,\boldsymbol{A}_2)\in G$,有$\mathrm{diag}(\boldsymbol{A}_1,\boldsymbol{A}_2)=\mathrm{diag}(\boldsymbol{A}_1,\boldsymbol{E}_2)\cdot\mathrm{diag}(\boldsymbol{E}_2,\boldsymbol{A}_2)\in HK$.

由定义知G是H和K的内直积.

例 1.10.5 将S_3自然地看作S_4的子群,设$K=\{(1),(12)(34),(13)(24),(14)(23)\}$,则$K$是$S_4$的正规子群.显然$S_3\cap K=\{(1)\}$.因此$|S_3\cdot K|=\dfrac{|S_3|\cdot|H|}{|S_3\cap K|}=24=|S_4|$.从而$S_4=S_3\cdot K$.但是由于$S_3$不是$S_4$的正规子群,因此$S_4$不是$S_3$和$K$的内直积.

关于群的内外直积,我们有如下定理.

定理 1.10.5 如果群G是正规子群H和K的内直积,则$H\times K\cong G$;反之,如果群$G=G_1\times G_2$,则存在G的正规子群G_1'和G_2',且G_i'与G_i同构$(i=1,2)$,使得G是G_1'和G_2'的内直积.

证明 如果群G是正规子群H和K的内直积,定义映射

$$\Phi: H\times K\rightarrow G,$$

$$(h,k)\to hk,\quad \forall (h,k)\in H\times K.$$

则由于 $G=HK$,故 Φ 是满射. 又由定理 1.10.4 知 G 中元与表为 hk 形式时表法唯一,故 Φ 是单射. 又对任意的 $(h_1,k_1),(h_2,k_2)\in H\times K$,由于 H 中的元与 K 中的元可交换,故

$$\begin{aligned}\Phi((h_1,k_1)\cdot(h_2,k_2)) &= \Phi(h_1h_2,k_1k_2) = (h_1h_2)(k_1k_2)\\ &= (h_1k_1)(h_2k_2) = \Phi(h_1k_1)\cdot\Phi(h_2k_2).\end{aligned}$$

所以 Φ 是同构映射,从而 $H\times K\cong G$.

如果 $G=G_1\times G_2$,令

$$G_1'=\{(a_1,e_2)\mid a_1\in G_1\},\quad G_2'=\{(e_1,a_2)\mid a_2\in G_2\}.$$

首先由定理 1.10.1 知 G_1',G_2'都是 G 的子群,G_i'与 G_i 同构,且对任意的 $(a_1,a_2)\in G$,

$$(a_1,a_2)=(a_1,e_2)(e_1,a_2)\in G_1'\cdot G_2',$$

这一表法是唯一的. 对任意的 $(a_1,e_2)\in G_1'$,$(e_1,a_2)\in G_2'$,有

$$(a_1,e_2)\cdot(e_1,a_2)=(a_1,a_2)=(e_1,a_2)(a_1,e_2).$$

所以,由定理 1.10.4 知 G 是 G_1'与 G_2'的内直积. □

定义 1.10.3 设 $G_1,G_2,\cdots,G_n$ 是有限多个群,构造集合

$$G=\{(a_1,a_2,\cdots,a_n)\mid a_i\in G_i,i=1,2,\cdots,n\},$$

并在 G 中定义运算 $(a_1,a_2,\cdots,a_n)\cdot(b_1,b_2,\cdots,b_n)=(a_1b_1,a_2b_2,\cdots,a_nb_n)$,则 G 关于上述运算构成群,称为群 $G_1,G_2,\cdots,G_n$ 的外直积,记作 $G=G_1\times G_2\times\cdots\times G_n$;$G_i$ 称为 G 的直积因子.

定义 1.10.4 设 $H_1,H_2,\cdots,H_n$ 是群 G 的有限多个正规子群,如果 G 满足以下两个条件:

(1) $G=H_1H_2\cdots H_n=\{h_1h_2\cdots h_n\mid h_i\in H_i\}$;

(2) $(H_1H_2\cdots H_i)\cap H_{i+1}=\{e\},i=1,2,\cdots,n$.

则称 G 是 $H_1,H_2,\cdots,H_n$ 的内直积.

注:条件(2)也可以换成 $H_1H_2\cdots H_{i-1}H_{i+1}\cdots H_n\cap H_i=\{e\},i=1,2,\cdots,n$.

对多个群直积的情况,也有下面的结论.

定理 1.10.6 如果群 G 是有限多个子群 $H_1,H_2,\cdots,H_n$ 的内直积,则 G 同构于 H_1,$H_2,\cdots,H_n$ 的外直积.

注:从定理 1.10.5 和定理 1.10.6 可以看到,如果把同构的群不加区分的话,外直积与内直积本质上是一致的. 所以我们将内外直积不加区分,统称为群的直积,也可以将内直积写成 $G=G_1\times G_2\times\cdots\times G_n$. 另外,直积因子的次序可以任意调换,也可以随意添加或去掉括号.

定理 1.10.7 设 $G=H_1H_2\cdots H_n$,则 G 是子群 $H_1,H_2,\cdots,H_n$ 的内直积的充分必要条件是 G 满足以下两个条件:

(1) G 中每个元素的表示法唯一;

(2) H_i 中任意元素与 H_j 中任意元素可换($i\neq j$).

证明 类似于定理 1.10.4 可证. □

例 1.10.6 证明：$\mathbb{Z}_4\oplus\mathbb{Z}_6\oplus\mathbb{Z}_5\cong\mathbb{Z}_4\oplus\mathbb{Z}_{30}$.

证明 因为 $\mathbb{Z}_6\oplus\mathbb{Z}_5\cong\mathbb{Z}_{30}$，所以 $\mathbb{Z}_4\oplus\mathbb{Z}_6\oplus\mathbb{Z}_5\cong\mathbb{Z}_4\oplus\mathbb{Z}_{30}$.

同理，

$$\begin{aligned}\mathbb{Z}_4\oplus\mathbb{Z}_6\oplus\mathbb{Z}_5&\cong\mathbb{Z}_4\oplus(\mathbb{Z}_6\oplus\mathbb{Z}_5)\cong\mathbb{Z}_4\oplus(\mathbb{Z}_5\oplus\mathbb{Z}_6)\\&\cong(\mathbb{Z}_4\oplus\mathbb{Z}_5)\oplus\mathbb{Z}_6\cong\mathbb{Z}_{20}\oplus\mathbb{Z}_6.\end{aligned}$$

例 1.10.7 设 $G=\langle a\rangle$ 为 n 阶的循环群，$n=p_1^{n_1}p_2^{n_2}\cdots p_s^{n_s}$ 为 n 的标准分解式，则 $G=G_1\times G_2\times\cdots\times G_s$，这里 $G_i=\langle a^{p_1^{n_1}\cdots p_{i-1}^{n_{i-1}}p_{i+1}^{n_{i+1}}\cdots p_s^{n_s}}\rangle,i=1,2,\cdots,s.\ |G_i|=p_i^{k_i}$.

证明 显然 $G_i\lhd G$. 令 $t_i=p_1^{n_1}\cdots p_{i-1}^{n_{i-1}}p_{i+1}^{n_{i+1}}\cdots p_s^{n_s}$，则 $(t_1,t_2,\cdots,t_s)=1$，故存在 $u_1,u_2,\cdots,u_s\in\mathbb{Z}$ 使 $t_1u_1+t_2u_2+\cdots+t_su_s=1$. 从而，对 G 的任意元素 a^m 有

$$a^m=(a^{t_1})^{mu_1}(a^{t_2})^{mu_2}\cdots(a^{t_s})^{mu_s}\in G_1G_2\cdots G_s.$$

因此，$G=G_1G_2\cdots G_s$，又因为 $|G_i|=p_i^{k_i}$，而且 $G_1G_2\cdots G_{i-1}\cap G_i=\{e\}$，所以 $G=G_1\times G_2\times\cdots\times G_s$.

下面我们利用群的直积定义两类重要的群.

定义 1.10.5 一个群如果能够分解成它的真子群的直积，则称这个群为可分解群；否则称为不可分解群.

例 1.10.8 S_n 是不可分解群.

证明 当 $n\neq4$ 时 S_n 的非平凡正规子群只有 A_n. S_4 的非平凡正规子群只有 A_4 和 Klein 四元群 K_4，而且 $K_4\subset A_4$. 因此，S_n 是不可分解群.

例 1.10.9 有理数加群$\mathbb{Q}_+$是不可分解群.

证明 设 H,K 是$\mathbb{Q}_+$的任意两个真子群，则有 $0\neq\dfrac{b}{a}\in H,0\neq\dfrac{d}{c}\in K$. 于是易知 $0\neq bd=ad\cdot\dfrac{d}{a}=bc\cdot\dfrac{d}{c}\in H\cap K$，即 $\mathbb{Q}_+$ 的任意两个真子群的交都不是 0. 因此$\mathbb{Q}_+$是不可分解群.

例 1.10.10 无限循环群是不可分解群；n 阶循环群是不可分解群当且仅当 n 为素数的方幂.

证明 (1) 设 H,K 是无限循环群 $G=\langle a\rangle$ 的任意两个真子群，且 $H=\langle a^s\rangle,K=\langle a^k\rangle$. 则 $H\cap K=\langle a^{[s,t]}\rangle\neq\{e\}$，所以 G 的任意两个真子群的交都不是$\{e\}$，从而，G 是不可分解群.

(2) 设 $G=\langle a\rangle$，且 $\mathrm{ord}a=p^k$，p 为素数；又设 H,K 为 G 的任意两个真子群，且 $H=\langle a^{p^s}\rangle,K=\langle a^{p^t}\rangle,0<s<t<k$，则 $H\cap K=\langle a^{p^t}\rangle=K\neq\{e\}$，因此，$G$ 是不可分解群. 反之，设 n 阶循环群 $G=\langle a\rangle$ 不可分解，则由例 1.10.7 知 n 必为素数的方幂.

埃尔米特小传

埃尔米特(Charles Hermite，1822—1901)，1822 年 12 月 24 日出生在法国洛林的小村庄 Dieuge，曾任法兰西学院、巴黎高等师范学校、巴黎大学教授，法兰西科学院院士. 他出生时右腿有残疾，因此终生腿瘸，不得不拄着手杖行走. 身残志坚的他是 19 世纪最伟大的代数几何学家，但是他大学入学考试重考了五次，

每次失败的原因都是数学考不好. 他的大学几乎毕不了业，每次考不好的科目都是数学. 他大学毕业后考不上任何研究所，考不好的科目还是数学. 数学是他一生的至爱，但是数学考试是他一生的噩梦. 不过这无法改变他的伟大：共轭矩阵是他先提出来的，人类一千多年来解不出五次方程式的通解，是他先解出来的. 自然对数的超越数性质，是他第一个证明出来的. 著名数学史家蒙西翁(P. Monsion)称他为高斯、柯西、雅可比和狄利克雷之后最重要的分析学家，这并非过誉之词. 埃尔米特在他的时代以及他之后的若干岁月中，确实是数学界中的一个鼓舞人心的形象，他在数学分析、代数以及数论等领域做出了多方面的贡献. 时至今日，人们以他的名字作了这样一些命名：埃尔米特矩阵，埃尔米特型，埃尔米特多项式，埃尔米特双曲空间，埃尔米特插值，埃尔米特核，埃尔米特算子，埃尔米特流形等，以此表达对这位数学大师的尊敬和纪念. 这些命名也反映了埃尔米特多方面的数学成就. 他的一生证明了"一个不会考试的人，仍然能有胜出的人生".

习题 1.10

1. $\mathbb{Z}_9\oplus\mathbb{Z}_6$ 中有多少个 9 阶元素？$\mathbb{Z}_4\oplus\mathbb{Z}_8$ 中有多少个 4 阶元素？
2. 在$\mathbb{Z}$ 中，设 $H=\langle 3\rangle, K=\langle 5\rangle$. 证明：$\mathbb{Z}=H+K$. 问：$\mathbb{Z}$ 与 $H\oplus K$ 同构吗？
3. 证明或否定$\mathbb{Z}\oplus\mathbb{Z}$ 是循环群.
4. 证明：$\mathbb{Z}_8\oplus\mathbb{Z}_2$ 与$\mathbb{Z}_4\oplus\mathbb{Z}_4$ 不同构.
5. 证明：复数加群$\mathbb{C}$ 同构于$\mathbb{R}\oplus\mathbb{R}$.
6. 设 $G=G_1\times G_2$. 证明：存在 G 到 G_2 的同态映射 ϕ，使 $\ker\phi\cong G_1$，$\mathrm{Im}\phi\cong G_2$.
7. 假设 $G=G_1\times G_2\times\cdots\times G_n$. 证明：$C(G)=C(G_1)\times C(G_2)\times\cdots\times C(G_n)$.
8. 假设 $G_1\cong H_1, G_2\cong H_2$. 证明：$G_1\times G_2\cong H_1\times H_2$.
9. 证明：若 H 为 G 的直积因子，则 H 的每个正规子群均为 G 的正规子群.
10. 设 G,H 是两个 Abel 群. 若 f 是G 到 H 的同态，且存在 H 到G 的同态 g，使 fg 是 H 的恒等映射，证明：
$$G=\mathrm{Im}g\oplus\ker f.$$
11. 设 f 是 Abel 群 G 的自同态，若 $f^2=f$，则 $G=\mathrm{Im}f\oplus\ker f$.

*1.11 有限 Abel 群的结构定理

有限 Abel 群是群论中已被研究清楚了的重要群类，也是应用比较广泛的群类，本节的主要结论是有限 Abel 群可以分解成阶为素数的方幂的循环群(循环 p-群)的直积，而且表示法是唯一的. 先看几个具体的例子.

4 阶群都是 Abel 群，它们有两种互不同构的类型，代表分别是$\mathbb{Z}_4$，$\mathbb{Z}_2\times\mathbb{Z}_2$.

6 阶群有两种不同的类型，代表分别是$\mathbb{Z}_6$，S_3，其中 S_3 是非 Abel 群；$\mathbb{Z}_6$是 Abel 群，且 $\mathbb{Z}_6\cong\mathbb{Z}_2\times\mathbb{Z}_3$.

8 阶 Abel 群有三种不同的类型,代表分别是$\mathbb{Z}_8$,$\mathbb{Z}_2\times\mathbb{Z}_4$,$\mathbb{Z}_2\times\mathbb{Z}_2\times\mathbb{Z}_2$.

9 阶群都是 Abel 群,它们有两种互不同构的类型,代表分别是$\mathbb{Z}_9$,$\mathbb{Z}_3\times\mathbb{Z}_3$.

这些有限 Abel 群都同构于循环群或者循环群的直积,并且每个循环群的阶都是一个素数的方幂,这些循环群的阶组成的有重集合正好是该群阶素数方幂乘积的所有可能组合. 例如 8 阶 Abel 群,有三种情形:$\{2^3\}$,$\{2,2^2\}$,$\{2,2,2\}$,分别对应于 8 写成素数方幂乘积所有可能的形式(三种):$8=2^3$,$8=2\times 2^2$,$8=2\times 2\times 2$.

下面我们讨论一般有限 Abel 群的结构.

引理 1.11.1 设 a 是群 G 的一个元素,a 的阶等于 $m=m_1m_2$,其中 m_1 与 m_2 是两个互素的正整数,那么 a 可以唯一地表示成 $a=a_1a_2$,式中 a_i 的阶是 $m_i(i=1,2)$,$a_1a_2=a_2a_1$,而且 $a_i(i=1,2)$都是 a 的方幂.

证明 因为 m_1 与 m_2 互素,所以存在整数 u_1,u_2 使得 $u_1m_1+u_2m_2=1$. 于是

$$a = a^{u_1m_1+u_2m_2} = a^{u_1m_1}a^{u_2m_2} = a^{u_2m_2}a^{u_1m_1},$$

令 $a_1=a^{u_2m_2}$,$a_2=a^{u_1m_1}$,则 $a=a_1a_2=a_2a_1$,而且 $a_i(i=1,2)$都是 a 的方幂. 因为 $a_1^{m_1}=e$,$a_2^{m_2}=e$,所以 a_i 的阶 d_i 是 $m_i(i=1,2)$的因子. 由于 m_1 与 m_2 互素,从而 d_1,d_2 互素,并且 $a_1a_2=a_2a_1$,故 a_1a_2 的阶等于 d_1d_2. 但是 a 的阶是 m_1m_2,所以必有 $d_1=m_1$,$d_2=m_2$.

再证表示法的唯一性. 设 $a=a_1a_2=a_1'a_2'$,其中 a_1,a_2,a_1',a_2'满足条件,那么 $a_1^{-1}a_1'=a_2'a_2^{-1}$. 注意到 a_1,a_1'可以交换,所以 $a_1^{-1}a_1'$的阶是 m_1 的因子. 同理 $a_2^{-1}a_2'$的阶是 m_2 的因子. 又 m_1 与 m_2 互素,故必有 $a_1^{-1}a_1'=a_2'a_2^{-1}=e$,从而 $a_1=a_1'$,$a_2=a_2'$. □

引理 1.11.2 设 a 是群 G 的有限阶元素,$H\leqslant G$,k 是使 $a^k\in H$ 的最小正整数,则:

(1) 当 $a^s\in H$ 时,$k|s$;

(2) 当$\langle a\rangle\cap H\neq e$ 时,$k<\mathrm{ord}(a)$.

证明 (1) 令 $s=kq+r$,$0\leqslant r<k$,则 $a^r=a^s(a^k)^{-q}\in H$,由 k 的最小性知,$k=0$. 因此,$k|s$.

(2) 由条件可知存在 $x\in\langle a\rangle\cap H$,$x\neq e$. 令 $x=a^s\in H$,设 $\mathrm{ord}(a)=n$,则 $a^n=e\in H$. 由 k 的最小性知,$k\leqslant n$. 假若 $k=n$,则由(1)可知 $n|s$,所以 $x=a^s=e$,与 $x\neq e$ 矛盾.

因此,$k<\mathrm{ord}(a)$. □

定理 1.11.1 设 G 是一个 $n(n>1)$阶 Abel 群,$n=p_1^{n_1}p_2^{n_2}\cdots p_s^{n_s}$,其中 $p_1,p_2,\cdots,p_s$ 是互异的素数,$n_i>0(i=1,2,\cdots,s)$,那么 $G=G(p_1)\times G(p_2)\times\cdots\times G(p_s)$. 其中 $G(p_i)$表示 G 中阶为素数 p_i 的方幂的元素的全体(这里因为 $G(p_i)$非空,而且对 G 的运算封闭,所以是 G 的子群).

证明 由引理 1.11.1,考虑 m 分解成几个互素的因子的一般情形,可证结论.

因 $G(p_i)$中元素的阶都是素数 p_i 的方幂,$G(p_i)$的阶也是素数 p_i 的方幂,

$$|G| = \prod_{1\leqslant i\leqslant s} |G(p_i)|,$$

所以$|G(p_i)|=p_i^{n_i}$,$i=1,2,\cdots,s$. □

定义 1.11.1 如果群 G 中一个元素 g 的阶为素数 p 的一个方幂,则称 g 为一个 p-元

素(p-element).如果群 G 的阶是素数 p 的一个方幂,则称 G 为一个 p-群(p-group).

定义 1.11.2 设群 G 的阶为 $n=p^{n_1}q$,p 是一个素数,q 与 p 互素,那么 G 的 p^{n_1} 阶子群称为 G 的一个 Sylow p-子群(Sylow p-subgroup).

定理 1.11.1 说明每个 n 阶 Abel 群可以表示为它的 Sylow p-子群的直积.

定理 1.11.2(有限 Abel 群的结构定理) 任何阶大于 1 的有限 Abel 群 G 都可以唯一地分解为素幂阶循环群(从而为不可分解群)的直积.也可以描述为:设 G 是一个 $n(n>1)$ 阶 Abel 群,$n=p_1^{n_1}p_2^{n_2}\cdots p_s^{n_s}$,其中 $p_1,p_2,\cdots,p_s$ 是互异的素数,$n_i>0(i=1,2,\cdots,s)$,那么

$$G\cong \mathbb{Z}_{p_1^{k_{11}}}\times\mathbb{Z}_{p_1^{k_{12}}}\times\cdots\times\mathbb{Z}_{p_1^{k_{1r_1}}}\times\cdots\times\mathbb{Z}_{p_s^{k_{s1}}}\times Z_{p_s^{k_{s2}}}\times\cdots\times\mathbb{Z}_{p_s^{k_{sr_s}}},$$

其中 $k_{i1}\leqslant k_{i2}\leqslant\cdots\leqslant k_{ir_i}$,且 $k_{i1}+k_{i2}+\cdots+k_{ir_i}=n_i$,$i=1,2,\cdots,s$.称每个 $p_i^{k_{ij}}(i=1,2,\cdots,s)$ 为群 G 的初等因子(elementary divisor),其全体$\{p_1^{k_{11}},\cdots,p_1^{k_{1r_1}},\cdots,p_s^{k_{s1}},\cdots,p_s^{k_{sr_s}}\}$称为群 G 的初等因子组(group of elementary divisor).

证明 由定理 1.11.1 仅需证明 G 是素幂阶有限 Abel 群即可.为此,我们可设$|G|=p^\alpha$,p 是素数,α 是正整数.

先证存在性.设 $G=\langle a_1,a_2,\cdots,a_n\rangle$,且 $a_1,a_2,\cdots,a_n$ 是 G 的使 $\sum\limits_{i=1}^{n}\mathrm{ord}(a_i)$ 最小的一组 n 元生成系,即对 G 的任何一组 n 元生成系 $x_1,x_2,\cdots,x_n$ 均有 $\sum\limits_{i=1}^{n}\mathrm{ord}(a_i)\leqslant\sum\limits_{i=1}^{n}\mathrm{ord}(x_i)$.下面证明:$G=\langle a_1\rangle\times\langle a_2\rangle\times\cdots\times\langle a_n\rangle$.

令 $H_i=\prod\limits_{j\neq i}\langle a_j\rangle,i=1,2,\cdots,n$,仅需证 $H_i\cap\langle a_i\rangle=e,i=1,2,\cdots,n$.若不然,不妨设 $H_i\cap\langle a_i\rangle\neq e,i=1,2,\cdots,r,H_j\cap\langle a_j\rangle=e,j=r+1,r+2,\cdots,n$,其中 $r\geqslant 1$.再令 k_i 是使$a_i^{k_i}\in H_i(i=1,2,\cdots,r)$ 的最小正整数且不妨设 $k_1=\min\{k_1,k_2,\cdots,k_r\}$,则由引理 1.11.2 知,$k_i\mid\mathrm{ord}(a_i)$.但是,$|G|=p^\alpha$,故每个 $\mathrm{ord}(a_i)$ 都是 p 的方幂,从而 k_i 都是 p 的方幂而且 $k_1\mid k_i,i=2,3,\cdots,r$,再由引理 1.11.2 可得

$$k_1<\mathrm{ord}(a_1). \tag{1.11.1}$$

又由于 $a_1^{k_1}\in H_1=\langle a_2\rangle\langle a_3\rangle\cdots\langle a_n\rangle$,故可令

$$a_1^{k_1}=a_2^{s_2}a_3^{s_3}\cdots a_r^{s_r}a_{r+1}^{s_{r+1}}\cdots a_n^{s_n}, \tag{1.11.2}$$

从而可知

$$a_j^{s_j}\in\langle a_j\rangle\cap H_j=e,\quad j=r+1,\cdots,n,$$

故 $a_j^{s_j}=e,j=r+1,\cdots,n$.于是由(1.11.2)式知

$$a_1^{k_1}=a_2^{s_2}a_3^{s_3}\cdots a_r^{s_r}, \tag{1.11.3}$$

由此等式又可知 $a_i^{s_i}\in H_i$,从而由引理 1.11.2 知,$k_i|s_i$.进而 $k_1|s_i(i=2,3,\cdots,r)$.令

$$s_i=k_1q_i,\quad i=2,3,\cdots,r, \tag{1.11.4}$$

并且令

$$b_1=a_1a_2^{-q_2}\cdots a_r^{-q_r}, \tag{1.11.5}$$

则由此可知 $a_1=b_1a_2^{q_2}\cdots a_r^{q_r}$.从而

$$G=\langle b_1,a_2,\cdots,a_n\rangle,$$

即 $b_1,a_2,\cdots,a_n$ 也是群G 的一组 n 元生成系.

然而由(1.11.5)式以及(1.11.3)式、(1.11.4)式可知

$$b_1^{k_1}=a_1^{k_1}a_2^{-k_1q_2}\cdots a_r^{-k_1q_r}=e,$$

于是由(1.11.1)式知,$\mathrm{ord}(b_1)\leqslant k_1<\mathrm{ord}(a_1)$. 从而

$$\mathrm{ord}(b_1)+\mathrm{ord}(a_2)+\cdots+\mathrm{ord}(a_n)<\mathrm{ord}(a_1)+\mathrm{ord}(a_2)+\cdots+\mathrm{ord}(a_n),$$

这与 $\sum\limits_{i=1}^{n}\mathrm{ord}(a_i)$ 的最小性矛盾. 因此,结论成立.

再证唯一性. 设

$$G=\langle a_1\rangle\times\langle a_2\rangle\times\cdots\times\langle a_r\rangle=\langle b_1\rangle\times\langle b_2\rangle\times\cdots\times\langle b_s\rangle \tag{1.11.6}$$

是 G 的两种这样的分解,且其初等因子组分别为

$$\{m_1,m_2,\cdots,m_r\},\quad\{n_1,n_2,\cdots,n_s\}.$$

由于$|G|=p^a$,故每个 m_i 和每个 $n_j(i=1,2,\cdots,r;j=1,2,\cdots,s)$,都是 p 的方幂. 不妨假定

$$m_1\geqslant m_2\geqslant\cdots\geqslant m_r,\quad n_1\geqslant n_2\geqslant\cdots\geqslant n_s.$$

(1) 若 $r\neq s$,不妨设 $r<s$,又 $m_1=n_1,\cdots,m_r=n_r$,则由(1.11.5)式知,G 的阶按第一种分解为

$$m_1m_2\cdots m_r=n_1n_2\cdots n_r.$$

而按第二种分解又为

$$n_1n_2\cdots n_rn_{r+1}\cdots n_s,$$

这显然是不可能的.

(2) 若 $m_1=n_1,\cdots,m_{t-1}=n_{t-1}$,但 $m_t>n_t$,则令

$$H=\{x^{n_t}\mid x\in G\},$$

并由此易知 $H\leqslant G$ 且由(1.11.6)式有

$$H=\langle a_1^{n_t}\rangle\times\cdots\times\langle a_r^{n_t}\rangle=\langle b_1^{n_t}\rangle\times\cdots\times\langle b_s^{n_t}\rangle.$$

因为 $\mathrm{ord}(a_i)=m_i$,故

$$\mathrm{ord}(a_i^{n_t})=\frac{m_i}{(n_t,m_i)},\quad i=1,2,\cdots,r.$$

但因 m_i,n_j 都是 p 的方幂,故 $n_t\mid m_i(i=1,2,\cdots,t)$. 从而 H 的阶按第一种分解为正整数

$$\frac{m_1}{n_t},\frac{m_2}{n_t},\cdots,\frac{m_{t-1}}{n_t},\frac{m_t}{n_t},\frac{m_{t+1}}{(n_t,m_{t+1})},\cdots,\frac{m_r}{(n_r,m_r)}$$

之积. 同理,H 的阶按第二种分解又为正整数

$$\frac{n_1}{n_t},\frac{n_2}{n_t},\cdots,\frac{n_{t-1}}{n_t},1,1,\cdots,1$$

之积. 这显然也是不可能的.

因此,由(1.11.1)式与(1.11.2)式可知,$r=s$ 且 $m_i=n_i(i=1,2,\cdots,r)$. 从而$\langle a_i\rangle\cong\langle b_i\rangle$. 亦即 G 的两种分解的初等因子组相同. □

由定理 1.11.2 可知，一个有限 Abel 群完全由其初等因子组所决定.

定理 1.11.3 两个阶大于 1 的有限 Abel 群同构的充要条件是二者有相同的初等因子组.

证明 先证充分性. 设阶大于 1 的有限 Abel 群 G 与 $\bar{G}$ 有相同的初等因子组

$$\{p_1^{k_1},p_2^{k_2},\cdots,p_n^{k_n}\}.$$

则由定理 1.11.2 知，G 与 $\bar{G}$ 有相应的分解

$$G=\langle a_1\rangle\times\langle a_2\rangle\times\cdots\times\langle a_n\rangle,$$

$$\bar{G}=\langle b_1\rangle\times\langle b_2\rangle\times\cdots\times\langle b_n\rangle,$$

其中 $\mathrm{ord}(a_i)=\mathrm{ord}(b_i)=p_i^{k_i}, i=1,2,\cdots,n$. 于是据此易知

$$\varphi: a_1^{x_1}a_2^{x_2}\cdots a_n^{x_n}\rightarrow b_1^{x_1}b_2^{x_2}\cdots b_n^{x_n}$$

(其中 $x_1,x_2,\cdots,x_n$ 为任意整数)是群 G 与 $\bar{G}$ 的一个同构映射，因此，$G\cong\bar{G}$.

再证必要性. 设 $G\cong\bar{G}$，且仍用 φ 表示群 G 到 $\bar{G}$ 的一个同构映射. 如果 G 的初等因子组为

$$\{p_1^{k_1},p_2^{k_2},\cdots,p_n^{k_n}\},$$

则由定理 1.11.2 知，G 有分解

$$G=\langle a_1\rangle\times\langle a_2\rangle\times\cdots\times\langle a_n\rangle,$$

其中 $\mathrm{ord}(a_i)=p_i^{k_i}, i=1,2,\cdots,n$，在 φ 之下仍设

$$\varphi: a_i\rightarrow b_i,\quad 1,2,\cdots,n,$$

由于 φ 是同构映射，故

$$\mathrm{ord}(b_i)=\mathrm{ord}(a_i)=p_i^{k_i},\quad i=1,2,\cdots,n,$$

从而由此以及 $|\bar{G}|=|G|=p_1^{k_1}p_2^{k_2}\cdots p_n^{k_n}$ 可知

$$\bar{G}=\langle b_1\rangle\times\langle b_2\rangle\times\cdots\times\langle b_n\rangle,$$

即 $\bar{G}$ 与 G 有相同的初等因子组 $\{p_1^{k_1},p_2^{k_2},\cdots,p_n^{k_n}\}$. □

定理 1.11.2 和定理 1.11.3 把有限 Abel 群的结构完全描述清楚了.

例 1.11.1 给出所有 45 阶 Abel 群的互不同构的类型.

解 因为 $45=3^2\times5$，故相应 45 阶 Abel 群的初等因子组共有两种：$\{3^2,5\}$，$\{3,3,5\}$. 因此，在同构意义下 45 阶 Abel 群共有两个，其代表是

$$\mathbb{Z}_9\times\mathbb{Z}_5,\quad \mathbb{Z}_3\times\mathbb{Z}_3\times\mathbb{Z}_5.$$

例 1.11.2 给出 Klein 四元群的分解和其初等因子组.

解 令 $e=(1), a=(12), b=(34), c=(12)(34)$，则 Klein 四元群为 $K_4=\{e,a,b,c\}$，且易知

$$K_4=\langle a\rangle\times\langle b\rangle=\langle a\rangle\times\langle c\rangle=\langle b\rangle\times\langle c\rangle,$$

从而其初等因子组为 $\{2,2\}$.

例 1.11.3 决定 200 阶 Abel 群的互不同构的类型.

解 $200=2^3\times5^2$. 由于 3 的分拆有 $3=3, 3=2+1, 3=1+1+1$，而 2 的分拆有 $2=2$，

$2=1+1$,因此 200 阶 Abel 群的初等因子有下述 6 种可能情形:

$$\{2^3,5^2\},\{2^3,5,5\},\{2,2^2,5^2\},\{2,2^2,5,5\},\{2,2,2,5^2\},\{2,2,2,5,5\}.$$

从而 200 阶 Abel 群有 6 种互不同构的类型它们的代表分别是

$$\mathbb{Z}_{2^3}\times\mathbb{Z}_{5^2},\mathbb{Z}_{2^3}\times\mathbb{Z}_5\times\mathbb{Z}_5,\mathbb{Z}_2\times\mathbb{Z}_{2^2}\times\mathbb{Z}_{5^2},$$

$$\mathbb{Z}_2\times\mathbb{Z}_{2^2}\times\mathbb{Z}_5\times\mathbb{Z}_5,\mathbb{Z}_2\times\mathbb{Z}_2\times\mathbb{Z}_2\times\mathbb{Z}_{5^2},\mathbb{Z}_2\times\mathbb{Z}_2\times\mathbb{Z}_2\times\mathbb{Z}_5\times\mathbb{Z}_5,$$

其中$\mathbb{Z}_{2^3}\times\mathbb{Z}_{5^2}\cong\mathbb{Z}_{200}$,这是循环群.

例 1.11.4 设 $G\cong\mathbb{Z}_5\times\mathbb{Z}_{15}\times\mathbb{Z}_{36}$,求 G 的初等因子组.

解 $G\cong\mathbb{Z}_5\times\mathbb{Z}_{15}\times\mathbb{Z}_{36}\cong\mathbb{Z}_5\times(\mathbb{Z}_3\times\mathbb{Z}_5)\times(\mathbb{Z}_4\times\mathbb{Z}_9)\cong\mathbb{Z}_{2^2}\times\mathbb{Z}_3\times\mathbb{Z}_{3^2}\times\mathbb{Z}_5\times\mathbb{Z}_5$,因此 G 的初等因子组是$\{2^2,3,3^2,5,5\}$.

初等因子为$(p,p,\cdots,p)$的 Abel p-群称为*初等 Abel p-群*(elementary abelian p-group). Klein 四元群是一个初等 Abel 群. 45 阶 Abel 群都不是初等 Abel 群. 实际上,更一般的,凡阶有两个或两个以上互异素因子的 Abel 群都不是初等 Abel 群.

若尔当小传

若尔当(M. E. C. Jordan,1838—1921),法国数学家,1838 年 1 月 5 日生于法国里昂. 若尔当具有 A. L. 柯西(Cauchy)与 H. 庞加莱(Poincarè)等法国数学家的类似经历: 他 17 岁以优异成绩考入巴黎综合工科学校; 1861 年,他的博士论文发表于《综合工科学校杂志》,直到 1885 年,他在名义上一直是一名工程师. 从 1873 年到 1912 年退休,他同时在综合工科学校和法兰西学院任教. 1881 年被选为法兰西科学院院士,1895 年又被选聘为彼得堡科学院院士,1885 年至 1921 年一直担任法国《纯粹与应用数学杂志》的主编及发行人.

一般认为,若尔当在法国数学家中的地位介于 C. 埃尔米特与庞加莱之间. 他与他们一样,是一位多才多艺的数学家. 他发表的论文几乎涉及他那个时代的数学的所有分支. 他早期发表的一篇论文,用组合观点研究多面体的对称性,属于后来命名的“组合拓扑学”范畴,这在当时还是非常独特的. 他作为代数学家,年仅 30 岁时就得以成名. 在其后的几十年中,他被公认为群论的领头人. 1870 年,若尔当把他前十年中关于置换群的知识及其与伽罗瓦关于方程理论的联系组织到他的 667 页巨著——《置换和代数方程专论》中去,该名著最早全面而清楚地介绍了伽罗瓦理论,并特别研究了线形变换群、可解群及其在代数和几何上的应用. 在这本书中,若尔当还首次将交换群称为阿贝尔群. 在分析学方面,若尔当也有重要贡献: 若尔当对严密证明的理解远比他的大多数同时代人更为确切. 他将自己在综合工科学校的讲稿精心扩展而编写出的《分析教程》于 19 世纪 80 年代初首次出版,被公认是当时最好的分析学教材.

习题 1.11

1. 决定 12 阶 Abel 群的互不同构的类型.
2. 决定 36 阶 Abel 群的互不同构的类型.
3. 决定 108 阶 Abel 群的互不同构的类型.

4. 求下列群的初等因子组：

(1) $\mathbb{Z}_{10}\times\mathbb{Z}_{15}\times\mathbb{Z}_{20}$；

(2) $\mathbb{Z}_{28}\times\mathbb{Z}_{42}$；

(3) $\mathbb{Z}_9\times\mathbb{Z}_{14}\times\mathbb{Z}_6\times\mathbb{Z}_{16}$.

5. 设 G 是 100 阶 Abel 群.

(1) 证明 G 必含有 10 阶元；

(2) G 的初等因子组为何种形式才能使 G 不含阶大于 10 的元素？

6. 证明：对任意素数 $p_1,p_2,\cdots,p_m$ 和任意正整数 $k_1,k_2,\cdots,k_m$，总存在有限 Abel 群 G，其初等因子组为 $\{p_1^{k_1},p_2^{k_2},\cdots,p_m^{k_m}\}$.

7. 设 p 是素数. 试给出同构意义下的所有 p^4 阶 Abel 群.

8. 设 G 是阶大于 1 的有限群. 证明：若除 e 外其余元素的阶均相同，则 G 为素幂阶群.

9. 用 C_k 表示 k 阶循环群. 证明：

$$C_{m_1}\times C_{m_2}\times\cdots\times C_{m_n}\cong C_{m_1m_2\cdots m_n}$$

当且仅当正整数 $m_1,m_2,\cdots,m_n$ 两两互素.

10. 设 $n=p_1^{a_1}p_2^{a_2}\cdots p_s^{a_s}$ 是个素数分解，证明：$\mathbb{Z}_n\cong\mathbb{Z}_{p_1^{a_1}}\oplus\mathbb{Z}_{p_2^{a_2}}\oplus\cdots\oplus\mathbb{Z}_{p_s^{a_s}}$.

11. 设 m,n 是两个自然数，记 $c=(m,n)$，而 $d=[m,n]$表示 m 和 n 的最小公倍数. 证明：$\mathbb{Z}_m\oplus\mathbb{Z}_n\cong\mathbb{Z}_c\oplus\mathbb{Z}_d$.

12. 设 G 是个有限 Abel 群，$|G|=p^n$. 证明：对每个 $0\leqslant m\leqslant n$，G 至少有一个阶等于 p^m 的子群.

13. 设 G 是有限 Abel p-群，则 G 是循环群当且仅当 G 中只有一个 p 阶子群.

14. 设 G 是有限 Abel p-群，则 G 是循环群当且仅当 G 中只有一个指数为 p 的子群.

15. 设 G 是有限 Abel 群，则下面的条件是等价的：

(1) G 是个循环群；

(2) 对 $|G|$ 的每个素因子 p，G 只有一个阶 p 的子群；

(3) 对 $|G|$ 的每个素因子 p，G 只有一个指数为 p 的子群.

第2章　环

群是具有一个代数运算的代数系统，但是我们所讨论的很多对象，例如数、多项式、函数以及矩阵和线性变换都具有两个代数运算. 环就是具有两个代数运算的一个代数系统. 本章主要介绍环的定义和初步性质，以及理想、环同态基本定理和一些常见的、重要的环.

环是建立在群的基础上的代数系统，因此它的许多基本概念与理论是群的相应内容的推广.

2.1　环的概念

1. 环的定义和基本性质

定义 2.1.1　设 R 是一个非空集合，其上具有两种代数运算，记作"＋"(称为加法)与"·"(称为乘法)，如果这些运算满足：

(1) $(R,+)$是一个交换群；

(2) $(R,\cdot)$是一个半群；

(3) 左、右分配律成立，即对 $\forall a,b,c\in R$，有

$$a\cdot(b+c)=a\cdot b+a\cdot c,\quad (b+c)\cdot a=b\cdot a+c\cdot a;$$

则称代数系统$(R,+,\cdot)$是一个环(ring)，简称 R 是一个环.

对于环 R，因为$(R,+)$是一个加群，所以有单位元，将它记作 0，称为零元；$\forall a\in R$，a 有逆元，将它记作$-a$，称为 a 的负元.

在环的元素之间进行乘法运算时，通常省略符号"·"，即将 $a\cdot b$ 写成 ab，而且在环的运算中，当无括号时，总是先乘后加.

对于环 R，只要求$(R,\cdot)$是一个半群，即只要求乘法"·"满足结合律即可. 如果环 R 的乘法还满足交换律，即对 $\forall a,b\in R$，有 $ab=ba$，则称环 R 为一个交换环；如果环 R 的乘法有单位元(可以证明，这时环 R 的单位元只有一个，我们习惯上用 1 表示这个单位元)，则称环 R 为一个有单位元的环.

例 2.1.1　全体整数对通常数的加法和乘法构成一个环，称为整数环，记作$\mathbb{Z}$. 这个环的零元是数零，它是一个有单位元的交换环，其单位元就是数 1.

同样，有理数集$\mathbb{Q}$，实数集$\mathbb{R}$，复数集$\mathbb{C}$对通常数的加法和乘法都分别构成环. 通常将数集(不仅仅是$\mathbb{Z}$，$\mathbb{Q}$，$\mathbb{R}$，$\mathbb{C}$这些数集)对通常数的加法和乘法构成的环称为数环.

例 2.1.2 全体偶数对通常数的加法和乘法构成一个环，称为偶数环. 这个环的零元还是数零，它没有单位元，它也是一个交换环.

例 2.1.3 设 F 是一个数域，F 上全体 n 阶矩阵组成的集合 $M_n(F)$ 对矩阵的加法和乘法构成一个环，称为 F 上的 n 阶全矩阵环，这个环的零元是 n 阶零矩阵，单位元是 n 阶单位矩阵，当 $n>1$ 时，$M_n(F)$ 不是交换环.

例 2.1.4 数域 F 上全体一元多项式组成的集合 $F[x]$ 关于多项式的加法和乘法构成一个环，称为 F 上的一元多项式环.

如果记集合 $F_n[x]$ 是由数域 F 上全体次数小于等于 n 的一元多项式组成的，那么 $F_n[x]$ 关于多项式的加法和乘法能否构成一个环呢？请读者自行分析.

例 2.1.5 设 G 是一个加群，0 是它的零元，这时集合 G 已有了一个加法运算“+”，我们再规定“·”：$a\cdot b=0$，$\forall a,b\in G$，则 $(G,+,\cdot)$ 构成一个环. 这个环称为零乘环或零环.

例 2.1.6 在商集 $\mathbb{Z}_n=\{[0],[1],\cdots,[n-1]\}$ 中定义“+”：$[a]+[b]=[a+b]$；又定义“·”：$[a]\cdot[b]=[ab]$. 则 $(\mathbb{Z}_n,+,\cdot)$ 构成一个环，简记为 $\mathbb{Z}_n$，称为模 n 的剩余类环.

证明 由前面的知识，可以验证“+”，“·”都是 $\mathbb{Z}_n$ 的代数运算，且 $(\mathbb{Z}_n,+)$ 是一个加群，$(\mathbb{Z}_n,\cdot)$ 是一个半群（其实是一个有单位元的交换半群）.

又 $\forall [a],[b],[c]\in\mathbb{Z}_n$，有

$$\begin{aligned}[a]\cdot([b]+[c]) &= [a]\cdot[b+c]=[a(b+c)]=[ab+ac]\\ &=[ab]+[ac]=[a]\cdot[b]+[a]\cdot[c].\end{aligned}$$

因此，$(\mathbb{Z}_n,+,\cdot)$ 是一个有单位元的交换环，称它为模 n 的剩余类环(residue class ring).

例 2.1.7 设 $R=\{0,a,b,c\}$，由下面两个数表示定义“+，·”：

+	0	a	b	c
0	0	a	b	c
a	a	0	c	b
b	b	c	0	a
c	c	b	a	0

·	0	a	b	c
0	0	0	0	0
a	0	a	b	c
b	0	a	b	c
c	0	0	0	0

可验证 $(R,+,\cdot)$ 构成一个非交换的、没有单位元的环.

例 2.1.6、例 2.1.7 的环中元素个数有限，称这样的环为有限环.

以上各例中，集合的元素有的是整数，有的是偶数，有的是 n 阶矩阵，有的是多项式，有的是某些整数的集合（例 2.1.6），也有的没有任何具体含义（例 2.1.7）. 这些集合的两种运算也完全不一样，有的是整数的加法、乘法，有的是矩阵的加法、乘法，有的是多项式的加法、乘法，还有特定的加法、乘法. 但这些具有两个代数运算的集合都可以用环的概念来统一，这样抽象环的性质就是这些具体环的共有性质. 这给研究问题带来了一种新的理念.

下面给出环的一些初步性质.

首先，R 关于加法是一个加群，所以 R 具有加群的运算性质：

(1) $0+a=a+0=a$，$\forall a\in R$；

(2) $a-a=a+(-a)=(-a)+a=0, \forall a\in R$；

(3) $-(-a)=a, \forall a\in R$；

(4) $a+b=c\Leftrightarrow b=c-a, \forall a,b,c\in R$；

(5) $-(a+b)=-a-b, -(a-b)=-a+b, \forall a,b\in R$；

(6) $m(na)=(mn)a, n(a+b)=na+nb, \forall m,n\in \mathbb{Z}, a,b\in R$.

又 R 关于乘法是一个半群，而且乘法与加法的左、右分配律成立，所以 R 还有以下运算性质：

(7) $(a-b)c=ac-bc, c(a-b)=ca-cb, \forall a,b,c\in R$；

这里由于 R 的乘法不一定满足交换律，所以其中一个式子成立并不能保证另一个式子也成立. 下面的性质(9)、性质(10)的情况也一样.

(8) $0a=a0=0, \forall a\in R$；

(9) $(-a)b=a(-b)=-ab, (-a)(-b)=ab, \forall a,b\in R$；

(10) $a(b_1+b_2+\cdots+b_n)=ab_1+ab_2+\cdots+ab_n$,

$$(b_1+b_2+\cdots+b_n)a=b_1a+b_2a+\cdots+b_na,$$

$$\left(\sum_{i=1}^{m}a_i\right)\left(\sum_{j=1}^{n}b_j\right)=\sum_{i=1}^{m}\sum_{j=1}^{n}a_ib_j, \forall a_i,b_j\in R,\quad i=1,2,\cdots,m, j=1,2,\cdots,n;$$

(11) $(na)b=a(nb)=n(ab), \forall n\in \mathbb{Z}, a,b\in R$.

这些运算性质看起来与中学数学中数的运算性质一样. 但要记住，这里的集合 R 是抽象的，加法“+”、乘法“·”也是抽象的，它们之所以成立，缘于都是由环的定义逐一推导出来的. 下面我们来验证几个运算性质.

性质(1) 因为 0 是加群 R 的单位元，由加群单位元的定义，有 $0+a=a+0=a$.

性质(2) 对加群 R 的每个元 b，都有负元 $-b$. R 中原来没有减法运算“$-$”，现定义“$-$”：$a-b=a+(-b)$，对 $\forall a,b\in R$. 这样由负元的定义，得 $a-a=a+(-a)=0$.

性质(5) 对加群 R 的元 a,b，有 $a+b\in R$，所以 $a+b$ 在 R 中有唯一负元 $-(a+b)$，由结合律与负元的定义，得

$$\begin{aligned}(a+b)+(-a-b)&=(a+b)+(-a+(-b))=(a+b+(-a))+(-b)\\&=((a+(-a))+b)+(-b)=(a+(-a))+(b+(-b))=0+0=0,\end{aligned}$$

这说明 $-a-b$ 也是 $a+b$ 的负元，所以 $-(a+b)=-a-b$.

性质(7) 由左、右分配律、结合律，以及负元的定义，得

$$(a-b)c+bc=((a-b)+b)c=(a+((-b)+b))c=(a+0)c=ac,$$

$$c(a-b)+cb=c((a-b)+b)=c(a+((-b)+b))=c(a+0)=ca.$$

再由性质(4)，结论成立.

性质(9) 由左、右分配律、负元的定义以及性质(8)，得

$$ab+(-a)b=(a+(-a))b=0b=0,$$

从而 $(-a)b=-ab$. 同理得 $a(-b)=-ab$，而且

$$(-a)(-b)=-(a(-b))=-(-ab)=ab.$$

在一般环中还可以引入正整数指数幂的概念，即令

$$a^n=\overbrace{aa\cdots a}^{n}.$$

当环有单位元 1 时，还可对环中任意元素 a 规定

$$a^0=1.$$

当环有单位元，并且元素 a 有逆元(对乘法而言)，即在环中存在元素 b 使 $ab=ba=1$(这时 b 由 a 唯一确定，记为 a^{-1}，且称 a 可逆)时，还可对 a 引入负整数指数幂的概念，即规定

$$a^{-n}=(a^{-1})^n.$$

可以验证关于指数幂的如下运算性质：

(12) $a^n\cdot a^m=a^{n+m},\forall n,m\in\mathbb{Z},a\in R$；

(13) $(a^n)^m=a^{nm},\forall n,m\in\mathbb{Z},a\in R$.

从以上诸运算性质可以看到，数的普通运算性质在环中基本都成立. 但是应注意，并不是数的所有运算性质在环中都成立. 例如，由于环的乘法不一定可交换，因此，在一般环中以下运算性质就不成立：

$$(ab)^n=a^nb^n,\quad (a+b)^2=a^2+2ab+b^2.$$

2. 子环

在对群的讨论中，子群发挥着重要的作用，在对环的讨论中，也有一个类似的重要概念——子环.

定义 2.1.2 设 R 是一个环，S 是集合 R 的一个非空子集，即 $\varnothing\neq S\subseteq R$，若 S 关于 R 的加法、乘法也构成一个环，则称环 S 是环 R 的一个子环(subring)，记作 $S\leqslant R$，而称环 R 是环 S 的扩环.

对任意一个环 R，至少有两个子环：$\{0\}$ 和 R. 这两个子环称为环 R 的平凡子环(trivial subring). 若 $S\leqslant R$，且 $S\neq\{0\}$，$S\neq R$，则称 S 是 R 的非平凡子环. 若 $S\leqslant R$，且 $S\neq R$，则称 S 是 R 的真子环，记作 $S<R$.

例 2.1.8 $S=\{[0],[2],[4]\}$ 是模 6 的剩余类环 $\mathbb{Z}_6$ 的一个真子环.

由子环的定义与子群、子半群的判别方法，得到下面的结论.

定理 2.1.1 设 R 是一个环，$\varnothing\neq S\subseteq R$，则 S 是 R 的一个子环 $\Leftrightarrow\forall a,b\in S$，有 $a-b\in S$，$ab\in S$.

证明 必要性是显然的.

再证充分性. 由于对 $\forall a,b\in S$，有 $a-b\in S$，所以 S 是加群 R 的子群. 又因为对 $\forall a,b\in S$，$ab\in S$，而乘法的结合律在 R 中成立，当然也在 S 中成立，所以 S 关于 R 的乘法构成一个半群. 乘法对加法的左、右分配律在 R 中成立，当然也在 S 中成立，所以 S 对 R 的加法、乘法也构成一个环，从而 S 是 R 的一个子环. □

例 2.1.9 在实数域$\mathbb{R}$上的二阶全矩阵环

$$M_2(\mathbb{R}) = \left\{ \begin{pmatrix} a & b \\ c & d \end{pmatrix} \middle| \, a,b,c,d \in \mathbb{R} \right\}$$

中,令

$$S_1 = \left\{ \begin{pmatrix} a & b \\ 0 & d \end{pmatrix} \middle| a,b,d \in \mathbb{R} \right\},$$

则 S_1 是 $M_2(\mathbb{R})$的一个子环.

证明 首先有

$$\begin{pmatrix} 1 & 1 \\ 0 & 1 \end{pmatrix} \in S,$$

所以 S_1 是 $M_2(\mathbb{R})$的一个非空子集.

对任意的$\begin{bmatrix} a_1 & b_1 \\ 0 & d_1 \end{bmatrix}, \begin{bmatrix} a_2 & b_2 \\ 0 & d_2 \end{bmatrix} \in S_1$,有

$$\begin{bmatrix} a_1 & b_1 \\ 0 & d_1 \end{bmatrix} - \begin{bmatrix} a_2 & b_2 \\ 0 & d_2 \end{bmatrix} = \begin{bmatrix} a_1 - a_2 & b_1 - b_2 \\ 0 & d_1 - d_2 \end{bmatrix} \in S_1,$$

$$\begin{bmatrix} a_1 & b_1 \\ 0 & d_1 \end{bmatrix} \begin{bmatrix} a_2 & b_2 \\ 0 & d_2 \end{bmatrix} = \begin{bmatrix} a_1 a_2 & a_1 b_2 + b_1 d_2 \\ 0 & d_1 d_2 \end{bmatrix} \in S_1.$$

所以 S_1 是 $M_2(\mathbb{R})$的一个子环.

同样可证

$$S_2 = \left\{ \begin{pmatrix} a & 0 \\ 0 & d \end{pmatrix} \middle| a,d \in \mathbb{R} \right\}, \quad S_3 = \left\{ \begin{pmatrix} a & b \\ 0 & 0 \end{pmatrix} \middle| a,b \in \mathbb{R} \right\},$$

$$S_4 = \left\{ \begin{pmatrix} a & 0 \\ c & 0 \end{pmatrix} \middle| a,c \in \mathbb{R} \right\}, \quad S_5 = \left\{ \begin{pmatrix} a & 0 \\ 0 & 0 \end{pmatrix} \middle| a \in \mathbb{R} \right\}$$

都是 $M_2(\mathbb{R})$的子环.

例 2.1.10 设 R 是一个环,令

$$C(R) = \{c \in R \mid cx = xc, \forall x \in R\}.$$

证明:$C(R)$是 R 的交换子环(称 $C(R)$为 R 的中心).

证明 显然 $0 \in C(R)$,所以 $C(R) \neq \varnothing$.

又 $\forall c_1, c_2 \in C(R), \forall x \in R$,有 $c_1 x = x c_1, c_2 x = x c_2$. 于是

$$(c_1 - c_2)x = c_1 x - c_2 x = x c_1 - x c_2 = x(c_1 - c_2),$$

$$(c_1 c_2)x = c_1(c_2 x) = c_1(x c_2) = (c_1 x)c_2 = (x c_1)c_2 = x(c_1 c_2).$$

所以

$$c_1 - c_2 \in C(R), \quad c_1 c_2 \in C(R).$$

因此,$C(R)$是 R 的一个子环,而且对 $\forall c_1, c_2 \in C(R)$有 $c_1 c_2 = c_2 c_1$,所以 $C(R)$是 R 的交换子环.

例 2.1.11 $\mathbb{Z}$ 是整数环，I 是 $\mathbb{Z}$ 的一个子环. 证明：存在唯一的非负整数 d，使

$$I = d\mathbb{Z} = \{dk \mid k \in \mathbb{Z}\}.$$

证明 先证存在性.

如果 $I=\{0\}$，则取 $d=0$，有 $I=d\mathbb{Z}$.

如果 $I\neq\{0\}$，则有 $a>0, a\in I$，由最小数原理，令

$$d = \min\{x \in I \mid x > 0\},$$

则 $d>0$，且 $d\in I$，易知 $d\mathbb{Z}\subseteq I$. 又对任意 $x\in I$，存在 $q,r\in\mathbb{Z}$，$0\leqslant r<d$，使

$$x = dq + r,$$

从而 $r=x-dq\in I$. 因为 $r\in I, 0\leqslant r<d$，由 d 的选取知 $r=0$，所以 $x\in d\mathbb{Z}$. 故 $I=d\mathbb{Z}$.

再证唯一性.

设 $I=d_1\mathbb{Z}=d_2\mathbb{Z}$，$d_1\geqslant 0, d_2\geqslant 0$.

如果 $d_1=0$，则 $I=\{0\}$，所以 $d_2=0$，从而 $d_1=d_2$.

如果 $d_1>0$，则 $d_2>0$. 因为 $d_1\in I$，所以 $d_1=d_2k$，即 $d_2\mid d_1$. 同理，$d_1\mid d_2$，所以 $d_1=\pm d_2$，又因为 d_1, d_2 均非负，所以 $d_1=d_2$. 这就证明了唯一性.

直接验证可知 $d\mathbb{Z}\,(d\geqslant 0)$ 一定是 $\mathbb{Z}$ 的子环. 这样得到，整数环 $\mathbb{Z}$ 的所有子环为

$$\{d\mathbb{Z} \mid d \in \mathbb{Z}, d \geqslant 0\}.$$

环论历史的简要回顾

直到 19 世纪中期，数学家们仅知道环的个别例子，比如由代数方程理论的需要而出现的数环，数论中整数的剩余类环. 环的一般概念还不存在. 环的概念，最初是在 19 世纪末戴德金研究代数数时引进的. 他指出，所有代数整数也形成一个环，任何一个特殊代数数域的代数整数也形成环. 后来在克罗内克的博士论文中，也使用了环的概念，但当时戴德金称环为序(order)，"环"这个词是由希尔伯特(D. Hilbert)引进的. 关于环的抽象理论是在 20 世纪初开始建立的. 美国数学家魏得邦(J. M. Wedderburn, 1882—1948)对此作出了重要贡献，他在 1905 年首先证明了一个著名定理：任何有限除环都是域. 他在 1907 年发表的著名论文中，研究了结合代数，这种代数实际上就是环. 环和理想的系统理论是由德国女数学家诺特(A. E. Noether)给出的. 在她开始工作时，关于环和理想的许多结果都已得到，但她把这些结果系统化和公理化，对许多已有的结果经过适当的确切表述而成为抽象理论. 例如她把希尔伯特的基定理(1890 年)重新表达为：一个系数环上的任何多个变量的多项式所成的环，当这个系数环有一个单位元素和一组有限基时，这个多项式环本身也有一组有限基. 这样一来，她把不变量理论也纳入抽象代数之中. 诺特把多项式环的理想论包括在一般理想中，为代数整数的理想论和代数整函数的理想论建立了共同的基础. 诺特对环和理想所做的深刻研究在 1926 年臻于完成. 一般认为，她的工作标志着抽象代数学的形成.

希尔伯特小传

希尔伯特(Hilbert, David, 1862—1943)，德国数学家，生于哥尼斯堡，卒于哥廷根. 1884 年在哥尼斯堡大学获得博士学位并留校任教. 1895 年任哥廷根大学教授，直到退休. 从小他就表现出了惊人的数学天分. "他的勤奋堪称楷模，他对数学有强烈的兴趣，理解深刻，他用非常好的方法掌握老师的讲授内容，并能

有把握、灵活地应用它们.”这是希尔伯特的大学预科老师对他的评价.

希尔伯特是20世纪最伟大的数学家之一,他的数学贡献是巨大的和多方面的.他解决了代数不变式问题,采用直接的、非算法的方法,证明了不变式系的有限整基的存在定理.1898年,他在论文《相对阿贝尔域理论》中概括地提出了类域论,后经高木贞治、阿廷等人发展成一门完整的学科.他还出版了《几何基础》一书,奠定了现代公理化方法的基础.希尔伯特根据闵科夫斯基和胡尔维茨的建议,在1900年的第二次国际数学家大会上提出了著名的希尔伯特23问题,这23个问题预示了20世纪数学发展的进程.这些问题一提出就立刻吸引了整个数学界的想象力.据统计,从1936年到1974年,在获得菲尔兹奖的20人中,至少有12人的工作与希尔伯特问题有关.不可否认,他的一系列工作无一不在数学领域里举足轻重.

1943年2月14日,希尔伯特与世长辞.《自然》杂志认为,本世纪难得有一位数学家的工作不是以某种途径导源于希尔伯特的工作的.希尔伯特像是数学世界的亚历山大,在整个数学版图上留下他那巨大显赫的名字.那里有希尔伯特空间,希尔伯特不等式,希尔伯特变换,希尔伯特不变积分,希尔伯特不可约定理,希尔伯特公理,希尔伯特子群,希尔伯特类域,那一串串闪光的明珠照亮了数学前进的道路.

习题 2.1

1. 在环 R 中,计算 $(a+b)^3$.

2. 设 a,b 是有单位元1的环 R 的两个可逆元.证明:

(1) $-a$ 也是可逆的,且 $(-a)^{-1}=-a^{-1}$;

(2) ab 也是可逆的,且 $(ab)^{-1}=b^{-1}a^{-1}$.

3. 设 R 是所有分母为2的非负整数次幂的既约分数组成的集合,试问 R 关于数的加法与乘法是否构成一个环.

4. 设环 R 的加群是一个循环群,证明 R 是交换环.

5. 下述集合关于所指出的运算是否构成环?

(1) 集合 $\{a+b\sqrt{2}\mid a,b\in\mathbb{Z}\}$ 关于数的加法和乘法;

(2) 集合 $\left\{\begin{pmatrix} a & b \\ b & a \end{pmatrix} \middle| a,b\in\mathbb{Z}\right\}$ 关于矩阵的加法和乘法;

(3) 实数集 $\mathbb{R}$ 关于加法“+”和乘法“·”,其中加法“+”是数的加法,乘法“·”定义为:

$$a\cdot b=|a|b,\ \forall a,b\in\mathbb{R}\ (\text{这里}\ |a|\ \text{表示实数}\ a\ \text{的绝对值})$$

6. 设 $R_1,R_2,\cdots,R_n$ 都是环,令

$$R=R_1\oplus R_2\oplus\cdots\oplus R_n=\{(a_1,a_2,\cdots,a_n)\mid a_i\in R_i,i=1,2,\cdots,n\}.$$

定义“+”及“·”分别为

$$(a_1,a_2,\cdots,a_n)+(b_1,b_2,\cdots,b_n)=(a_1+b_1,a_2+b_2,\cdots,a_n+b_n),$$

$$(a_1,a_2,\cdots,a_n)\cdot(b_1,b_2,\cdots,b_n)=(a_1b_1,a_2b_2,\cdots,a_nb_n).$$

证明:$(R,+,\cdot)$ 是一个环.称环 R 为环 $R_1,R_2,\cdots,R_n$ 的直和(direct sum).

7. 设 S 是一个集合,$P(S)$ 是它的幂集,证明 $(P(S),\oplus,\cap)$ 是有单位元的交换环.其中

$\cap$是交运算,$\oplus$是对称差,即 $A\oplus B=(A\cup B)-(A\cap B)$.

8. 设$(R,+,\cdot)$是有单位元 1 的环,在 R 上又定义

$$\oplus: a\oplus b=a+b-1,\quad \circ: a\circ b=a+b-a\cdot b.$$

证明:$(R,\oplus,\circ)$也是一个有单位元的环.

9. 证明:加群 G 的全体自同态映射对以下运算:

$$(\sigma+\tau)(a)=\sigma(a)+\tau(a),$$
$$(\sigma\tau)a=\sigma(\tau(a))\quad (\forall a\in G)$$

构成一个有单位元的环.其中 σ,τ 是 G 的自同态映射.

10. 证明 $R_1=\{3x\mid x\in\mathbb{Z}\}$,$R_2=\{5x\mid x\in\mathbb{Z}\}$是整数环$\mathbb{Z}$的两个子环,并求 $R_1\cap R_2$.

11. 指出下列集合中哪些是 $M_2(\mathbb{R})$的子环?

(1) $S=\left\{\begin{pmatrix}0 & b\\ c & d\end{pmatrix}\middle| b,c,d\in\mathbb{R}\right\}$;

(2) $S=\left\{\begin{pmatrix}a & 0\\ c & d\end{pmatrix}\middle| a,c,d\in\mathbb{R}\right\}$;

(3) $S=GL_2(\mathbb{R})$;($GL_2(\mathbb{R})$表示$\mathbb{R}$上所有二阶可逆矩阵组成的集合)

(4) $S=\left\{\begin{pmatrix}a & b\\ b & a\end{pmatrix}\middle| a,b\in\mathbb{R}\right\}$.

12. 证明:一个有素数个元素的环是交换环.

13. 设 R 是有单位元的环,$a,b\in R$.

(1) 若 $a,b,a+b$ 都可逆,证明:$a^{-1}+b^{-1}$也可逆;

(2) 求$(a^{-1}+b^{-1})^{-1}$.

2.2 无零因子环

本节讨论一些没有零因子的环,它们无论在理论研究上,还是在实际应用上都是很重要的.

1. 环的特征

在一般环中,乘法不一定满足消去律,即对于 $a,b,c\in R$,且 $c\neq 0$,当 $ac=bc$ 时,不一定有 $a=b$ 成立.这是因为对环 R 的乘法,有可能会出现这样的情况:存在 $a\neq 0,b\neq 0\in R$,但 $ab=0$.

例如,在整数环$\mathbb{Z}$上的二阶全矩阵环 $M_2(\mathbb{Z})$中,

$$\begin{pmatrix}0 & 1\\ 0 & 0\end{pmatrix}\neq\begin{pmatrix}0 & 0\\ 0 & 0\end{pmatrix},\quad \begin{pmatrix}1 & 0\\ 0 & 0\end{pmatrix}\neq\begin{pmatrix}0 & 0\\ 0 & 0\end{pmatrix}.$$

但是

$$\begin{pmatrix}0&1\\0&0\end{pmatrix}\begin{pmatrix}1&0\\0&0\end{pmatrix}=\begin{pmatrix}0&0\\0&0\end{pmatrix}.$$

由此给出下面的定义.

定义 2.2.1 设 R 是一个环，$0\neq a\in R$，若存在 $0\neq b\in R$，使

$$ab=0(ba=0),$$

则称 a 是 R 的一个*左(右)零因子*(left(right)zero divisor). 当 a 是 R 的左零因子，或 a 是 R 的右零因子时，则称 a 是 R 的零因子.

例 2.2.1 求模 12 的剩余类环 $\mathbb{Z}_{12}$ 的所有零因子.

解 由于 $\mathbb{Z}_{12}$ 是交换环，所以只要求出它的所有左零因子即可.

设 $[k]\neq[0]$ 是 $\mathbb{Z}_{12}$ 的一个右零因子，则存在 $[0]\neq[h]\in\mathbb{Z}_{12}$，使 $[k][h]=[0]$，即 $[kh]=[0]$，从而 $12|kh$. 于是 $k=2,3,4,6,8,9,10$，即 $[2],[3],[4],[6],[8],[9],[10]$ 是 $\mathbb{Z}_{12}$ 的所有零因子.

定义 2.2.2 设 R 是一个环，若 R 满足下列条件：

(1) 乘法满足交换律；

(2) 有单位元；

(3) 没有零因子.

则称 R 是一个*整环*(integral domain).

注：整环的定义在不同的书中可能会稍有差异，请予留意.

例 2.2.2 整数环是一个整环.

例 2.2.3 $\mathbb{Z}[x]=\{a_0+a_1x+\cdots+a_nx^n\mid a_i\in\mathbb{Z},i=0,1,2,\cdots,n;n\geqslant 0$ 整数$\}$ 关于多项式的加法和乘法构成一个整环.

例 2.2.4 $\mathbb{Z}[\mathrm{i}]=\{a+b\mathrm{i}\mid a,b\in\mathbb{Z}\}$ 关于数的普通加法和乘法构成一个整环，称为高斯整环.

例 2.2.5 当 $n>1$ 不是素数时，模 n 的剩余类环 $\mathbb{Z}_n$ 不是整环.

证明 由于 n 不是素数，且 $n>1$，所以 $n=n_1n_2$，其中 $0<n_1,n_2<n$，从而 $[n_1]\neq[0]$，$[n_2]\neq[0]$，但 $[n_1][n_2]=[n_1n_2]=[n]=[0]$，这样 $\mathbb{Z}_n$ 有零因子，所以 $\mathbb{Z}_n$ 不是整环.

定理 2.2.1 设 R 是一个无零因子环，则 R 的乘法运算满足消去律，即若 $a,b,c\in R$，且 $a\neq 0$，$ab=ac$，则一定有 $b=c$.

证明 由 $ab=ac$，有 $ab-ac=0$，即 $a(b-c)=0$. 因为 $a\neq 0$，环 R 没有零因子，所以必有 $b-c=0$，即 $b=c$. □

对无零因子环来说，还有一个重要特性.

先来讨论把环 R 看作加群时，其元素的阶的情况.

定义 2.2.3 设 R 是一个(任意)环，若存在一个最小的正整数 n，使得 $\forall a\in R$，有 $na=0$，则称 n 为环 R 的*特征*(characteristic of a ring).

若这样的正整数不存在，则称 R 的特征是零，用 char R 表示环 R 的特征.

例 2.2.6 模 5 的剩余类环$\mathbb{Z}_5=\{[0],[1],[2],[3],[4]\}$,则有 $5[x]=[x]+[x]+[x]+[x]+[x]=[5x]=[0]$,$\forall [x]\in\mathbb{Z}_5$,并且 5 是满足上式的最小正整数,所以 $\operatorname{char}\mathbb{Z}_5=5$.

对整数环$\mathbb{Z}$,显然要使 $nx=0$,$\forall x\in\mathbb{Z}$,只有 $n=0$,即不存在正整数 n,使 $nx=0$,$\forall x\in\mathbb{Z}$. 所以 $\operatorname{char}\mathbb{Z}=0$.

由于有限群中每个元素的阶都有限,所以定义 2.2.3 中的正整数 n 一定存在,从而有限环的特征也必有限. 但是以后我们可以知道,无限环的特征也可能有限.

特征是一个很重要的概念,它对环的构造特别是在扩域的讨论中有着重要作用.

下面我们把环的特征问题放到无零因子环中来讨论.

一般地,环中各非零元素对加法来说的阶是不相等的,但对无零因子环来说,这种情况不会发生.

定理 2.2.2 设 R 是一个无零因子环,且$|R|>1$,则:

(1) R 中所有非零元素(对加法)的阶都相同;

(2) 若 R 的特征有限,则必为素数.

证明 (1) 若 R 中每个非零元素的阶都无限,定理成立;若 R 中有某个元素 $a\neq 0$ 的阶为 n,则在 R 中任取 $b\neq 0$,有

$$a(nb)=(na)b=0b=0,$$

但 $a\neq 0$,R 又无零因子,所以 $nb=0$,故 b 的阶小于等于 n. 设 b 的阶为 m,则$(ma)b=a(mb)=0$,得 $ma=0$,所以 $n|m$,从而 $n\leqslant m$.

因此 b 的阶等于 n,即 R 中每个非零元素的阶都是 n.

(2) 设 $\operatorname{char}R=n>1$,且

$$n=n_1n_2,\quad 1<n_1,n_2<n,$$

那么在 R 中任取 $a\neq 0$,由于 R 中每个非零元素的阶都是 n,所以

$$n_1a\neq 0,\quad n_2a\neq 0.$$

但是

$$(n_1a)(n_2a)=(n_1n_2)a^2=na^2=0,$$

即 R 中有零因子,矛盾. 故 n 必是素数. □

定理 2.2.3 设 R 是有单位元 1 的环. 如果 1 关于加法的阶为无穷大,则 R 的特征是 0;如果 1 关于加法的阶为 n,则 R 的特征是 n. 即 $\operatorname{char}R=|1|$,这里$|1|$表示 1 关于加法的阶.

证明 如果 1 关于加法的阶为无穷大,那么不存在正整数 n,使得 $n1=0$,由特征的定义知,$\operatorname{char}R=0$;

如果 1 关于加法的阶为 n,那么 $n1=0$,且 n 是满足这一性质的最小正整数. 因此,对$\forall a\in R$,有 $n(1a)=(n1)a=0a=0$. 于是,$\operatorname{char}R=n$. □

下面我们来看整环的特征.

定理 2.2.4 整环的特征是 0 或一个素数.

证明 整环 R 是无零因子环,由定理 2.2.2,R 中所有非零元素的阶都相同,这个阶若是无限,则 $\operatorname{char} R=0$,这个阶若是有限,则 $\operatorname{char} R$ 有限,这时,又由定理 2.2.2,$\operatorname{char} R$ 是一个素数. □

由定理 2.2.3,要求整环 R 的特征,只要求出 R 的单位元 1 的阶即可.

在一个特征是素数 p 的交换环里,显然有下面的结论.

定理 2.2.5 若环 R 是交换环,特征是素数 p,则对 R 中任意元素 $a_1,a_2,\cdots,a_m$ 有

$$(a_1+a_2+\cdots+a_m)^p=a_1^p+a_2^p+\cdots+a_m^p.$$ □

2. 除环和域

定义 2.2.4 设 R 是一个环,如果还满足以下条件:

(1) R 至少包含一个不等于零的元,即$|R|>1$;

(2) R 有单位元 1;

(3) R 的每个非零元素都有逆元.

则称 R 是一个*除环*(division ring).

我们把非交换的除环称为*体*(skew field),而把交换的除环称为*域*(field).

按此定义,数域都是域; 整数环是有单位元的交换环,但不是域,这是由于除±1 外,其余的非零整数在整数环中都没有逆元.

除环和域都是无零因子环. 实际上,任何一个可逆元 a 一定不是零因子. 因为若有 $ab=0$,由于 a^{-1}存在,就有 $a^{-1}ab=a^{-1}\cdot 0=0$,得 $b=0$,所以 a 不是左零因子,同理 a 也不是右零因子.

例 2.2.7 当 p 是一个素数时,模 p 剩余类环$\mathbb{Z}_p$ 是一个域.

证明 前面已经证明$\mathbb{Z}_p=\{[0],[1],\cdots,[p-1]\}$是一个有单位元[1]的交换环,$|\mathbb{Z}_p|=p>1$.

下面再证明$\mathbb{Z}_p$ 的任一个非零元素$[x]$都有逆元即可. 不妨设 $1<x\leqslant p-1$. 因为 p 是一个素数,所以$(x,p)=1$. 从而,存在 $u,v\in\mathbb{Z}$,使得

$$ux+vp=1.$$

得 $[ux+vp]=[ux]+[vp]=[1]$,又

$$[ux]=[u][x],\quad [vp]=p[v]=[0].$$

所以 $[u][x]=[1]$,并且还知$[u]\in\mathbb{Z}_p$,即对每个非零元素$[x]$在$\mathbb{Z}_p$ 中都有逆元,故$\mathbb{Z}_p$ 是一个域. □

像这样元素个数有限的域,称为有限域.

例 2.2.8 令$\mathbb{Q}(\mathrm{i})=\{a+b\mathrm{i}\mid a,b\in\mathbb{Q}\}$,则$\mathbb{Q}(\mathrm{i})$关于数的普通加法和乘法构成一个域.

证明 可直接验证$\mathbb{Q}(\mathrm{i})=\{a+b\mathrm{i}\mid a,b\in\mathbb{Q}\}$关于数的普通加法和乘法构成一个有单位元 1 的交换环,$|\mathbb{Q}(\mathrm{i})|>1$.

下面证明$\mathbb{Q}(\mathrm{i})$的任一个非零元素都在$\mathbb{Q}(\mathrm{i})$中有逆元. 设 $0\neq a+b\mathrm{i}\in\mathbb{Q}(\mathrm{i})$,那么 a,b 是不全为 0 的有理数,这时 $a^2+b^2\neq 0$.

设有 $x+y\mathrm{i}\in\mathbb{Q}(\mathrm{i})$（$x,y$ 待定）使得

$$(a+b\mathrm{i})(x+y\mathrm{i})=1,$$

即 $(ax-by)+(ay+bx)\mathrm{i}=1$，则得

$$\begin{cases}ax-by=1,\\ ay+bx=0\end{cases}$$

解得 $x=\dfrac{a}{a^2+b^2}$，$y=\dfrac{-b}{a^2+b^2}$. 由于 a,b 都是有理数，所以 x,y 也都是有理数. 这样 $\dfrac{a}{a^2+b^2}+\dfrac{-b}{a^2+b^2}\mathrm{i}\in\mathbb{Q}(\mathrm{i})$ 就是 $a+b\mathrm{i}$ 的逆元. 故 $\mathbb{Q}(\mathrm{i})=\{a+b\mathrm{i}\mid a,b\in\mathbb{Q}\}$ 是一个域.

从这个证明中我们可以看到，$\mathbb{Z}(\mathrm{i})=\{a+b\mathrm{i}\mid a,b\in\mathbb{Z}\}$ 就不是域. 虽然 $\mathbb{Z}(\mathrm{i})$ 也是有单位元的交换环，但对 $0\neq a+b\mathrm{i}\in\mathbb{Z}(\mathrm{i})$，就不能保证

$$x=\frac{a}{a^2+b^2},\quad y=\frac{-b}{a^2+b^2}\in\mathbb{Z}.$$

即不能保证 $\mathbb{Z}(\mathrm{i})$ 中的每个非零元素在 $\mathbb{Z}(\mathrm{i})$ 中有逆元了.

下面看一个历史上很有名的非交换除环的例——四元数除环(quaternion division ring).

例 2.2.9 设 $H=\{(a,b,c,d)\mid a,b,c,d\in\mathbb{R}\}$ 是实数域 $\mathbb{R}$ 上四维向量空间，

$$\boldsymbol{e}=(1,0,0,0),\quad \boldsymbol{i}=(0,1,0,0),\quad \boldsymbol{j}=(0,0,1,0),\quad \boldsymbol{k}=(0,0,0,1)$$

是 H 的一个基. 于是 H 中每一个元素 $\boldsymbol{\alpha}$ 都可以表为

$$\boldsymbol{\alpha}=(a,b,c,d)=a\boldsymbol{e}+b\boldsymbol{i}+c\boldsymbol{j}+d\boldsymbol{k},\quad a,b,c,d\in\mathbb{R}.$$

按向量空间的定义，$(H,+)$ 是一个加群. 现在给 H 的元素定义一个乘法"·". 为此先给 H 的基 $\boldsymbol{e},\boldsymbol{i},\boldsymbol{j},\boldsymbol{k}$ 定义一个乘法"·"

·	$\boldsymbol{e}$	$\boldsymbol{i}$	$\boldsymbol{j}$	$\boldsymbol{k}$
$\boldsymbol{e}$	$\boldsymbol{e}$	$\boldsymbol{i}$	$\boldsymbol{j}$	$\boldsymbol{k}$
$\boldsymbol{i}$	$\boldsymbol{i}$	$-\boldsymbol{e}$	$\boldsymbol{k}$	$-\boldsymbol{j}$
$\boldsymbol{j}$	$\boldsymbol{j}$	$-\boldsymbol{k}$	$-\boldsymbol{e}$	$\boldsymbol{i}$
$\boldsymbol{k}$	$\boldsymbol{k}$	$\boldsymbol{j}$	$-\boldsymbol{i}$	$-\boldsymbol{e}$

这里 $\boldsymbol{e}$ 与 $\boldsymbol{e},\boldsymbol{i},\boldsymbol{j},\boldsymbol{k}$ 的任一个的左乘或右乘都等于这个元素，而 $\boldsymbol{i},\boldsymbol{j},\boldsymbol{k}$ 的乘法可通过图 2.2.1 来帮助记忆. 按顺时针方向，相邻两个元素相乘等于第三个元素，例如 $\boldsymbol{i}\cdot\boldsymbol{j}=\boldsymbol{k}$；按逆时针方向，相邻两个元素相乘等于第三个元素的负元，例如 $\boldsymbol{i}\cdot\boldsymbol{k}=-\boldsymbol{j}$.

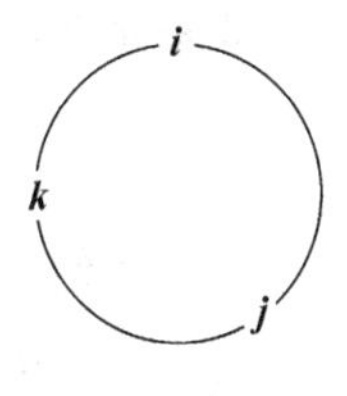

图 2.2.1

然后将以上定义的基元的乘法线性扩张，即利用分配律和以上定义的基元的乘法定义 H 中任意两个元素的乘法，对 $\forall\boldsymbol{\alpha}=a_1\boldsymbol{e}+b_1\boldsymbol{i}+c_1\boldsymbol{j}+d_1\boldsymbol{k}$，$\boldsymbol{\beta}=a_2\boldsymbol{e}+b_2\boldsymbol{i}+c_2\boldsymbol{j}+d_2\boldsymbol{k}\in H$，令

$$\begin{aligned}\boldsymbol{\alpha}\cdot\boldsymbol{\beta}&=(a_1\boldsymbol{e}+b_1\boldsymbol{i}+c_1\boldsymbol{j}+d_1\boldsymbol{k})(a_2\boldsymbol{e}+b_2\boldsymbol{i}+c_2\boldsymbol{j}+d_2\boldsymbol{k})\\&=(a_1a_2-b_1b_2-c_1c_2-d_1d_2)\boldsymbol{e}+(a_1b_2+b_1a_2+c_1d_2-d_1c_2)\boldsymbol{i}\end{aligned}$$

$$+(a_1c_2+c_1a_2+d_1b_2-b_1d_2)\boldsymbol{j}+(a_1d_2+d_1a_2+b_1c_2-c_1b_2)\boldsymbol{k}.$$

容易验证，如此定义的乘法满足结合律，乘法对加法满足左、右分配律，从而$(H,+,\cdot)$是一个环，且有单位元$\boldsymbol{e}$.

又对$\forall\,\boldsymbol{0}\neq a\boldsymbol{e}+b\boldsymbol{i}+c\boldsymbol{j}+d\boldsymbol{k}$，则$\Delta=a^2+b^2+c^2+d^2\neq 0$. 令$\boldsymbol{\beta}=\frac{a}{\Delta}\boldsymbol{e}-\frac{b}{\Delta}\boldsymbol{i}-\frac{c}{\Delta}\boldsymbol{j}-\frac{d}{\Delta}\boldsymbol{k}$，则有$\boldsymbol{\beta}\in H$，直接计算，得$\boldsymbol{\alpha\beta}=\boldsymbol{\beta\alpha}=\boldsymbol{e}$，从而$\boldsymbol{\alpha}$有可逆元，且

$$\boldsymbol{\alpha}^{-1}=\boldsymbol{\beta}=\frac{a}{\Delta}\boldsymbol{e}-\frac{b}{\Delta}\boldsymbol{i}-\frac{c}{\Delta}\boldsymbol{j}-\frac{d}{\Delta}\boldsymbol{k}.$$

因此，$(H,+,\cdot)$是一个除环. 但由于$\boldsymbol{ij}=-\boldsymbol{ji}$，即除环$H$不是交换环，所以$(H,+,\cdot)$是一个非交换除环. 这个非交换除环称为哈密顿四元数除环（或四元数体）.

定理 2.2.6 有限整环一定是域.

证明 我们只要证明有限整环中的非零元素都有逆元即可.

设R是一个有限整环，令$0\neq a\in R$.

若$a=1$，则a有逆元1；

若$a\neq 1$，考虑序列$a,a^2,\cdots$，因为R的元素个数有限，所以一定存在正整数i,j，使得$i>j$，且$a^i=a^j$. 由于整环中消去律成立，所以有$a^{i-j}=1$. 因为$a\neq 1$，又$i-j>1$，$a^{i-j-1}\in R$，即a^{i-j-1}就是a的逆元. □

这里顺便指出，有限除环也一定是域，因为有限除环一定是交换环（这是著名的魏得邦）小定理，由魏得邦于1905年首先证明.

在普通数的计算里，当$a\neq 0$时，方程$ax=b$和$ya=b$的解是相等的，即$a^{-1}b=ba^{-1}$，我们用b/a来表示，并且说，b/a是用a除b所得的结果. 因此，在除环的计算里，若$a\neq 0$，我们说$a^{-1}b$是用a从左边去除b的结果，ba^{-1}是用a从右边去除b的结果. 这样，在一个除环里，只要元素$a\neq 0$，就可以用a从左或右边除一个任意元素b，粗略地说，在这样的环中可以施行“加、减、乘、除”运算. 这就是除环这个名字的来源. 当然，要区分从左边除和从右边除的必要，因为在一个除环里，$a^{-1}b$未必等于ba^{-1}.

如果是在域中，便有$a^{-1}b=ba^{-1}$，这时我们也就把这个共同的元素记为b/a，即

$$\frac{b}{a}=a^{-1}b=ba^{-1}\quad (a\neq 0).$$

由此我们可以进一步得到通常熟知的以下分式运算规则在域中都成立：

(1) $\frac{b}{a}=\frac{d}{c}\Leftrightarrow ad=bc$；

(2) $\frac{b}{a}+\frac{d}{c}=\frac{bc+ad}{ac}$；

(3) $\frac{b}{a}\cdot\frac{d}{c}=\frac{bd}{ac}$；

(4) $\dfrac{\frac{b}{a}}{\frac{d}{c}}=\dfrac{bc}{ad}$.

我们来验证运算规则(2). 设 F 是一个域, $a,b,c,d\in F$, 且 $a\neq 0, c\neq 0$, 从而 $ac\neq 0$.

$$\frac{b}{a}+\frac{d}{c}=a^{-1}b+c^{-1}d,$$

$$\begin{aligned}\frac{bc+ad}{ac}&=(ac)^{-1}(bc+ad)\\&=a^{-1}c^{-1}(bc+ad)=a^{-1}c^{-1}bc+a^{-1}c^{-1}ad\\&=a^{-1}(c^{-1}c)b+(a^{-1}a)c^{-1}d\\&=a^{-1}b+c^{-1}d,\end{aligned}$$

从而得

$$\frac{b}{a}+\frac{d}{c}=\frac{bc+ad}{ac}.$$

设 R 是一个有单位元 1 的环, 那么单位元 1 是 R 的一个可逆元. 我们也把环 R 的可逆元称为单位(unit), 并用 $U(R)$ 表示 R 的所有单位构成的集合, 这时 $U(R)\neq\varnothing$. 容易验证 $U(R)$ 关于环 R 的乘法构成一个群, 称为 R 的单位群(unit group), 仍记为 $U(R)$.

例如, 整数环 $\mathbb{Z}$ 的单位群为 $U(\mathbb{Z})=\{1,-1\}$, 模 12 的剩余类环 $\mathbb{Z}_{12}$ 的单位群为 $U(\mathbb{Z}_{12})=\{[1],[5],[7],[11]\}$.

显然, 如果 $U(R)$ 由 R 的所有非零元素组成, 那么环 R 就是一个除环, 若再加上 $U(R)$ 是交换群, 那么环 R 就是一个域. 利用环的单位群来研究环, 是研究环的重要方法之一.

四元数

从数的概念发展史看出, 由自然数到复数经历了漫长的岁月. 一直到 1830 年高斯建立了复数的几何表示法, 这才将数的扩充建立在坚实的逻辑基础之上. 把复数 $a+bi$ 看作向量 (a,b), 这样它就与力学中的力、速度、加速度等物理量联系起来, 在解决实际的物理问题中发挥了巨大的作用. 因此, 复数不仅具有单纯形式推广的意义, 而且具有直观与实际的意义. 数的发展到复数是不是到了尽头呢? 很多数学家都不满足于现状. 其中爱尔兰数学家哈密顿想: 复数可以与平面(二维)向量建立起一一对应关系, 仿照复数系, 能否找到新数, 将它以相应的空间(三维)向量来表示, 且类似复数那样用模法则(两个复数乘积的模等于这两个复数模的乘积)施行乘法运算? 即将新数表示为 $a+bi+cj$, 而若 $(a+bi+cj)\cdot(x+yi+zj)=u+vi+wj$, 则

$$(a^2+b^2+c^2)(x^2+y^2+z^2)=u^2+v^2+w^2.$$

但这是不可能的, 当时法国大数学家勒让德(Legendre)在他的名著《数论》中曾举了一个反例: $3=1^2+1^2+1^2$, $21=1^2+2^2+4^2$, 但 $3\times 21-63$ 不能表示为三个平方数的和(有结论凡是形如 $8n+7$ 的整数, 都不能表示为三个平方数的和).

哈密顿根本不知道勒让德的结果(那时国际上的科学信息交换不像现在这样快), 他为自己提出的新数一直在苦苦探索. 对于新数 $a+bi+cj$, 关键问题之一是要解决 $i\cdot i, j\cdot j, i\cdot j, j\cdot i$ 等于什么? 哈密顿想所

要找的新数 $a+bi+cj$ 应包含复数为其子集，正如复数包含实数为其子集一样，因此复数的一些性质，例如 $i\cdot i=-1$ 应该保留.

类比这个结果，他猜想 $j\cdot j=-1$，但是 $i\cdot j$ 和 $j\cdot i$ 又等于什么呢？最初他设想 $i\cdot j=j\cdot i$，但发现这样行不通(它不满足模法则).

他又假设 $i\cdot j=-j\cdot i$ 且 $i\cdot j=k$，这使模法则成立. 但 k 又表示什么？研究发现，k 应当把它当做垂直于 1,i,j 的单位向量. 这样哈密顿醒悟到当初不应该设新数为“三元数”而应改为“四元数(Quaternion)”$a+bi+cj+dk$. 这样，他对四元数又进行研究，既然 $i\cdot j=-j\cdot i=k$，那么在乘积中还遇到的 $i\cdot k, j\cdot k, k\cdot j, k\cdot i$ 它们又等于什么呢？

经过 15 年的不断探索，在 1843 年哈密顿得到如下公式：

$$\begin{cases} i^2=j^2=k^2=-1, \\ i\cdot j=k, \quad j\cdot k=i, \quad k\cdot i=j, \\ j\cdot i=-k, \quad k\cdot j=-i, \quad i\cdot k=-j. \end{cases}$$

由此公式，四元数乘积满足模法则. 于是这个新数——四元数在哈密顿不懈努力 15 年后诞生了.

四元数是数学史上第一个非交换除环的例子，它开阔了人们的视野，从此人们开始自由地构造代数系统. 四元数系构成的实数域为系数域的有限维可除代数，极大地推动了代数学的发展. 四元数的发现为向量代数和向量分析的建立奠定了基础. 人们将四元数应用在力学上成功地讨论了著名的“有限角相加”问题，人们把四元数引进到微积分，并且应用向量分析理论建立了著名的电磁理论.

哈密顿小传

哈密顿(W. R. Hamilton，1805—1864)，爱尔兰数学家、物理学家. 1805 年 8 月 4 日生于爱尔兰的都柏林. 五岁时开始学习外语，到 14 岁时已学会了 12 种语言，13 岁时对数学发生兴趣，自学克莱罗(A. C. Clairaut，1713—1765)、牛顿(I. Newton，1643—1727)和拉普拉斯(P. S. Laplace，1749—1827)等人的著作. 1823 年进入都柏林三一学院学习. 1827 年，当他才 22 岁还是大学生时，便被任命为邓辛克天文台台长及都柏林三一学院天文学教授，并获皇家天文学家称号. 1832 年成为爱尔兰科学院院士，1837—1845 年任科学院院长.

哈密顿对分析力学的发展作出重要贡献. 他首先建立了光学的数学理论，然后把这种理论移植到动力学中去，提出了著名的“哈密顿最小作用原理”，即用一个变分式推出各种动力学定律. 他还建立了与系统的总能量有关的哈密顿函数. 这些工作推动了变分法和微分方程理论的进一步研究，在现代物理中得到广泛应用.

哈密顿在数学上的另一主要成就是发现了四元数. 这是一个长期、艰苦的工作，他后来回忆道：在经历了 15 年的冥思苦想之后，智慧的火花某一天突然在大脑中迸发. 那是 1843 年 10 月 16 日，星期一，当哈密顿沿着皇家运河在步行去爱尔兰科学院的路上时，他的脑海中闪现了如下的一串基本公式：

$$i^2=j^2=k^2=ijk=-1,$$

这包含了他 15 年来所考虑的问题的全部解. 他迅速地把它记录在随身携带的笔记本上，并在路过运河边的一座小桥时，用小刀将公式刻在桥边的石头上. 克莱因(M. Kline)后来评价说：四元数的发现“对代数学具有不可估量的重要性”.

哈密顿 1864 年 9 月 2 日在都柏林附近的邓辛克天文台逝世，享年 60 岁.

习题 2.2

1. 设 R 是一个环，对所有的 $a\in R$，有 $a^2=a$，这样的环称为布尔(G. Boole)环. 证明：

(1) R 是交换环；

(2) $\forall a\in R, a+a=0$；

(3) 如果 $|R|>2$，则 R 不是整环.

2. 求出模 20 的剩余类环 $\mathbb{Z}_{20}$ 的所有可逆元和零因子.

3. 设 R 是一个环.

(1) 若 a,b 是 R 的零因子，且 $a\neq\pm b$，那么 $a+b$ 和 $a-b$ 是否是 R 的零因子？

(2) 若 a,b 不是 R 的零因子，且 $a\neq\pm b$，那么 $a+b$ 和 $a-b$ 是否也不是 R 的零因子？

(3) 若 a 不是零因子，b 是零因子，那么 $a+b$ 和 $a-b$ 是否一定是零因子或一定不是零因子. 试举例说明或证明之.

4. 证明：数域 F 上 n 阶全矩阵环的元素 $\mathbf{A}(\neq\mathbf{0})$ 若不是零因子，则 $\mathbf{A}$ 是可逆元(即可逆 n 阶矩阵).

5. 设 R 是有单位元 1 的无零因子环，证明：如果 $ab=1$，则 $ba=1$.

6. 证明除环的中心是一个域.

7. 设 R 是环，$a\in R$. 如果存在 $n\in\mathbb{Z}^+$，使 $a^n=0$，则称 a 是环 R 的一个幂零元(nilpotent element).

(1) 试求 $\mathbb{Z}_{18}$ 的所有幂零元；

(2) 证明：如果 R 是有单位元 1 的交换环，x 是 R 的一个幂零元，则 $1-x$ 是 R 的一个可逆元；

(3) 证明交换环的所有幂零元构成一个子环.

8. 设 R 是无零因子环，S 是 R 的子环，且 $|S|>1$. 证明：当 S 有单位元时，S 的单位元就是 R 的单位元.

9. 证明集合 $\mathbb{Q}[\sqrt{2}]=\{a+b\sqrt{2}\mid a,b\in\mathbb{Q}\}$ 关于普通数的加法和乘法构成域.

10. 求出高斯整环 $\mathbb{Z}[\mathrm{i}]$ 的单位群 $U(\mathbb{Z}[\mathrm{i}])$.

11. 有理数集 $\mathbb{Q}$ 关于下列运算 $\oplus$，$*$：

$$a\oplus b=a+b-1,$$
$$a*b=a+b-ab$$

是否构成一个域？

12. 证明集合 $\mathbb{Z}[\sqrt{5}]=\{a+b\sqrt{5}\mid a,b\in\mathbb{Z}\}$ 关于普通数的加法和乘法构成整环，并找出 $\mathbb{Z}[\sqrt{5}]$ 的两个不等于 ±1 的单位(可逆元).

13. 设 R 是一个无零因子环. 证明：若 $|R|$ 为偶数，则 R 的特征必为 2.

14. 证明布尔环的特征必为 2.

15. 设 R 是一个无零因子环，$a,b\in R$，且 $na=nb$，n 是某个正整数，证明：

(1) 若 $\mathrm{char}\ R=0$，则 $a=b$；

(2) 若 $\mathrm{char}\ R=r$，且 r 与 n 互素，则 $a=b$.

16. 证明一个至少有两个元并且没有零因子的有限环是一个除环.

17. 设 $n\geqslant 2$ 为正整数，证明：

(1) 环 $\mathbb{Z}_n$ 中元素 $[a]$ 可逆 $\Leftrightarrow (a,n)=1$，即 a 与 n 互素；

(2) 若 p 为素数，则 $\mathbb{Z}_p$ 是域；若 $n\geqslant 2$ 不是素数，则 $\mathbb{Z}_n$ 不是整环.

2.3 理想和商环

在群的讨论中，我们利用一类特殊的子群——不变子群，构造出了商群. 本节讨论环中与群的不变子群作用类似的一类特殊子环——理想子环，并且利用它，由原来的环构造出一类新的环——商环.

1. 理想

定义 2.3.1 设 I 是环 R 的一个子环，如果对 $\forall r\in R$，$\forall a\in I$，都有 ra 和 ar 属于 I，则称子环 I 为 R 的一个理想子环，简称为环 R 的一个*理想*(ideal)，记为 $I\lhd R$.

对任意环 R，如果 $|R|>1$，则 R 至少有两个理想：$\{0\}$ 和 R 自身. $\{0\}$ 称为 R 的*零理想*，称 R 为环 R 的*单位理想*. 这两个理想统称为环 R 的*平凡理想*(trivial ideal). 其他的理想(如果有的话)，称为环 R 的*非平凡理想*，除单位理想外的理想称为环 R 的*真理想*(proper ideal).

定义 2.3.2 只有平凡理想的非零环，称为*单环*(simple ring).

由定义可知，一个理想一定是一个子环，但一个子环不一定是一个理想. 例如 $R=\{a+b\sqrt{2}\mid a,b\in\mathbb{Z}\}$ 是一个环，整数环 $\mathbb{Z}$ 是 R 的一个子环，但 $\mathbb{Z}$ 不是 R 的理想，因为取 $0\neq a\in\mathbb{Z}$，$1+\sqrt{2}\in R$，显然 $a(1+\sqrt{2})=a+a\sqrt{2}\notin\mathbb{Z}$.

若环 R 是有单位元 1 的环，I 是 R 的一个理想，如果 $1\in I$，则一定有 $I=R$.

它的证明直接由理想的定义可得，这是一个很有用的结论.

例 2.3.1 令 F 是一个域，$I=\{xf(x)\mid f(x)\in F[x]\}$，即 I 是 $F[x]$ 中常数项为零的全体一元多项式构成的集合，则 I 是 $F[x]$ 的一个理想.

证明 显然 I 是 $F[x]$ 的一个非空子集. 对任意的

$$g_1(x)=a_1x+a_2x^2+\cdots+a_nx^n,\quad g_2(x)=b_1x+b_2x^2+\cdots+b_mx^m\in I,$$

有 $g_1(x)-g_2(x)=(a_1-b_1)x+(a_2-b_2)x^2+\cdots+(a_n-b_n)x^n$（这里不妨设 $n\geqslant m$，这时 $b_{m+1},\cdots,b_n=0$），所以

$$g_1(x)-g_2(x)\in I.$$

又对 $\forall f(x)\in F[x]$，$\forall g(x)\in I$，则 $g(x)f(x)$ 和 $f(x)g(x)$ 都还是 F 上常数项为零的一元

多项式,即

$$g(x)f(x) \in I, \quad f(x)g(x) \in I.$$

所以 I 是 $F[x]$ 的一个理想.

例 2.3.2 设 F 是一个域,令

$$R=\left\{\begin{pmatrix} a_1 & a_2 & a_3 \\ 0 & a_4 & a_5 \\ 0 & 0 & a_6 \end{pmatrix} \middle| a_i \in F, i=1,2,3,4,5,6\right\},$$

$$N=\left\{\begin{pmatrix} 0 & 0 & a \\ 0 & 0 & b \\ 0 & 0 & 0 \end{pmatrix} \middle| a,b \in F\right\}, \quad I=\left\{\begin{pmatrix} 0 & 0 & 0 \\ 0 & 0 & a \\ 0 & 0 & 0 \end{pmatrix} \middle| a \in F\right\}.$$

不难证明,R 关于矩阵的加法和乘法构成一个环,N 是 R 的一个理想,而 I 是 N 的一个理想,但 I 不是 R 的理想.

由例 2.3.2 可见,理想不具有传递性.

对于一个给定的环,要想弄清楚它的理想的情况,一般来说是非常困难的.但是,对于某些特定的环,它们的理想的状况是清楚的.

例 2.3.3 求出模 6 剩余类环 $\mathbb{Z}_6$ 的所有理想.

解 $\mathbb{Z}_6=\{[0],[1],[2],[3],[4],[5]\}$.若 I 是 $\mathbb{Z}_6$ 的一个理想,那么 I 一定是加群 $\mathbb{Z}_6$ 的一个子群,而加群 $\mathbb{Z}_6$ 是循环群,所以它的子群也一定是循环群,于是有

$$G_1=([0])=\{[0]\}, \quad G_2=([1])=([5])=\mathbb{Z}_6,$$

$$G_3=([2])=([4])=\{[0],[2],[4]\},$$

$$G_4=([3])=\{[0],[3]\}.$$

易验证,G_1,G_2,G_3,G_4 都是 $\mathbb{Z}_6$ 的理想,它们就是 $\mathbb{Z}_6$ 的所有理想.

定理 2.3.1 除环和域只有平凡理想,即它们都是单环.

证明 设 I 是除环 R 的任一个理想,如果 $I \neq \{0\}$,在 I 中任取 $a \neq 0 \in I$,则存在 $a^{-1} \in R$,于是

$$a^{-1}a=1 \in I.$$

从而对 R 中任意元素 r,有

$$r \cdot 1=r \in I,$$

得 $I=R$,即 R 只有平凡理想. □

例 2.3.4 设 R 是一个环,$A_1 \lhd R, A_2 \lhd R$,证明:$A_1 \cap A_2 \lhd R$.

证明 显然 $0 \in A_1 \cap A_2$,从而 $A_1 \cap A_2 \neq \varnothing$.又 $\forall a,b \in A_1 \cap A_2$,有 $a,b \in A_1, a,b \in A_2$.由于 A_1,A_2 都是 R 的理想,于是 $a-b \in A_1, a-b \in A_2$,且对 $\forall r \in R$,有

$$ar,ra \in A_1, \quad ar,ra \in A_2.$$

所以 $a-b \in A_1 \cap A_2$ 且 $ar,ra \in A_1 \cap A_2$,因此,$A_1 \cap A_2 \lhd R$.

一般地,我们有下面的结论.

定理 2.3.2 设R是一个环，I是一个指标集（可以是有限集，也可以是无限可数集或无限不可数集），$A_i \lhd R(i\in I)$，则$\bigcap\limits_{i\in I} A_i \lhd R$.

下面要从环的元素出发，来构造出环的理想：

设R是一个环，任取R的一个非空子集T，那么环R一定有包含T的理想，如环R本身（即单位理想）. 现设$A_i(i\in I)$是R的所有包含T的理想，由定理 2.3.2 知，$A=\bigcap\limits_{i\in I} A_i$也是$R$的理想，$A$也包含$T$，并且容易知道，$A$是$R$的包含子集$T$的最小理想，我们把$A$称为由子集$T$生成的理想，记为$(T)$，并称$T$的元素是理想$(T)$的生成元. 若$T=\{t_1,t_2,\cdots,t_n\}$是有限集，则$(T)$可记作$(t_1,t_2,\cdots,t_n)$. 特别地，当$T=\{a\}$时，称由$a$生成的理想$(a)$为环$R$的一个主理想(principal ideal)，这是一类很重要的理想.

那么由R的非零元素a生成的主理想(a)中的元素是哪些呢？相关结论有下面的定理.

定理 2.3.3 设R是环，$a\in R$，则：

(1) $(a)=\left\{\sum\limits_{i=1}^{n} x_i a y_i + xa + ay + ma \,\middle|\, x_i, y_i, x, y\in R, n\in \mathbb{Z}^+, m\in \mathbb{Z}\right\}$；

(2) 如果R是有单位元 1 的环，则

$$(a)=\left\{\sum_{i=1}^{n} x_i a y_i \,\middle|\, x_i, y_i\in R, n\in \mathbb{Z}^+\right\};$$

(3) 如果R是交换环，则

$$(a)=\{xa+ma \mid x\in R, m\in \mathbb{Z}\};$$

(4) 如果R是有单位元 1 的交换环，则

$$(a)=\{ar \mid r\in R\}.$$

证明 (1) 设

$$I=\left\{\sum_{i=1}^{n} x_i a y_i + xa + ay + ma \,\middle|\, x_i, y_i, x, y\in R, n\in \mathbb{Z}^+, m\in \mathbb{Z}\right\}.$$

直接验证知，I是R的理想，因为$a=1a\in I(1\in\mathbb{Z})$，所以$I$是包含$a$的理想，而$(a)$是包含$a$的最小理想，所以$(a)\subseteq I$.

又因为(a)是由a生成的理想，所以形如

$$x_i a y_i, xa, ya, ma\ (x_i, y_i, x, y\in R, m\in\mathbb{Z})$$

都在(a)中，从而

$$\sum_{i=1}^{n} x_i a y_i + xa + ya + ma\in (a),$$

即$I\subseteq (a)$，因此

$$(a)=\left\{\sum_{i=1}^{n} x_i a y_i + xa + ay + ma \,\middle|\, x_i, y_i, x, y\in R, n\in \mathbb{Z}^+, m\in \mathbb{Z}\right\}.$$

(2) 如果 R 有单位元 1,则

$$ma=(m1)a1(m\in\mathbb{Z}),\quad xa=xa1,\quad ay=1ay$$

都是形如 xay 的元素($x,y\in R$),所以

$$\sum_{i=1}^{n}x_iay_i+xa+ya+ma=\sum_{i=1}^{n}x_iay_i+xa1+ya1+(m1)a1=\sum_{i=1}^{n+3}x_iay_i,$$

这里 $x_{n+1}=x,x_{n+2}=y,x_{n+3}=m1;y_{n+1}=1,y_{n+2}=1,y_{n+3}=a1$. 所以

$$(a)=\left\{\sum_{i=1}^{n}x_iay_i\middle|x_i,y_i,\in R,n\in\mathbb{Z}^+\right\}.$$

(3) 如果 R 是交换环,则

$$xay=xya=ta(t=xy\in R),\quad ay=ya,$$

从而

$$\begin{aligned}\sum_{i=1}^{n}x_iay_i+xa+ay+ma&=\sum_{i=1}^{n}x_iy_ia+xa+ya+ma\\&=x'a+ma,\end{aligned}$$

其中 $x'=\sum_{i=1}^{n}x_iy_i+x+y\in R$. 所以

$$(a)=\{xa+ma\mid x\in R,m\in\mathbb{Z}\}.\tag{2.3.1}$$

(4) 如果 R 是有单位元 1 的交换环,则 $ma=(m1)a$,所以在(2.3.1)式中,

$$xa+ma=xa+(m1)a=x'a,$$

其中 $x'=x+m1\in R$. 所以 $(a)=\{xa\mid x\in R\}$. □

例 2.3.5 整数环 $\mathbb{Z}$ 是有单位元 1 的交换环,对 $\forall n\in\mathbb{Z}$,由 n 生成的主理想 $(n)=\{kn\mid k\in\mathbb{Z}\}$,即由 n 的所有整数倍组成.

例 2.3.6 数域 F 上的一元多项式环 $F[x]$ 是有单位元 1 的交换环,$x\in F[x]$,由 x 生成的主理想 $(x)=\{f(x)x\mid f(x)\in F[x]\}$,即由所有 F 上常数项为零的一元多项式组成.

例 2.3.7 在高斯整环 $\mathbb{Z}[\mathrm{i}]$ 中,主理想 $I=(1+\mathrm{i})$ 由哪些元素组成?

解 高斯整环 $\mathbb{Z}[\mathrm{i}]$ 是有单位元的交换环,所以

$$\begin{aligned}(1+\mathrm{i})&=\{(1+\mathrm{i})(a+b\mathrm{i})\mid a+b\mathrm{i}\in\mathbb{Z}[\mathrm{i}]\}\\&=\{(a-b)+(a+b)\mathrm{i}\mid a,b\in\mathbb{Z}\}.\end{aligned}$$

对两个整数 a,b,$a-b$ 与 $a+b$ 的奇偶性是相同的,所以

$$(1+\mathrm{i})\subseteq\{x+y\mathrm{i}\mid x,y\text{ 同为奇数或同为偶数}\}.$$

反之,若 x,y 同为奇数或同为偶数,那么 $x+y$ 与 $y-x$ 都是偶数,从而方程组

$$\begin{cases}a-b=x,\\a+b=y\end{cases}$$

有整数解 $a=\dfrac{x+y}{2},b=\dfrac{y-x}{2}$,即有 $a+b\mathrm{i}\in\mathbb{Z}[\mathrm{i}]$,使得

$$x+y\mathrm{i}=(a-b)+(a+b)\mathrm{i}=(1+\mathrm{i})(a+b\mathrm{i})\in(1+\mathrm{i}).$$

这样又得$\{x+y\mathrm{i}\mid x,y$ 同为奇数或同为偶数$\}\subseteq(1+\mathrm{i})$.

因此$(1+\mathrm{i})=\{x+y\mathrm{i}\mid x,y$ 同为奇数或同为偶数$\}$.

例 2.3.8 整数环$\mathbb{Z}$的每个理想都是主理想.

证明 在例 2.1.11 中,我们已经知道:整环$\mathbb{Z}$的每个子环 I 都形如

$$I=d\mathbb{Z}=\{dk\mid k\in\mathbb{Z}\},d\geqslant 0\},$$

即 $I=(d)$. 由此又得,$\mathbb{Z}$的每个子环都是$\mathbb{Z}$的理想. 即$\mathbb{Z}$的每个理想 I 都形如 $I=(d)$.

我们还可以证明,模 m 的剩余类环$\mathbb{Z}_m$ 的每个理想都是主理想.

下面进一步推广主理想的概念.

定理 2.3.4 设R是一个环,$a_1,a_2,\cdots,a_n\in R$,令 $I=\left\{\sum\limits_{i=1}^{n}x_i\,\middle|\,x_i\in(a_i),i=1,2,\cdots,n\right\}$,则 I 是 R 的一个理想,把 I 记为

$$I=(a_1)+(a_2)+\cdots+(a_n),$$

则有

$$(a_1,a_2,\cdots,a_n)=(a_1)+(a_2)+\cdots+(a_n).$$

即由 R 的子集 $T=\{a_1,a_2,\cdots,a_n\}$生成的理想等于由其每个元素 a_i 生成的主理想的和.

证明 先证明 $I\lhd R$.

显然 $I\neq\varnothing$, $I\subseteq R$. 对$\forall\, x_i,y_i\in(a_i),i=1,2,\cdots,n$,取 $\alpha=\sum\limits_{i=1}^{n}x_i$, $\beta=\sum\limits_{i=1}^{n}y_i$, 则

$$\alpha-\beta=\sum_{i=1}^{n}x_i-\sum_{i=1}^{n}y_i=(x_1-y_1)+(x_2-y_2)+\cdots+(x_n-y_n).$$

由于 $x_i-y_i\in(a_i),i=1,2,\cdots,n$. 所以

$$\alpha-\beta\in I,$$

又对$\forall\, r\in R$,

$$r\alpha=r\sum_{i=1}^{n}x_i=\sum_{i=1}^{n}rx_i,$$

而 $rx_i\in(a_i)$,所以 $r\alpha\in I$. 同样 $\alpha r\in I$. 所以 $I=\left\{\sum\limits_{i=1}^{n}x_i\,\middle|\,x_i\in(a_i),i=1,2,\cdots,n\right\}$是$R$ 的一个理想.

又由于 $a_i\in(a_1,a_2,\cdots,a_n),i=1,2,\cdots,n$,所以$(a_i)\subseteq(a_1,a_2,\cdots,a_n),i=1,2,\cdots,n$. 得

$$I=(a_1)+(a_2)+\cdots+(a_n)\subseteq(a_1,a_2,\cdots,a_n).$$

另一方面,由于 I 是包含 $a_1,a_2,\cdots,a_n$ 的 R 的理想,而$(a_1,a_2,\cdots,a_n)$是包含 $a_1,a_2,\cdots,a_n$ 的 R 的最小理想,所以

$$I=(a_1)+(a_2)+\cdots+(a_n)\supseteq(a_1,a_2,\cdots,a_n),$$

从而 $I=(a_1)+(a_2)+\cdots+(a_n)=(a_1,a_2,\cdots,a_n)$. □

例 2.3.9 求整数环$\mathbb{Z}$上一元多项式环$\mathbb{Z}[x]$的理想$(2,x)$,并证明$(2,x)$不是主理想.

解 $(2,x)=(2)+(x)$. 因为$\mathbb{Z}[x]$是有单位元的交换环,所以

$$(2,x)=(2)+(x)=\{2f_1(x)+xf_2(x)\mid f_1(x),f_2(x)\in\mathbb{Z}[x]\}$$
$$=\{2a_0+xf(x)\mid a_0\in\mathbb{Z},f(x)\in\mathbb{Z}[x]\},$$

即$(2,x)$是由$\mathbb{Z}[x]$中常数项为偶数的多项式组成.

若$(2,x)$是主理想,那么存在 $p(x)\in\mathbb{Z}[x]$,使

$$(2,x)=(p(x)).$$

于是

$$2\in(p(x)),\quad x\in(p(x)),$$

即

$$2=p(x)q(x),\quad x=p(x)h(x),\quad q(x),h(x)\in\mathbb{Z}[x].$$

由 $2=p(x)q(x)$,得 $p(x)=a\in\mathbb{Z}$,再由 $x=p(x)h(x)=ah(x)$,得 $a=\pm1$,于是 $p(x)=\pm1\in(2,x)$,从而$(2,x)=\mathbb{Z}[x]$,这与$(2,x)$是$\mathbb{Z}[x]$的真理想矛盾.因此,$(2,x)$不是$\mathbb{Z}[x]$的主理想.

应注意,由多个元素生成的理想,也可能是一个主理想,即它也可能由一个元素生成.

例 2.3.10 设$\mathbb{Z}$是整数环,则$(4,6)=(2)$.

证明 显然 $4,6\in(2)$,所以$(4,6)=(4)+(6)\subseteq(2)$.

又因为 $2=(-1)\times4+1\times6\in(4,6)$,所以$(2)\subseteq(4,6)$,因此,$(4,6)=(2)$.

这个例子的更一般情况是,若整数 $a_1,a_2,\cdots,a_n$ 的最大公因数是 d,则

$$(a_1,a_2,\cdots,a_n)=(d),$$

即在整数环$\mathbb{Z}$中,由$\{a_1,a_2,\cdots,a_n\}$生成的理想等于由 d 生成的主理想.

2. 商环

下面从环 R 和 R 的一个理想 I 来构造一类新环——商环(quotient ring).我们将由群 G 和 G 的一个不变子群 H 来构造商群的思想方法用到环中.

设 R 是一个环,I 是 R 的一个理想,先考虑加群$(R,+)$.那么$(I,+)$是$(R,+)$的不变子群(加群的任意子群都是不变子群),所以有商群 R/I,

$$R/I=\{a+I\mid a\in R\}.$$

这里由于运算是加法"+",所以关于 I 的陪集表示成 $a+I$,在有的书中表示成$[a]$或$\bar{a}$.

商群 R/I 的运算"+"(与环 R 的加法的表示符号一样,但实际意义不同):

$$(a+I)+(b+I)=(a+b)+I$$

(一定要注意区分等式中这些"+"号各自的意思).

在 R/I 中再定义乘法为

$$(a+I)\cdot(b+I)=ab+I,\quad\forall\,a+I,b+I\in R/I.$$

这样定义的乘法"·"是否是 R/I 的运算呢?这样定义的"·"要想是 R/I 的运算,必须满足

以下两条：

首先，对$\forall a+I,b+I\in R/I$，要有$(a+I)\cdot(b+I)=ab+I\in R/I$. 这是显然的.

其次，这时$ab+I$一定由$a+I$与$b+I$唯一确定.

由于R/I中的元素的表示式可能会有不同，例如可有$a\neq a_1$，但只要$a-a_1\in I$，就有$a+I=a_1+I$，实际上，$a+I=a_1+I\Leftrightarrow a-a_1\in I$. 这样，若$a_1+I=a_2+I,b_1+I=b_2+I$，那么由"·"的定义有

$$(a_1+I)\cdot(b_1+I)=a_1b_1+I,\quad (a_2+I)\cdot(b_2+I)=a_2b_2+I.$$

这时，"·"要能成为R/I的一个运算，就要求

$$a_1b_1+I=a_2b_2+I.$$

否则，相同的元素(只是表示式有所不同)在"·"下的结果不同，当然"·"就不是R/I的运算了.

当I是环R的理想时，若$a_1+I=a_2+I,b_1+I=b_2+I$，那么$a_1-a_2\in I,b_1-b_2\in I$，得

$$a_1=a_2+l_1,\quad b_1=b_2+l_2,\quad l_1,l_2\in I.$$

从而$a_1b_1=(a_2+l_1)(b_2+l_2)=a_2b_2+a_2l_2+l_1b_2+l_1l_2$，得

$$a_1b_1-a_2b_2=a_2l_2+l_1b_2+l_1l_2.$$

由于I是R的理想，所以a_2l_2,l_1b_2,l_1l_2都在I中，故$a_1b_1-a_2b_2\in I$，即

$$a_1b_1+I=a_2b_2+I.$$

这样，在R/I中不仅有加法运算"+"，还有了乘法运算"·".

显然，R/I的运算"·"满足结合律，并且"·"对"+"满足左、右分配律，这样就得到了一个新的环$(R/I,+,\cdot)$，称为由环R与R的理想I产生的商环，简记作R/I.

定理 2.3.5 设R是一个环，I是R的一个理想，可得到一个环R/I. R/I中的元素是关于I的陪集$a+I(a\in R)$，加法运算"+"为$(a+I)+(b+I)=(a+b)+I$；R/I的乘法运算"·"为$(a+I)\cdot(b+I)=ab+I$. 商环R/I的零元素是$0+I(=I)$.

推论 2.3.1 (1) 若环R是交换环，则商环R/I也是交换环；

(2) 若R是有单位元1的环，则$1+I$是商环R/I的单位元.

当环R和理想I给定后，商环R/I的加法、乘法运算也就确定了，同时我们通过$a+I=b+I\Leftrightarrow a-b\in I$可具体确定出$R/I$中所有不同的元素.

例 2.3.11 整数环$\mathbb{Z}$关于主理想(m)产生的商环$\mathbb{Z}/(m)=\mathbb{Z}_m$.

例 2.3.12 求实数域$\mathbb{R}$上一元多项式环$\mathbb{R}[x]$关于主理想(x)产生的商环$\mathbb{R}[x]/(x)$.

解 $\mathbb{R}[x]/(x)=\{f(x)+I\mid f(x)\in\mathbb{R}[x]\}$(这里为了不产生混淆，用$I$表示$(x)$).

由于

$$f(x)+I=g(x)+I\Leftrightarrow f(x)-g(x)\in I\Leftrightarrow x\mid f(x)-g(x),$$

所以，$\forall h(x)\in\mathbb{R}[x]$，设

$$h(x)=xq(x)+a,\quad a\in\mathbb{R}.$$

从而$x\mid h(x)-a$，即

$$h(x)+I=a+I.$$

因此

$$\mathbb{R}[x]/(x)=\{a+(x)\mid a\in\mathbb{R}\}.$$

例 2.3.13 求高斯整环$\mathbb{Z}[\mathrm{i}]=\{a+b\mathrm{i}\mid a,b\in\mathbb{Z}\}$关于主理想$(1+\mathrm{i})$产生的商环$\mathbb{Z}[\mathrm{i}]/(1+\mathrm{i})$中的元素.

解 $\mathbb{Z}[\mathrm{i}]/(1+\mathrm{i})=\{\alpha+(1+\mathrm{i})\mid\alpha\in\mathbb{Z}[\mathrm{i}]\}$. 由于

$$\alpha+(1+\mathrm{i})=\beta+(1+\mathrm{i})\Leftrightarrow\alpha-\beta\in(1+\mathrm{i}),$$

由例 2.3.8 知$(1+\mathrm{i})=\{x+y\mathrm{i}\mid x,y$ 是奇偶性相同的整数$\}$.

设$\alpha=x_1+y_1\mathrm{i},\beta=x_2+y_2\mathrm{i}\in\mathbb{Z}[\mathrm{i}]$,则

$$\alpha+(1+\mathrm{i})=\beta+(1+\mathrm{i})\Leftrightarrow x_1-x_2\text{与 }y_1-y_2\text{ 有相同的奇偶性}.$$

对$\forall a+b\mathrm{i}\in\mathbb{Z}[\mathrm{i}]$,若 a,b 有相同的奇偶性,$a+b\mathrm{i}-(0+0\mathrm{i})=a+b\mathrm{i}(0+0\mathrm{i}=0)$. 所以

$$a+b\mathrm{i}+(1+\mathrm{i})=0+(1+\mathrm{i})=(1+\mathrm{i}).$$

若 a,b 奇偶性不同,这时 $a-1$ 与 $b-0(=b)$有相同的奇偶性,所以

$$a+b\mathrm{i}+(1+\mathrm{i})=1+0\mathrm{i}+(1+\mathrm{i})=1+(1+\mathrm{i}).$$

因此$\mathbb{Z}[\mathrm{i}]/(1+\mathrm{i})$中只有两个元素:$(1+\mathrm{i}),1+(1+\mathrm{i})$. 如果将 $x+(1+\mathrm{i})$表示为$[x]$,则$\mathbb{Z}[\mathrm{i}]/(1+\mathrm{i})=\{[0],[1]\}$.

从以上这些例题我们可以看到,商环 R/I 的结构一般的要比环 R 的结构简单,而且它们还有一些共同的性质,这是由于在 R 与 R/I 之间有一个很重要的映射.

戴德金小传

戴德金(J. W. R. Dedekind,1831—1916),德国数学家,1831 年 10 月 6 日生于高斯的故乡不伦瑞克. 戴德金是律师教授家中四个孩子中的老四. 他早期的兴趣在物理和化学上,但在 21 岁时他在高斯指导下,于 1852 年在格丁根大学获得了博士学位. 1854 年留校任教,与狄利克雷(P. G. Dirichlet,1805—1859)和黎曼(G. F. Riemann,1826—1866)结为好友. 1858—1862 年应邀任瑞士苏黎世综合工科学校教授,1862 年返回家乡,在不伦瑞克综合工科学校执教,直到 1916 年 2 月 12 日逝世.

戴德金是格丁根、柏林、巴黎、罗马等科学院的成员,还被欧洲几所大学授予荣誉博士称号. 他主要贡献在实数理论和代数数论方面. 他注意到当时的微积分学实际上还缺乏严密的逻辑基础,对无理数还没有严密的分析和论证. 因而提出用所谓"戴德金分割"来定义无理数,并对连续性理论进行深入研究,为实数理论的建立作出了不可磨灭的贡献. 在代数数论方面,他建立了现代代数和代数数域的理论,他用另一种方法重建代数数中的唯一因子分解定理. 他深入研究各种代数系统,特别引入了环的概念,给出理想子环的一般定义,后来人们把满足理想唯一分解条件的整环称作戴德金环. 他在代数数论方面的工作对 19 世纪数学产生了深远影响. 1899 年他率先研究"格",对有限格进行初步分类,成为格论的奠基人. 数学史专家克莱因称赞他是一位"抽象代数的有效创始人".

习题 2.3

1. 试判断下列各集合是否是所指环的子环或理想：

(1) 整数集$\mathbb{Z}$在整系数多项式环$\mathbb{Z}[x]$中；

(2) 整系数多项式集合$\mathbb{Z}[x]$在有理数域上的多项式环$\mathbb{Q}[x]$中；

(3) 自然数集$\mathbb{N}$在整数环$\mathbb{Z}$中；

(4) 常数项为偶数的整系数多项式集合B在整系数多项式环$\mathbb{Z}[x]$中.

2. 设R是一个交换环，证明：R的所有幂零元组成的集合N是R的一个理想. 称此理想为R的**诣零根**(nilradical)，记作$N(R)$.

3. 求剩余类环$\mathbb{Z}_{24}$的诣零根$N(\mathbb{Z}_{24})$.

4. 设R是一个环，$A,B\subseteq R$，定义

$$A+B=\{a+b \mid a\in A, b\in B\}.$$

(1) 证明：当A,B都是R的理想时，$A+B$也是R的理想；

(2) 举例说明，当A,B都是R的子环时，$A+B$未必是R的子环.

5. 设F是一个数域，证明：F上多项式环$F[x]$的每个理想都是主理想.

6. 设R是偶数环，证明所有整数$4r(r\in R)$组成的集合A是R的一个理想，并讨论A与主理想(4)的关系.

7. 在整数环$\mathbb{Z}$中，证明：$(3,7)=(1)$.

8. 在整数环$\mathbb{Z}$中，若(a)，(b)是$\mathbb{Z}$的两个理想，则$(a)+(b)=(d)$，$(a)\cap(b)=(c)$，其中d是a与b的最大公因数，c是a与b的最小公倍数.

9. 设R是交换环，X是R的非空子集，令

$$\mathrm{Ann}(X)=\{r\in R \mid rx=0, \forall x\in X\},$$

证明：$\mathrm{Ann}(X)$是R的理想.

10. 设I,J为R的理想，令

$$IJ=\left\{\sum_{i=1}^{n} x_i y_i \,\middle|\, x_i\in I, y_i\in J, n\in\mathbb{N}\right\},$$

证明：IJ为R的理想，且$IJ\subseteq I\cap J$.

11. 设R是交换环，证明：商环$R/N(R)$没有非零幂零元，即$N(R/N(R))=\{\bar{0}\}$.

12. 设R为环，I是R的非空子集. 如果对任意的$r_1,r_2\in I$，$s\in R$，有$r_1-r_2\in I$，$sr_1\in I$(或$r_1s\in I$)，则称I为环R的左理想(或右理想). 验证：

$$I=\left\{\begin{pmatrix} a & 0 \\ b & 0 \end{pmatrix} \,\middle|\, a,b\in R\right\}$$

是环$M_2(R)$的左理想.

13. 设$R=\left\{\begin{pmatrix} a & b \\ c & d \end{pmatrix} \,\middle|\, a,b,c,d\in\mathbb{Z}\right\}$关于矩阵的加法和乘法构成环，$I$是元素为偶数的

所有二阶矩阵的集合.证明 I 是 R 的一个理想.问商环 R/I 由哪些元素组成?

14. 设 F 是一个域,问多项式环 $F[x]$的主理想(x^2)由哪些元素组成?商环 $F[x]/(x^2)$又由哪些元素组成?

15. 找出模 12 的剩余类环$\mathbb{Z}_{12}$的所有理想.

16. 在域$\mathbb{Z}_2$ 上的多项式环$\mathbb{Z}_2[x]$中,取 $p(x)=x^2+x+1$,求商环$\mathbb{Z}_2[x]/(p(x))$.

17. 设 S 是环 R 的子环,I 是 R 的理想,且 $I\subseteq S$,证明:

(1) S/I 是 R/I 的子环;

(2) 若 S 是 R 的理想,则 S/I 是 R/I 的理想.

18. $\mathbb{R}[x]$是实数域$\mathbb{R}$上多项式环,证明商环$\mathbb{R}[x]/(x^2+1)$是一个域.

2.4 素理想和极大理想

在前面的讨论中,已经看到域是一类具有很好性质的环,在例 2.3.11 中,虽然高斯整环$\mathbb{Z}[\mathrm{i}]$不是域,但其商环$\mathbb{Z}[\mathrm{i}]/(1+\mathrm{i})$却是一个域.把这个问题推广来考虑就是:当环 R 及其理想 I 满足什么条件时,商环 R/I 是一个域?或退其次,R/I 是一个整环?

1. 素理想

定义 2.4.1 设 R 是一个交换环,P 是 R 的真理想.如果对 $\forall a,b\in R$,由 $ab\in P$,可推出 $a\in P$ 或 $b\in P$,则称 P 为 R 的一个*素理想*(prime ideal).

例 2.4.1 p 是一个素数,则由 p 生成的主理想(p)是整数环$\mathbb{Z}$的一个素理想.

证明 设 $a,b\in\mathbb{Z}$,并且 $ab\in(p)$,那么 $p|ab$.由于 p 是一个素数,所以必有 $p|a$ 或 $p|b$,从而有 $a\in(p)$或 $b\in(p)$.故(p)是$\mathbb{Z}$的一个素理想.

素理想这个名字就是从这个例所得来的.我们还可以证明:整数环$\mathbb{Z}$的任一个素理想(零理想除外)一定是由一个素数生成的主理想.

例 2.4.2 设 R 是偶数环,p 是奇素数,又

$$(4)=\{\cdots,-12,-8,-4,0,4,8,12,\cdots\},$$

$$(2p)=\{\cdots,-6p,-4p,-2p,0,2p,4p,6p,\cdots\},$$

则(4)不是 R 的素理想,而$(2p)$是 R 的素理想.

证明 因为 $2\times2=4\in(4)$,但 $2\notin(4)$,所以(4)不是偶数环的素理想.

又设 $a,b\in R$,并且 $ab\in(2p)$,由于 a,b 都是偶数,令 $a=2s,b=2t,ab=2pq$,其中 $s,t,q\in\mathbb{Z}$.

由于 p 是奇素数,所以 $p|st$,从而

$$p\mid s\quad 或\quad p\mid t.$$

由此可知必有 $a=2s\in(2p)$或 $b=2t\in(2p)$,即$(2p)$是偶数环的素理想.

定理 2.4.1 设 P 是有单位元 1 的交换环 R 的一个理想,则 R/P 是整环的充分必要条件是 P 是 R 的素理想.

证明 设R/P是整环，$\forall a,b\in R$，且$ab\in P$，那么$ab+P=(a+P)(b+P)=P$，即$(a+P)(b+P)$等于R/P的零元素.

为了看起来更方便，将$a+P$表示为$[a]$，那么就有$[a][b]=[0]$，由于R/P没有零因子，所以有

$$[a]=[0] \quad 或 \quad [b]=[0],$$

亦即$a\in P$或$b\in P$从而得P是R的素理想.

反之，若P是R的素理想，如果在R/P中有$[a][b]=[0]$，即$[ab]=[0]$，则$ab\in P$. 于是$a\in P$或$b\in P$，即$[a]=[0]$或$[b]=[0]$，因此R/P无零因子. 又R是有单位元的交换环，所以R/P也是有单位元的交换环，从而R/P是一个整环. □

2. 极大理想

定义 2.4.2 设M是环R的一个真理想，若对于R的理想N，由$M\subset N$，可推出$N=R$，则称M是R的一个极大理想(maximal ideal).

在此定义中，并没要求环R是交换环. 由定义可见，R中包含极大理想M的理想只有R与M；环R本身不是R的极大理想. 又若R只有平凡理想，则零理想是R的极大理想.

例 2.4.3 设p是素数，则主理想(p)是整数环$\mathbb{Z}$的一个极大理想.

证明 显然(p)是$\mathbb{Z}$的真理想(因为$(p)\neq\mathbb{Z}$). 设有$\mathbb{Z}$的理想N，使$(p)\subset N$，则存在$q\in N$，但$q\notin(p)$. 所以$p\nmid q$，又由于p是素数，所以$(p,q)=1$. 即存在$s,t\in\mathbb{Z}$，使

$$sp+tq=1.$$

因为$p\in(p)\subset N$，$q\in N$，所以$1=sp+tq\in N$，从而$N=\mathbb{Z}$，因此(p)是$\mathbb{Z}$的一个极大理想.

由例 2.4.3 可见，一个环可以有多个极大理想. 但是，一个环也可以没有极大理想，然而一个有单位元的环一定含有极大理想(证明略).

例 2.4.4 主理想(x^2+1)是实数域$\mathbb{R}$上一元多项式环$\mathbb{R}[x]$的一个极大理想.

证明 显然(x^2+1)是$\mathbb{R}[x]$的真理想(因为$(x^2+1)\neq\mathbb{R}[x]$).

设N是$\mathbb{R}[x]$的理想，并且$(x^2+1)\subset N$，那么存在$f(x)\in N$，但$f(x)\notin(x^2+1)$，所以

$$x^2+1\nmid f(x).$$

设

$$f(x)=q(x)(x^2+1)+r(x),$$

其中$r(x)\neq0$且$\deg r(x)<\deg(x^2+1)=2$(其中$\deg(f(x))$表示$f(x)$次数).

设$r(x)=ax+b$，a,b不全为0. 这样

$$ax+b=f(x)-q(x)(x^2+1)\in N.$$

又有

$$(ax+b)(ax-b)=a^2x^2-b^2\in N$$

和

$$a^2(x^2+1)=a^2x^2+a^2\in N,$$

所以

$$a^2+b^2=a^2x^2+a^2-(a^2x^2-b^2)\in N.$$

令 $c=a^2+b^2$,那么 $c\neq 0$,所以有 $1/c\in R[x]$. 从而 $c\cdot 1/c=1\in N$,得 $N=R[x]$,因此(x^2+1)是$R[x]$的一个极大理想.

这两个例是证明极大理想的典型方法之一.

定理 2.4.2 设 M 是单位元 1 的交换环 R 的一个理想,则 R/M 是域的充分必要条件是 M 为 R 的一个极大理想.

证明 设 R/M 是域. N 是 R 的理想,且 $M\subset N$. 我们要证明 $N=R$.

由于 $M\subset N$,于是存在 $a\in N$,但 $a\notin M$,即在 R/M 中$[a]\neq[0]$. 因为 R/M 是域,所以存在$[x]\in R/M(x\in R)$,使$[a][x]=[ax]=[1]$,从而 $1-ax\in M\subset N$. 由于 $a\in N$,又 N 是 R 的理想,于是 $ax\in N$,从而 $1\in N$,所以 $N=R$,因此 M 是 R 的极大理想.

反之,设 M 是 R 的极大理想. 由于 R 是有单位元 1 的交换环,所以 R/M 也是有单位元$[1]$的交换环. 只要再证明对任意的$[0]\neq[a]\in R/M$ 在 R/M 中可逆即可. 令

$$N=\{m+ax\mid m\in M,x\in R\},$$

直接验证知,N 是 R 的一个理想,且 $M\subseteq N$,但是 $a\notin M,a\in N$,得 $M\subset N$,而 M 是 R 的极大理想,从而 $N=R$. 于是 $1\in N$. 所以存在 $x\in R,m\in M$,使 $1=m+ax$,这样

$$[1]=[m+ax]=[m]+[ax]=[0]+[a][x],$$

即$[a][x]=[1]$. 亦即$[a]$是 R/M 中的可逆元. 因此 R/M 是域. □

注: 对一般环 R 来说,有结论: M 是 R 的极大理想$\Leftrightarrow R/M$ 没有非平凡理想(证明略).

推论 2.4.1 在有单位元的交换环 R 中,极大理想一定是素理想.

证明 设 M 是 R 的一个极大理想,由定理 2.4.2,R/M 是域,当然 R/M 是整环,再由定理 2.4.1,知 M 一定是 R 的素理想. □

例 2.4.5 证明: (x)是实数域$\mathbb{R}$上一元多项式环$\mathbb{R}[x]$的极大理想.

证明 由定理 2.4.2,只需证明$\mathbb{R}[x]/(x)$是一个域即可.

由例 2.4.4,我们知道$\mathbb{R}[x]/(x)=\{[a]\mid a\in\mathbb{R}\}$,这里$[a]$表示 $a+(x)$. 显然,$\mathbb{R}[x]/(x)$是有单位元$[1]$的交换环. 又对任意的$[0]\neq[a]\in\mathbb{R}[x]/(x)$,那么 $a\notin(x)$,从而 $x\nmid a$,得 $a\neq 0\in\mathbb{R}$,这样就有实数 $1/a\in\mathbb{R}$,使得

$$[a]\cdot\left[\frac{1}{a}\right]=\left[a\cdot\frac{1}{a}\right]=[1]$$

即$[a]$在$\mathbb{R}[x]/(x)$中可逆,所以$\mathbb{R}[x]/(x)$是域,从而由定理 2.4.2 知,(x)是$\mathbb{R}[x]$的极大理想.

学习了 2.5 节后,此例题的证明可以更简单.

克鲁尔小传

克鲁尔(Krull,1899—1971),德国数学家. 1899 年 8 月 26 日生于巴登-巴登(Baden-Baden). 1921 年在弗赖堡大学获博士学位. 1922 年留校任教,1926 年任教授. 自 1928 年起任埃尔兰根大学数学教授,直至退

休.他是诺特、阿廷所创建的德国代数学派的代表人物.1926年建立了带算子阿贝尔群和群的线性表示两个概念间的关系.随着拓扑代数系概念的形成,他推广了戴德金的思想,建立了无限代数扩张的伽罗瓦理论.克鲁尔所发表的许多交换环方面的论文对诺特环与交换环论的发展作出了重要贡献.1932年又开始研究一般赋值论及局部环理论.加法赋值论的研究就是从他开始的.在近世代数中有许多以他名字命名的概念、定理,例如,克鲁尔维数、克鲁尔环、克鲁尔拓扑、克鲁尔交定理等.著有《理想论》等.

克鲁尔于1971年4月12日在波恩逝世.

习题 2.4

1. 设 R 是偶数环,p 是素数,试问$(2p)$是不是 R 的素理想?是不是 R 的极大理想?(p^2)是不是素理想?

2. 证明:(7)是高斯整环$\mathbb{Z}[\mathrm{i}]=\{a+b\mathrm{i}\mid a,b\in\mathbb{Z}\}$的素理想.

3. 设 R 是一个交换环,I,J 是 R 的两个理想,且 $I\subseteq J$.证明:如果 J/I 是 R/I 的素理想,则 J 是 R 的素理想.

4. 求下列剩余类环的素理想和极大理想:

$$\mathbb{Z}_6,\mathbb{Z}_{12},\mathbb{Z}_{13},\mathbb{Z}_{16}.$$

5. 设

$$R=\left\{\begin{pmatrix}a&0\\c&d\end{pmatrix}\middle|\, a,c,d\in\mathbb{R}\right\},\quad I=\left\{\begin{pmatrix}a&0\\c&0\end{pmatrix}\middle|\, a,c\in\mathbb{R}\right\},$$

证明:R 关于矩阵的加法与乘法构成一个环,且 I 是 R 的一个极大理想.

6. 设 R 是有单位元的有限交换环.证明:R 的每一个非零素理想都是 R 的极大理想.

7. 设 n 是一个正整数,证明:在$\mathbb{Z}[x]$中,(x,n)是极大理想$\Leftrightarrow n$ 是素数.

8. 设 R 是有单位元的交换环,又已知 R 的任何一个真理想必含在 R 的一个极大理想之中,证明下面三个命题彼此等价:

(1) R 只有一个极大理想;

(2) R 的所有非可逆元组成 R 的真理想;

(3) 对$\forall r\in R$,r 和 $1-r$ 两个元素中至少有一个是可逆元.

9. 试问:(x)是不是整系数多项式环$\mathbb{Z}[x]$的极大理想?又(x)是不是有理系数多项式环$\mathbb{Q}[x]$的极大理想?

10. 设 M 是环 R 的理想,证明:M 是 R 的极大理想$\Leftrightarrow R/M$ 没有非平凡理想(即除零理想和单位理想以外不再有其他的理想).

2.5 环的同态、商域

2.4节已述及环 R 与它的商环 R/I 之间有一个保持运算的映射.本节专门讨论环与环之间的这些保持运算的映射.抽象环之间,抽象环与具体环之间以及具体环之间的关系主要就是通过它们之间的保持运算的映射反映出来．也可使得对一个环的研究，通过环同态映射而转移到另一个环上去．

1. 环的同态

定义 2.5.1 设 R 与 $\bar{R}$ 是两个环，如果存在 R 到 $\bar{R}$ 的映射 f，使 f 保持运算，即满足：

(1) $\forall a,b\in R, f(a+b)=f(a)+f(b)$；

(2) $\forall a,b\in R, f(ab)=f(a)f(b)$.

则称 f 是环 R 到环 $\bar{R}$ 的一个同态映射(homomorphism).

如果同态 f 还是满射，则称 f 是环 R 到环 $\bar{R}$ 的一个同态满射(epimorphism)，这时称环 R 与环 $\bar{R}$ 同态，记作 $R\sim\bar{R}$. 这时 $f(R)=\bar{R}$，所以也称环 $\bar{R}$ 是环 R 的一个同态像. 如果同态 f 还是单射，则称 f 是环 R 到环 $\bar{R}$ 的一个单同态映射(monomorphism). 如果同态 f 还是双射，则称 f 是环 R 到环 $\bar{R}$ 的一个同构映射(isomorphism)，这时称环 R 与环 $\bar{R}$ 同构，记作 $R\cong\bar{R}$.

与群的同构一样，当两个环同构时，抽象地看它们是一样的.

特别地，环 R 到环 R 自身的同态映射称为 R 的自同态；环 R 到环 R 自身的同构，称为环 R 的自同构.

例 2.5.1 设 R 和 $\bar{R}$ 都是环，$\bar{0}$ 是环 $\bar{R}$ 的零元素，令

$$f:R\to\bar{R}$$
$$f(a)=\bar{0},\quad \forall a\in R,$$

则 f 是环 R 到环 $\bar{R}$ 的同态，称为零同态(zero homomorphism).

例 2.5.2 设 $\mathbb{Z}$ 是整数环，$\mathbb{Z}_m$ 是模 m 的剩余类环，令

$$f:\mathbb{Z}\to\mathbb{Z}_m$$
$$n\mapsto[n],\quad \forall n\in\mathbb{Z},$$

则 f 是 $\mathbb{Z}$ 到 $\mathbb{Z}_m$ 的一个满射，且 $\forall n_1,n_2\in\mathbb{Z}$，有

$$f(n_1+n_2)=[n_1+n_2]=[n_1]+[n_2]=f(n_1)+f(n_2),$$
$$f(n_1n_2)=[n_1n_2]=[n_1][n_2]=f(n_1)f(n_2).$$

所以 f 是环 $\mathbb{Z}$ 到环 $\mathbb{Z}_m$ 的满同态，从而 $\mathbb{Z}\sim\mathbb{Z}_m$.

例 2.5.3 设 $\mathbb{C}$ 是复数域，映射

$f:\mathbb{C}\to\mathbb{C}$

$a+bi\mapsto a-bi,\quad \forall a+bi\in\mathbb{C}$，则 f 是复数环的一个自同构.

例 2.5.4 $\mathbb{R}[x]$ 为实数域上一元多项式环，令

$$f:\mathbb{R}[x]\to\mathbb{R}$$
$$f(x)\mapsto f(1),\quad \forall f(x)\in\mathbb{R}[x],$$

则 f 是环 $\mathbb{R}[x]$ 到环 $\mathbb{R}$ 的同态满射.

例 2.5.5 $\mathbb{Z}_4$ 是模 4 的剩余类环，$\mathbb{Z}_{10}$ 是模 10 的剩余类环. 令

$$f:\mathbb{Z}_4\to\mathbb{Z}_{10}$$

$[x] \mapsto \overline{5x}$， $\forall [x] \in \mathbb{Z}_4$ （为了区别，用$\overline{y}$表示$\mathbb{Z}_{10}$中的元素）.

则 f 是环$\mathbb{Z}_4$到环$\mathbb{Z}_{10}$的一个同态映射.

证明 由于$\mathbb{Z}_4$中的元素可有不同的表示，即$[x],[y]\in\mathbb{Z}_4$，$[x]=[y]\Leftrightarrow 4\mid(x-y)$. 而对应规则 f 是由元素$[x]$的表示来确定，所以先要验证这个对应规则是$\mathbb{Z}_4$到$\mathbb{Z}_{10}$的映射.

设$[x],[y]\in\mathbb{Z}_4$，且$[x]=[y]$，我们要证明：$f([x])=f([y])$，即在$\mathbb{Z}_{10}$中$\overline{5x}=\overline{5y}$. 这时$4\mid(x-y)$，于是$x-y=4k(k\in\mathbb{Z})$，从而$5x-5y=5(x-y)=20k$，得$10\mid(5x-5y)$，所以在$\mathbb{Z}_{10}$中$\overline{5x}=\overline{5y}$，故对应规则 f 是$\mathbb{Z}_4$到$\mathbb{Z}_{10}$的一个映射.

再验证映射 f 保持运算. 对$\forall[x],[y]\in\mathbb{Z}_4$，

$$f([x]+[y])=f([x+y])=\overline{5(x+y)}=\overline{5x+5y}=\overline{5x}+\overline{5y}$$
$$=f([x])+f([y]).$$
$$f([x][y])=f([xy])=\overline{5xy}=\overline{5\cdot 5xy}=\overline{5x\cdot 5y}$$
$$=\overline{5x}\cdot\overline{5y}=f([x])f([y]).$$

因此，f 是环$\mathbb{Z}_4$到环$\mathbb{Z}_{10}$的一个同态映射.

进一步还可看到，在$\mathbb{Z}_{10}$中$\overline{9}\neq\overline{5x}$，$x=0,1,2,3$，即$\mathbb{Z}_{10}$中的$\overline{9}$在映射 f 下没有原像，所以 f 不是满同态映射. f 也不是单射，因为$[0]\in\mathbb{Z}_4$，$f([0])=\overline{0}\in\mathbb{Z}_{10}$，又$[2]\in\mathbb{Z}_4$，$f([2])=\overline{10}=\overline{0}\in\mathbb{Z}_{10}$，所以在$\mathbb{Z}_4$中$[0]\neq[2]$，但$f([0])=f([2])$.

例 2.5.6 映射

$$\varphi: R\to R/I$$
$$a\mapsto a+I,\quad \forall a\in R$$

就是一个满同态映射，这是一个很重要的环满同态映射，称为环 R 到商环R/I的自然同态(natural homomorphism)，这时有 $R\sim R/I$.

下面我们来讨论环同态映射的一些性质.

定理 2.5.1 设 f 是环R到环$\overline{R}$的同态映射，则：

(1) $f(0)=\overline{0}$，其中，$0,\overline{0}$分别为$R,\overline{R}$的零元素；

(2) $f(-a)=-f(a)$，对$\forall a\in R$；

(3) $f(na)=nf(a)$，$f(a^n)=(f(a))^n$，对$\forall a\in R$，$n\in\mathbb{Z}^+$；

(4) 若$S\leqslant R$，则$f(S)\leqslant\overline{R}$；若$\overline{S}\leqslant\overline{R}$，则$f^{-1}(\overline{S})\leqslant R$；

(5) 若 f 是满同态映射，又$I\lhd R$，则$f(I)\lhd\overline{R}$；

(6) 若$\overline{I}\lhd\overline{R}$，则$f^{-1}(\overline{I})\lhd R$；

(7) 若 f 是满同态映射，如果 R 是交换环，则$\overline{R}$也是交换环；又 R 是有单位元1的环，则$\overline{R}$也是有单位元$\overline{1}$的环，并且$f(1)=\overline{1}$.

这个定理的证明同群论里的相应定理的证明完全类似，请读者自己完成. □

定义 2.5.2 设 f 是环R到环$\overline{R}$的同态映射，$\overline{0}$是$\overline{R}$的零元素，则称

$$\ker f=\{x\in R\mid f(x)=\overline{0}\}$$

是环同态映射 f 的核(kernel).

定理 2.5.2 设 f 是环 R 到环 $\bar{R}$ 的同态映射,0 是 R 的零元素,则

$$f \text{ 是单同态映射} \Leftrightarrow \ker f = \{0\}.$$

证明 因为 f 是环 R 到环 $\bar{R}$ 的同态映射,所以 f 也是加群$(R,+)$到加群$(\bar{R},+)$的同态映射,又 0 是加群$(R,+)$的单位元,因此由群论中的相应定理即得结论成立. □

定理 2.5.3(环的同态基本定理) 设 f 是环 R 到环 $\bar{R}$ 的同态映射,则

(1) $\ker f \lhd R$;

(2) $R/\ker f \cong \mathrm{Im} f$, $\mathrm{Im} f = f(R) = \{f(r) \mid r \in R\}$.

证明 (1) 因为 $f(0)=\bar{0}$,所以 $0 \in \ker f$,即 $\ker f \neq \varnothing$. 对 $\forall a,b \in \ker f$,有

$$f(a-b) = f(a) - f(b) = \bar{0} - \bar{0} = \bar{0},$$

所以 $a-b \in \ker f$.

又对 $\forall a \in \ker f, r \in R$,有

$$f(ra) = f(r)f(a) = f(r)\bar{0} = \bar{0},$$

$$f(ar) = f(a)f(r) = \bar{0}f(r) = \bar{0},$$

从而 $ra, ar \in \ker f$,所以 $\ker f$ 是 R 的一个理想,这样也就有了商环 $R/\ker f$.

(2) 令

$$\varphi: R/\ker f \to \mathrm{Im} f$$
$$a + \ker f \mapsto f(a), \quad \forall a + \ker f \in R/\ker f.$$

由群论的相应定理的证明知,φ 是 $R/\ker f$ 到 $\mathrm{Im} f$ 的一个双射,且保持加法运算,即对 $\forall a + \ker f, b + \ker f \in R/\ker f$,有

$$\varphi((a + \ker f) + (b + \ker f)) = \varphi(a + \ker f) + \varphi(b + \ker f).$$

现又有

$$\begin{aligned}\varphi((a + \ker f)(b + \ker f)) &= \varphi(ab + \ker f) \\ &= f(ab) = f(a)f(b) \\ &= \varphi(a + \ker f)\varphi(b + \ker f).\end{aligned}$$

从而 φ 也保持乘法运算.

因此 φ 是环 $R/\ker f$ 到环 $\mathrm{Im} f$ 的同构映射. 得 $R/\ker f \cong \mathrm{Im} f$. □

推论 2.5.1 设 R 与 $\bar{R}$ 同态,则 $\bar{R}$ 同构于 R 的商环.

定理 2.5.4(环的第一同构定理) 设 f 是环 R 到环 $\bar{R}$ 的满同态映射,$\bar{A} \lhd \bar{R}$, $A = f^{-1}(\bar{A})$(那么 $A \lhd R$),则有 $R/A \cong \bar{R}/\bar{A}$.

这个定理的证明作为习题留给读者. □

2. 商域

现从一个整环 R 出发,按照用整数环 $\mathbb{Z}$ 构造有理数域 $\mathbb{Q}$ 的方法,来构造整环 R 的商域.

令 $F = \left\{ \dfrac{b}{a} \,\middle|\, a, b \in R, a \neq 0 \right\}$,在 F 中定义两个元素相等:

$$\frac{b}{a}=\frac{d}{c}\Leftrightarrow ad=bc.$$

在 F 的元素间分别定义加法和乘法为

$$\frac{b}{a}+\frac{d}{c}=\frac{bc+ad}{ac},\ \forall\ \frac{b}{a},\frac{d}{c}\in F,$$

$$\frac{b}{a}\cdot\frac{d}{c}=\frac{bd}{ac},\ \forall\ \frac{b}{a},\frac{d}{c}\in F.$$

直接验证可知,对于以上定义的加法和乘法 F 是一个域,称 F 为整环 R 的商域(the quotient field of R).

例 2.5.7 有理数域$\mathbb{Q}$是整数环$\mathbb{Z}$的商域.

定理 2.5.5 设 F 是环 R 的商域,$\bar{F}$ 是环 $\bar{R}$ 的商域,若 $R\cong\bar{R}$,则 $F\cong\bar{F}$.

证明 设 R 到 $\bar{R}$ 的同构映射是 φ,令

$$f:F\to\bar{F}$$

$$\frac{b}{a}\mapsto\frac{\varphi(b)}{\varphi(a)},\quad\forall\ \frac{b}{a}\in F.$$

易见 f 是双射且保持运算.因此 f 是 F 到 $\bar{F}$ 的同构映射,即 $F\cong\bar{F}$. □

3. 中国剩余定理(Chinese Remaider Theorem)

设 R_1 和 R_2 是两个环,令 $R=R_1\times R_2=\{(x,y)\mid x\in R_1,y\in R_2\}$,在 R 上定义加法为 $(x_1,y_1)+(x_2,y_2)=(x_1+x_2,y_1+y_2)$,再定义乘积为 $(x_1,y_1)(x_2,y_2)=(x_1x_2,y_1y_2)$,可直接验证 $R_1\times R_2$ 对于上述加法和乘法构成环,叫做环 R_1 和 R_2 的直积.类似地可以定义任意多个环 $R_i(i\in I)$的直积为

$$\prod_{i\in I}R_i=\{(x_i)_{i\in I}\mid x_i\in R_i\},$$

$$(x_i)_{i\in I}+(y_i)_{i\in I}=(x_i+y_i)_{i\in I},\quad(x_i)_{i\in I}(y_i)_{i\in I}=(x_iy_i)_{i\in I}.$$

定理 2.5.6(中国剩余定理) 设 R 是有单位元的环,$I_1,I_2,\cdots,I_n$ 为环 R 的理想,并且当 $i\neq j$ 时,$I_i+I_j=R$,则有环同构

$$R/(I_1\cap\cdots\cap I_n)\cong\prod_{i=1}^{n}(R/I_i).$$

证明 令

$$f:R\to\prod_{i=1}^{n}(R/I_i)$$

$$r\mapsto(r+I_1,\cdots,r+I_n),\quad\forall\ r\in R.$$

直接验证 f 是环的同态映射.现证明 f 是满映射.

由定理假设 $I_1+I_2=I_2+I_1=R$,$1\in R$,从而

$$R=RR=(I_1+I_2)(I_1+I_3)=I_1^2+I_2I_1+I_1I_3+I_2I_3\subseteq I_1+I_2I_3\subseteq R,$$

因此 $R=I_1+I_2I_3$.归纳下去可得

$$R = I_1 + I_2 I_3 \cdots I_n.$$

于是有 $b \in I_2 I_3 \cdots I_n$，$a \in I_1$，使得 $1=a+b$. 令 $r_1=1-a=b$，从而 $r_1+I_1=(1-a)+I_1=1+I_1$，$r_1+I_2=b+I_2=0+I_2$，同样 $r_1+I_3=0+I_3$，…，$r_1+I_n=0+I_n$（$0+I_i$ 也就是 I_i，$i=1,2,\cdots,n$），所以

$$f(r_1) = (1+I_1, 0+I_2, \cdots, 0+I_n) = (1+I_1, I_2, \cdots, I_n).$$

完全同样地，对每个 $k(1 \leqslant k \leqslant n)$ 都可求出 $r_k \in R$，使得

$$\begin{aligned} f(r_k) &= (0+I_1, \cdots, 0+I_{k-1}, 1+I_k, 0+I_{k+1}, \cdots, 0+I_n) \\ &= (I_1, \cdots, I_{k-1}, 1+I_k, I_{k+1}, \cdots, I_n). \end{aligned}$$

现在对 $\prod_{i=1}^{n}(R/I_i)$ 的任一个元素 $a=(a_1+I_1, a_2+I_2, \cdots, a_n+I_n)$，其中 $a_i \in R$，$i=1,2,\cdots,n$，令 $r=a_1 r_1+a_2 r_2+\cdots+a_n r_n \in R$. 则

$$f(r) = a_1 f(r_1) + a_2 f(r_2) + \cdots + a_n f(r_n) = (a_1+I_1, a_2+I_2, \cdots, a_n+I_n) = a,$$

这表明 f 是满射，即 f 是满同态映射.

再求 $\ker f$.

$$\begin{aligned} r \in \ker f &\Leftrightarrow f(r) = (I_1, I_2, \cdots, I_n) \Leftrightarrow r + I_i = I_i (i = 1, 2, \cdots, n) \\ &\Leftrightarrow r \in I_i (i = 1, 2, \cdots, n) \Leftrightarrow r \in I_1 \cap I_2 \cap \cdots \cap I_n, \end{aligned}$$

从而由环同态基本定理，得

$$R/I_1 \cap I_2 \cap \cdots \cap I_n \cong \prod_{i=1}^{n}(R/I_i).$$ □

称

$$\begin{cases} a_1 x \equiv b_1 \pmod{m_1}, \\ a_2 x \equiv b_2 \pmod{m_2}, \\ \quad\vdots \\ a_n x \equiv b_n \pmod{m_n} \end{cases} \tag{2.5.1}$$

为一个同余式组（或同余方程组），其中 a_i, b_i, m_i 都是整数，$i=1,2,\cdots,n$.

若有 $x_0 \in \mathbb{Z}$，使 $a_i x_0 \equiv b_i \pmod{m_i}$ $i=1,2,\cdots,n$ 都成立，就称 $x \equiv x_0 \pmod{m}$ 为(2.5.1)式的一个解，其中 m 为 $m_1, m_2, \cdots, m_n$ 的最小公倍数.

在(2.5.1)式中的每一个同余式都有解的条件下，求(2.5.1)式的解总可归结为解如下形式的同余式组：

$$\begin{cases} x \equiv b_1 \pmod{m_1}, \\ x \equiv b_2 \pmod{m_2}, \\ \quad\vdots \\ x \equiv b_k \pmod{m_k}. \end{cases} \tag{2.5.2}$$

解同余式组，在我国古代就有着光辉的成就.《孙子算经》中就提出了如下的问题："今

有物不知其数，三三数之剩二，五五数之剩三，七七数之剩二，问物几何？”答曰：“二十三.”简称物不知数问题.

设所求的物数是 x，用同余式的语言来叙述，就是解下面的同余式组：

$$\begin{cases} x \equiv 2 \pmod 3, \\ x \equiv 3 \pmod 5, \\ x \equiv 2 \pmod 7. \end{cases}$$

这是世界上最早提出的一次同余式组，它的解法《孙子算经》上也有记载，术曰“凡三三数之剩一，置七十；五五数之剩一，置二十一；七七数之剩一，则置十五；一百六以上以一百五减之即得.”其解答就是：

$$x \equiv 70 \times 2 + 21 \times 3 + 15 \times 2 = 140 + 43 + 30 = 233 \equiv 23 \pmod{105},$$

其中 $105 = 3 \times 5 \times 7$. 这个解法，后来的数学家还编成了歌诀，例如宋代的一首解题歌诀：

三岁孩儿七十稀，五留廿一事尤奇，

七度上元重相会，寒食清明便可知.

(注：上元，指农历正月十五，就是元宵节，古称上元节，暗指 15. 历书上有“冬至百六是清明”，清明节前一日称为寒食节，“寒食清明”暗指 105，这四句诗就是上述的解题术.)

明朝程大位的《算法统宗》(1593 年)里还有一首解题歌诀：

三人同行七十稀，五树梅花廿一枝，

七子团圆整半月，除百零五便得知.

《孙子算经》出现于公元前后，大约 1852 年这个方法传入欧洲.

将定理 2.5.6 中环 R 取为整数环 $\mathbb{Z}$ 时，此定理就是关于解同余式组问题.

我们已经知道，$\mathbb{Z}$ 的每个非平凡理想 I 都是主理想，形如 $I=(m)=m\mathbb{Z}$，$m \geqslant 2$，并且 $m_1\mathbb{Z}+m_2\mathbb{Z}=(m_1,m_2)\mathbb{Z}$，$m_1\mathbb{Z} \cap m_2\mathbb{Z}=[m_1,m_2]\mathbb{Z}$，这里 (m_1,m_2)，$[m_1,m_2]$ 分别是 m_1 与 m_2 的最大公因数与最小公倍数. 因此 $m_1\mathbb{Z}+m_2\mathbb{Z}=\mathbb{Z}$ 相当于 m_1 和 m_2 互素(所以，对任意有单位元的环 R 和它的理想 I_1 与 I_2，若 $I_1+I_2=R$，则通常称理想 I_1 与 I_2 互素).

对 $\mathbb{Z}$ 的每个非平凡理想 $I=(m)$，这时 $a,b \in \mathbb{Z}$，陪集

$$a + I = b + I \Leftrightarrow a - b \in I \Leftrightarrow m \mid a - b \Leftrightarrow a \equiv b \pmod m.$$

所以，对任意有单位元的环 R 和它的理想 I，也记 $a+I=b+I$ 为

$$a \equiv b \pmod I.$$

如果 $m_1, m_2, \cdots, m_n$ 两两互素，则

$$m_1\mathbb{Z} \cap m_2\mathbb{Z} \cap \cdots \cap m_n\mathbb{Z} = [m_1, m_2, \cdots, m_n]\mathbb{Z} = m_1 m_2 \cdots m_n \mathbb{Z}.$$

从而由上述定理得到如下的结论.

系 2.5.1 设 $m_1, m_2, \cdots, m_n$ 是两两互素的正整数，则有环同构

$$f: \mathbb{Z}/m_1 m_2 \cdots m_n \mathbb{Z} \to \mathbb{Z}/m_1\mathbb{Z} \times \mathbb{Z}/m_2\mathbb{Z} \times \cdots \times \mathbb{Z}/m_n\mathbb{Z},$$

$$a + m_1 m_2 \cdots m_n \mathbb{Z} \mapsto (a + m_1\mathbb{Z}, a + m_2\mathbb{Z}, \cdots, a + m_n\mathbb{Z}).$$

如果用同余的语言，这个系还可叙述成下面的形式.

系 2.5.2 设 $m_1, m_2, \cdots, m_n$ 是两两互素的正整数，则：

(1) 对任意 n 个整数 $b_1, b_2, \cdots, b_n$，同余式组

$$\begin{cases} x \equiv b_1 (\bmod m_1), \\ x \equiv b_2 (\bmod m_2), \\ \quad \vdots \\ x \equiv b_n (\bmod m_n) \end{cases}$$

有整数解.

(2) 设 $x_0 \in \mathbb{Z}$ 是上述同余式的一个解，则它的全部整数解恰好是一个陪集

$$x_0 + m_1 m_2 \cdots m_n \mathbb{Z},$$

即 $x \equiv x_0 (\bmod m)$，其中 $m = m_1, m_2, \cdots, m_n$.

系 2.5.2 也是我们推广《孙子算经》中同余式组的解法而得到的著名的孙子定理. 此定理中还有

$$x_0 = M'_1 M_1 b_1 + M'_2 M_2 b_2 + \cdots + M'_n M_n b_n$$

是同余式组的一个解，其中 $M_i = \dfrac{m}{m_i}$，$M'_i M_i \equiv 1 (\bmod m_i)$，$i = 1, 2, \cdots, n$.

为了肯定我国古代在解同余式方面的成就，国际数学界就把上述定理叫做中国剩余定理.

雅各布森小传

雅各布森(N. Jacobson，1910—1999)，美国数学家，1910 年 9 月 8 日生于波兰华沙的一个犹太家庭. 1917 年随父母移居美国，1930 年在阿拉巴马大学获学士学位，1934 年获普林斯顿大学博士学位. 此后，先后在布林莫尔学院，芝加哥大学，北卡罗来纳大学，约翰斯·霍普金斯大学任教. 1947 年起在耶鲁大学任教，两年后任教授，直至 1980 年退休. 雅各布森曾担任过美国数学会副会长(1957—1958)和会长(1971—1973).

雅各布森对代数学的发展作出了重要贡献. 他在环论、李代数、若尔当代数等方面做了大量卓有成效的工作. 特别是他发展了这些系统的结构理论. 他成功地建立了不可分域扩张上的伽罗瓦理论，在环论中引进了以他名字命名的根基的重要概念 Jacobson 根，将阿廷(E. Artin)环理论成功的推广到一般结合环上，即环的雅各布森理论，他还是素特征李代数的早期研究者之一. 他一生著作甚丰，出版了九本专著，其中有《环论》、《李代数》、《基础代数》等.

雅各布森于 1999 年月 12 月 5 日在康涅狄格州的哈姆顿(Hamden)去世.

习题 2.5

1. 设 $f: R \to R'$，$g: R' \to R''$ 是两个环同态映射，证明 $gf: R \to R''$ 仍是环同态映射.

2. 设 $A = \mathbb{Z} \times \mathbb{Z}$ 是关于如下定义的加法、乘法构成的环：$(a,b) + (c,d) = (a+c, b+d)$，$(a,b) \cdot (c,d) = (ac, bd)$. 令 $f: (a,b) \mapsto a$. 证明 f 是环 A 到整数环 $\mathbb{Z}$ 的同态映射. 求

$\ker f=?$

3. 设 m,r 是两个取定的正整数，且 $r|m$. 用符号 $\bar{a}$ 表示 $\mathbb{Z}_m$ 中 a 所在的剩余类，$[a]$ 表示 $\mathbb{Z}_r$ 中 a 所在的剩余类. 令 $f:\bar{a}\mapsto[a]$. 证明 f 是 $\mathbb{Z}_m$ 到 $\mathbb{Z}_r$ 的同态映射. 求 $\ker f=?$ $\mathbb{Z}_m/\ker f=?$

4. 证明 $\mathbb{R}[x]/(x^2+1)\cong\mathbb{C}$，这里 $\mathbb{R}[x]$ 是实数域上的多项式环，$\mathbb{C}$ 是复数域.

5. 设 $(R,+,\cdot)$ 是一个环，R' 是一个具有代数运算"$\oplus$"，"$\circ$"的集合，若存在一个 R 到 R' 的满射 f，且保持运算，即 $\forall x,y\in R$，有

$$f(x+y)=f(x)\oplus f(y),f(x\cdot y)=f(x)\circ f(y).$$

证明：$(R',\oplus,\circ)$ 也是一个环.

6. 找出模 15 的剩余类环 $\mathbb{Z}_{15}$ 到模 3 的剩余类环 $\mathbb{Z}_3$ 的所有同态映射.

7. 证明：有理数域 $\mathbb{Q}$ 只有一个自同构.

8. 设 R 是环，I,J 是 R 的两个理想，且 $I\subseteq J$，则 J/I 是 R/I 的理想且有环同构 $R/I(J/I)\cong R/J$.

9. 试求环 $\mathbb{Q}[\sqrt{2}]=\{a+b\sqrt{2}\,|\,a,b\in\mathbb{Q}\}$ 的所有自同构映射.

10. 证明：一个域 F 是它自己的商域.

11. 求整系数环 $\mathbb{Z}[x]$ 和偶数环的商域.

12. 求高斯整环 $\mathbb{Z}[\mathrm{i}]=\{a+b\mathrm{i}\,|\,a,b\in\mathbb{Z}\}$ 的商域.

2.6 唯一分解整环

我们知道，在初等数论中有算术基本定理：*每个大于 1 的正整数可唯一分解为素数的乘积*；在高等代数中，有数域 F 上多项式的唯一分解定理：*数域 F 上每个次数大于 1 的一元多项式，均可唯一分解为不可约多项式的乘积.*

唯一分解定理在初等数论和多项式理论中起着非常重要的作用. 2.6 节～2.10 节将在一般整环上讨论环的唯一分解性，抽象出一般的*唯一分解整环*(unique factorization domain, UFD)的概念，给出其性质和等价刻画；并证明*主理想整环*(principal ideal domain, PID)和*欧氏环*(Euclidean domain, ED)均为唯一分解整环，唯一分解整环上的多项式环均为唯一分解整环；同时还给出更多的唯一分解整环的例子及其应用. 这些理论和应用极大地丰富了数学本身的内容，促进了数学学科的发展. 学习这些内容对指导中学数学教学亦有非常重要的意义，特别是对初等数论、多项式的根和因式分解方面的内容具有很好的指导作用.

1. 整除、相伴元、不可约元和素元

定义 2.6.1 设 R 是整环，$a,b\in R$. 若存在 $c\in R$，使得 $a=bc$，则称 b 是 a 的一个*因子*(divisor)，并称 b *整除* a，或 a 能被 b 整除，记作 $b|a$. 若 b 不是 a 的因子，则称 b 不能整除 a，记作 $b\nmid a$.

如果有 $a|b$ 且 $b|a$，则称 a 与 b *相伴*，或称 a 与 b 是*相伴元*(associates)，记作 $a\sim b$. 显然

整环 R 中的相伴关系具有自反性、对称性和传递性，因而是一个等价关系.

易见，$a\sim b$ 当且仅当存在 $\varepsilon\in U(R)$，使得 $b=\varepsilon a$. 即 $a\sim b$ 当且仅当 $(a)=(b)$.

设 R 是整环，$\varepsilon\in U(R)$，则

$$a=\varepsilon(\varepsilon^{-1}a)=\varepsilon^{-1}(\varepsilon a).$$

因而 ε 和 εa 均是 a 的因子，即 a 的相伴元和 R 的单位均为 a 的因子. 这种因子称为 a 的平凡因子(trivial divisor). 如果还有 a 的非平凡因子，称其为 a 的真因子(proper divisor).

例 2.6.1 在整数环$\mathbb{Z}$中，$U(\mathbb{Z})=\{1,-1\}$. 7 只有平凡因子 $\pm1,\pm7$. 10 有平凡因子 $\pm1,\pm10$ 和真因子 $\pm2,\pm5$.

例 2.6.2 在高斯整环$\mathbb{Z}[\mathrm{i}]$中，$U(\mathbb{Z}[\mathrm{i}])=\{1,-1,\mathrm{i},-\mathrm{i}\}$. 又 $2=(1+\mathrm{i})(1-\mathrm{i})$，所以 $1+\mathrm{i},1-\mathrm{i}$ 是 2 的真因子. $5=(2+\mathrm{i})(2-\mathrm{i})=(1+2\mathrm{i})(1-2\mathrm{i})$，所以，$2+\mathrm{i},2-\mathrm{i},1+2\mathrm{i},1-2\mathrm{i}$ 均为 5 的真因子. 而 $2+\mathrm{i}=(1-2\mathrm{i})(+\mathrm{i})$，$2-\mathrm{i}=(1+2\mathrm{i})(-\mathrm{i})$，所以 $2+\mathrm{i}\sim1-2\mathrm{i}$，$2-\mathrm{i}\sim1+2\mathrm{i}$.

下面我们将$\mathbb{Z}$中素数和 $F[x]$中的不可约多项式的概念推广到整环上去.

定义 2.6.2 整环 R 中非零非单位的元 a 叫做 R 的一个*不可约元*(irreducible element)，如果 a 只有平凡因子.

定义 2.6.3 整环 R 中非零非单位的元 p 叫做 R 的一个*素元*(prime element)，如果对任意的 $a,b\in R$，由 $p|ab$ 可推出 $p|a$ 或 $p|b$.

显然不可约元的相伴元是不可约元，素元的相伴元还是素元. 设 p,q 均为不可约元，则 $p|q$ 当且仅当 $p\sim q$.

注：由初等数论知，在整数环$\mathbb{Z}$中不可约元和素元是一回事；由高等代数知，在数域 F 上的一元多项式环 $F[x]$中，不可约元和素元也是等价的. 但对一般的整环而言，素元一定是不可约元，但不可约元未必是素元.

定理 2.6.1 整环中每个素元都是不可约元.

证明 设 R 是一个整环，a 是 R 的一个素元. 若 $a=bc$，则有 $a|b$ 或 $a|c$. 不妨设 $a|b$，即 $b=ad$，所以 $b=(bc)d$，即 $b\cdot1=b\cdot cd$，由消去律，得 $cd=1$. 因而 c 是一个单位. 故 a 只有平凡因子. 所以 a 是不可约元. □

例 2.6.3 设 $R=\mathbb{Z}[\sqrt{-3}]=\{a+b\sqrt{-3}\,|\,a,b\in\mathbb{Z}\}$. 容易验证 R 对复数的加法和乘法是一个整环，另有下述结论.

(1) $U(R)=\{1,-1\}$.

事实上，设 $\varepsilon\in U(R)$，则 $\exists\varepsilon^{-1}\in U(R)$，使得 $\varepsilon\varepsilon^{-1}=1$. 设 $\varepsilon=a+b\sqrt{-3}$，$\varepsilon^{-1}=c+d\sqrt{-3}$，其中 $a,b,c,d\in\mathbb{Z}$，则有

$$(a+b\sqrt{-3})(c+d\sqrt{-3})=1.$$

所以

$$|a+b\sqrt{-3}|^2\,|c+d\sqrt{-3}|^2=1.$$

即

$$(a^2+3b^2)(c^2+3d^2)=1.$$

因此，$a^2+3b^2=1$，从而 $b=0, a=\pm 1$. 即 $\varepsilon=1$ 或 -1. 故 $U(R)=\{1,-1\}$.

(2) R 中满足 $|\alpha|^2=4$ 的元均为不可约元.

显然 α 既不是零也不是单位. 设 $\alpha=\beta\gamma, \beta=a+b\sqrt{-3}$. 则 $|\alpha|^2=|\beta|^2|\gamma|^2$，即 $|\beta|^2|\gamma|^2=4$. 由此知道，$|\beta|^2=a^2+3b^2=1,2$ 或 4. 又显然 $a^2+3b^2\neq 2$. 故 $|\beta|^2=1$ 或 4. 若 $|\beta|^2=1$，由(1)知，β 是单位. 若 $|\beta|^2=4$ 则 $|\gamma|^2=1$，此时 γ 是单位. 这说明 α 只有平凡因子，即 α 是不可约元.

(3) R 中 2 是不可约元，但不是素元.

由上述结论(2)知 2 是 R 的不可约元，而 $4=2\times 2$，所以 $2|4$. 又

$$4=(1+\sqrt{-3})(1-\sqrt{-3}),$$

所以 $2|(1+\sqrt{-3})(1-\sqrt{-3})$，但是 $\frac{1\pm\sqrt{-3}}{2}=\frac{1}{2}\pm\frac{1}{2}\sqrt{-3}\notin R$. 即 $2\nmid(1+\sqrt{-3})$，$2\nmid(1-\sqrt{-3})$. 由素元的定义知，2 不是素元.

(4) R 中的 $1+\sqrt{-3}$ 是不可约元，但不是素元.

因 $|1+\sqrt{-3}|^2=1^2+3\times 1^2=4$，由(2)知，$1+\sqrt{-3}$ 是不可约元. 由

$$4=(1+\sqrt{-3})(1-\sqrt{-3})=2\times 2,$$

知 $1+\sqrt{-3}\,|\,2\times 2$.

另一方面，若

$$2=(1+\sqrt{-3})(a+b\sqrt{-3}),\quad a,b\in\mathbb{Z}.$$

则 $2=(a-3b)+(a+b)\sqrt{-3}$，即 $a-3b=2$ 且 $a+b=0$，由此得 $a=\frac{1}{2}, b=-\frac{1}{2}$. 这与 $a,b\in\mathbb{Z}$ 矛盾，故 $1+\sqrt{-3}\nmid 2$，这说明 $1+\sqrt{-3}$ 不是素元.

类似可以说明 $1-\sqrt{-3}$ 是不可约元，但不是素元.

2. 唯一分解整环

下面给出唯一分解整环的定义.

定义 2.6.4 设 R 为整环，a 为 R 的一个非零非单位的元素. 如果：

(1)（分解存在性）a 可分解为有限多个不可约元的乘积；

(2)（分解唯一性） 若 a 有两种不同的分解：

$$a=p_1p_2\cdots p_r=q_1q_2\cdots q_s,\ p_i,q_j \text{ 均为 } R \text{ 的不可约元},$$

则 $r=s$，并且适当交换因子的次序，有

$$p_i\sim q_i,\quad i=1,2,\cdots,r,$$

则称 a 有唯一分解. 如果 R 中每个非零非单位的元都有唯一分解，则称 R 为唯一分解环(unique factorization domain)，记作 UFD.

例 2.6.4 整数环$\mathbb{Z}$是唯一分解整环，即$\mathbb{Z}\in$ UFD.

例 2.6.5 由高等代数知，数域 F 上的一元多项式环 $F[x]\in$ UFD.

例 2.6.6 设 $R=\mathbb{Z}[\sqrt{-3}]$,则:

(1) R 中的既不是零也不是单位的元都有分解;

(2) $R\notin$ UFD(即 R 不是唯一分解整环).

证明 (1) $\forall\alpha\in R,\alpha\neq 0$ 且 $\alpha\notin U(R)$,下面对 α 的范数 $N(\alpha)(=|\alpha|^2)$用数学归纳法.

① 因 $\alpha\neq 0$ 且 $\alpha\notin U(R)$,所以 $N(\alpha)\geqslant 3$,如果 $N(\alpha)=3$,则 $\alpha=\pm\sqrt{-3}$不可约. 所以结论对 $N(\alpha)=3$ 成立.

② 假设结论对 $3\leqslant N(\alpha)<n$ 成立,看 $N(\alpha)=n$ 的情形. 如果 α 不可约,则结论成立;如果 α 可约,则设 $\alpha=\beta\gamma$, $\beta,\gamma\in R$ 是 α 的真因子.

因 $N(\alpha)=N(\beta)N(\gamma)$,所以

$$3\leqslant N(\beta),\quad N(\gamma)<N(\alpha).$$

由归纳假设,β,γ 均可分解为 R 中有限个不可约元的乘积,因而 α 也能分解为 R 中有限个不可约元的乘积.

(2) 在 R 中,$4=2\times 2=(1+\sqrt{-3})(1-\sqrt{-3})$,由例 2.6.3 知,$2,1+\sqrt{-3},1-\sqrt{-3}$ 均为 R 的不可约元,且 2 与 $1+\sqrt{-3},1-\sqrt{-3}$ 均不是相伴元. 故 4 的分解不唯一,从而 $R\notin$ UFD.

3. 唯一分解整环的性质和等价刻画

性质 2.6.1 若 $R\in$ UFD,则 R 的每个不可约元均为素元.

证明 设 p 是 R 的任一不可约元,若 $p|ab$,则存在 $c\in R$,使得 $pc=ab$.

如果 a,b,c 中有一个是单位,则结论显然成立.

如果 a,b,c 都不是单位,则 a,b,c 均有唯一分解,设

$$a=p_1\cdots p_s,\quad b=q_1\cdots q_t,\quad c=r_1\cdots r_m.$$

于是元 ab 可以分解为

$$ab=pr_1\cdots r_n=p_1\cdots p_s\cdot q_1\cdots q_t.$$

因 $R\in$ UFD,故 ab 有唯一分解,从而 p 必是与某个 p_i 或某个 q_j 相伴,即 $p|a$ 或 $p|b$.

定义 2.6.5 若环 R 的任意主理想的严格升链

$$\langle a_1\rangle\subset\langle a_2\rangle\subset\cdots\tag{2.6.1}$$

的长度有限,则称环 R 关于主理想满足**升链条件**(ascending chain condition).

注:(1) (2.6.1)式是主理想严格升链等价于元素列

$$a_1,a_2,\cdots\tag{2.6.2}$$

是一个真因子链,即 $a_{i+1}|a_i,i=1,2,\cdots$. 因此,环 R 关于主理想满足升链条件等价于 R 的每个真因子链的长度均有限.

(2) 若 $R\in$ UFD,那么可以替 R 的每个非零元 a 规定一个长度 $l(a)$. 若 $a\in U(R)$,则规定 $l(a)=0$,若 $a\notin U(R)$,则 a 必有分解 $a=p_1p_2\cdots p_s$,$p_i(i=1,2,\cdots,s)$均为不可约元,且 a 的每个分解的长度均为 s,此时规定 $l(a)=s$. 容易验证,若 b 是 a 的真因子,则 $l(b)<l(a)$.

性质 2.6.2 若 R 是唯一分解整环,则 R 关于主理想满足升链条件.

证明 只要证 R 的每个真因子链的长度均有限即可.设

$$a_1, a_2, \cdots \tag{2.6.3}$$

是 R 的任一真因子链.则由上面的讨论知,

$$l(a_1) > l(a_2) > \cdots.$$

因 $l(a_i)$ 均为正整数,故(2.6.3)式不可能是无限. □

在讲性质 2.6.3 之前,要在整环上给出公因子和最大公因子的概念.

定义 2.6.6 设 R 是整环,$a,b \in R$.元素 d 叫做 a 和 b 的最大公因子(greatest common divisor),如果:

(1) d 是 a 和 b 的公因子,即 $d|a$ 且 $d|b$;

(2) 若 d' 也是 a 和 b 的公因子,则 $d'|d$.

元素 a 和 b 的最大公因子记为 (a,b).

注:(1) a 和 b 的最大公因子若存在则不是唯一的.不难验证如果 $d=(a,b)$,则与 d 相伴的元素是 a 与 b 的全部最大公因子.若 $(a,b) \sim 1$,即 (a,b) 是一个单位,则称 a 与 b 互素.

(2) 类似地可定义元素 a 和 b 的最小公倍元,表示为 $[a,b]$.

(3) 可以对有限个元素定义最大公因子和最小公倍元,并且容易验证

$$((a_1,a_2),a_3) \sim (a_1,(a_2,a_3)) \sim (a_1,a_2,a_3).$$

定义 2.6.7 若整环 R 的任意两个元均有最大公因子,则称 R 为**最大公因子整环**(greatest common divisor domain) 记为 GCD.

性质 2.6.3 UFD$\subseteq$GCD,即唯一分解整环必为最大公因子整环.

证明 设 R 是一个唯一分解整环,要证明 R 中任意两个元 a 和 b 有最大公因子.

若 a,b 中有一个是零,比如说 $a=0$,则 $(a,b)=b$.

若 a,b 中有一个单位,则显然 a 与 b 的最大公因子是单位,即 $(a,b) \sim 1$.

现设 a,b 都不是零也都不是单位,这时 a 和 b 可分解为

$$a = up_1^{k_1} p_2^{k_2} \cdots p_s^{k_s}, \quad b = vp_1^{l_1} p_2^{l_2} \cdots p_s^{l_s},$$

其中,$u,v \in U(R)$,$p_1,p_2,\cdots,p_s$ 为互不相伴的不可约元,$k_i,l_i \geqslant 0$ $(i=1,2,\cdots,s)$,其中当 p_i 不是 a(或 b)的因子时,$k_i=0$(或 $l_i=0$).令 $m_i=\min\{k_i,l_i\}$,作元

$$d = p_1^{m_1} p_2^{m_2} \cdots p_s^{m_s}.$$

则 $d|a$,$d|b$,即 d 是 a 和 b 的公因子.

现设 d' 为 a 与 b 的任一公因子,p 为 d' 的任一不可约因子,则 $p|a$,$p|b$.因而存在 i 使得 $p \sim p_i$,故可设 c 的标准分解为

$$c = wp_1^{r_1} p_2^{r_2} \cdots p_s^{r_s}, \quad r_i \geqslant 0, \quad i = 1,2,\cdots,s,$$

其中 $w \in U(R)$,由 $p_i^{r_i}|a$,$p_i^{r_i}|b$ 知 $r_i \leqslant k_i$,$r_i \leqslant l_i$ 所以 $r_i \leqslant m_i$ $(i=1,2,\cdots,s)$.故 $c|d$.这就证得 d 是 a 和 b 的最大公因子. □

引理 2.6.1 设 R 为整环,$a,b,c \in R-\{0\}$,则:

(1) 若 d 是 a 与 b 的最大公因子,则 cd 是 ac 与 bc 的最大公因子;

(2) 若 a 与 b 互素,a 与 c 互素,则 a 与 bc 互素.

该引理的证明留作习题. □

引理 2.6.2 若 $R\in \mathrm{GCD}$,则 R 中的每个不可约元均为素元.

该引理的证明也留作习题. □

下面两个引理是唯一分解整环的两个等价刻画.

引理 2.6.3 设 R 是整环,若 R 关于主理想满足升链条件,则 R 中每个非零非单位的元均有分解.

证明 设 $a\in R-\{0\}$,$a\notin U(R)$. 假定 a 没有分解,即 a 不能写成有限个不可约元的乘积,则 a 不会是一个不可约元,因而 a 必有真因子,故 $a=bc$,b 和 c 都是 a 的真因子. a 的这两个真因子之中至少有一个没有分解,不然的话,a 就有分解了,这与假设矛盾. 于是 a 必有一个真因子 a_1 也没有分解,同样可以得到 a_1 有一个真因子 a_2,a_2 也没有分解,依次类推,可以得到一个无穷的真因子链

$$a,a_1,a_2,\cdots,$$

即有主理想的无穷严格升链

$$(a)\subset(a_1)\subset(a_2)\subset\cdots.$$

这与已知条件矛盾. 故 a 一定有分解. □

引理 2.6.4 设 R 为整环,而且 R 中的每个不可约元均为素元. $a\in R-\{0\}$,$a\notin U(R)$. 若 a 有分解,则 a 的分解必唯一.

证明 设 a 有两个分解式

$$a=p_1\cdots p_s=q_1\cdots q_t,$$

其中 p_i,q_j 均为 R 的不可约元,对 s 用数学归纳法:

当 $s=1$ 时,$a=p_1$ 不可约,于是 $t=1$,且 $p_1=q_1$. 现假设结论对 $s-1$ 成立. 因为 $p_1|a$,所以 $p_1|q_1\cdots q_t$. 由于 p_1 是不可约元,故由已知 p_1 为素元. 所以 p_1 必整除某个 q_j. 适当改变因子的次序,不妨设 $p_1|q_1$. 又因 q_1不可约,所以 $p_1\sim q_1$. 设

$$q_1=\varepsilon p_1,\quad \varepsilon\in U(R).$$

于是有

$$p_1p_2\cdots p_s=p_1(\varepsilon q_2)\cdots q_t.$$

由消去律得

$$b=p_2\cdots p_s=(\varepsilon q_2)\cdots q_t$$

是元 b 的两个分解式,由归纳假设知 $s-1=t-1$,从而 $s=t$. 且适当交换因子的次序,有

$$p_i\sim q_i,\quad i=2,3,\cdots,s,$$

故

$$p_i\sim q_i,\quad i=1,2,\cdots,s.$$ □

定理 2.6.2 设 R 是整环，则以下条件(1)，(2)，(3)，(2)′，(3)′等价：

(1) $R\in$ UFD；

(2) ① R 关于主理想满足升链条件，

② R 中的每个不可约元均为素元；

(3) ① R 关于主理想满足升链条件，

② $R\in$ GCD；

(2)′ ①′ R 中每个非零非单位的元都有分解，

② R 中的每个不可约元均为素元；

(3)′ ①′ R 中每个非零非单位的元都有分解，

② $R\in$ GCD.

证明 由性质 2.6.3 知，(1)⇒(2)，(1)⇒(3)均成立．由引理 2.6.2 知，(3)⇒(2)成立．由引理 2.6.3 和引理 2.6.4 知，(2)⇒(1)成立．(1)⇔(2)′，(1)⇔(3)′是显然的． □

诺特小传

诺特(A. E. Noether，1882—1935)，德国女数学家．1882 年 3 月生于埃尔兰根．出生于犹太族书香之家，她是埃尔兰根大学的一位卓越的数学教授 M. Noether 的长女．1900 年她进入埃尔兰根大学学习，1907 年在代数学家艾丹(P. Gordan，1837—1912)指导下以有关代数不变量的论文获得博士学位．在 20 世纪初的德国妇女还没有登上大学讲台的资格，诺特在相当一段时间内没有工作．1919 年在大数学家希尔伯特和 C. F. 克莱因的支持下，她才获准取得格丁根大学讲师资格，1922 年为编外副教授，1923 年开始领取讲课津贴．随后，她的数学研究进入了一个全盛时期．1933 年，因是犹太人而被纳粹政府解职，同年被迫移居美国，先后在普林斯顿高等研究院和布林莫尔女子学院工作．不幸的是，没过多久，诺特就患上癌症，在动完手术几小时后，她于 1935 年 4 月 14 日在布林莫尔去世．诺特是 20 世纪最富有独创性的女数学家．她的主要贡献在代数学方面，她是抽象代数学的奠基人之一．她的工作在代数拓扑、代数数论、代数几何的发展中有着重要影响．

诺特的早期工作主要研究代数不变式及微分不变式．20 世纪 20 年代，她开始交换代数与“交换算术”的研究．1921 年在《数学纪事》中发表了《整环的理想理论》，文中建立了交换诺特环理论，并证明了准素分解定理．1926 年，在论文《代数数域及代数函数域上理想理论的抽象构造》中给出了戴德金环一个公理刻画，还得到了素理想因子唯一分解定理的充要条件，这两篇论文奠定了交换环论及其应用的基础．20 年代末至 30 年代中期，她又研究非交换代数与“非交换算术”．于 1932 年证明了代数主定理，即代数数域上的中心可除代数是循环代数．她的工作使她成为 30 年代初格丁根数学活动最有力的中心．1932 年她与阿廷同获阿克曼-托依布纳奖．

诺特在数学教育上也成绩卓著．她喜欢采用散步式教学，并用真诚热情吸引了一大批学生，她的学生遍及世界各国，其中就有荷兰大代数学家范·德·瓦尔登(van der Waerden，1903—1996)，国际上早期进入抽象代数学领域并作出重要贡献的中国数学家曾炯之(1898—1940)也是诺特的学生．

习题 2.6

1. 证明整环中元的相伴关系是一个等价关系．

2. 设 R 是整环，$a,b\in R$. 证明 $a\sim b$ 当且仅当存在 $\varepsilon\in U(R)$ 使得 $b=\varepsilon a$.

3. 证明整环中不可约元的相伴元还是不可约元，素元的相伴元还是素元.

4. 证明在整环 R 中，如果 $b\mid a_i\ (i=1,2,\cdots,n)$，则对任意的 $c_i\in R\ (i=1,2,\cdots,n)$，有 $b\,\Big|\,\sum\limits_{i=1}^{n}c_ia_i$.

5. 在$\mathbb{Z}[\mathrm{i}]$中，求非零元素 $a+b\mathrm{i}$ 的所有相伴元.

6. 设 $R=\{a+b\sqrt{d}\mid a,b\in\mathbb{Z}\}$，这里 d 是一个无平方因子的整数. 容易验证 R 是一个整环(对普通数的加法和乘法). $\forall\,\alpha=a+b\sqrt{d}\in R$，规定 $N(\alpha)=|a^2-db^2|$ 为 α 的范数. 证明：

(1) $N(\alpha)=0\Leftrightarrow\alpha=0$；

(2) $N(\alpha\beta)=N(\alpha)N(\beta)$，$\forall\,\alpha,\beta\in R$；

(3) $\alpha\in U(R)\Leftrightarrow N(\alpha)=1$，$\forall\,\alpha\in R$；

(4) 如果 $N(\alpha)$ 是一个素数，则 α 是 R 的一个不可约元.

7. 证明整环$\mathbb{Z}[\sqrt{-5}]=\{a+b\sqrt{-5}\mid a,b\in\mathbb{Z}\}$不是 UFD.

8. 证明整环$\mathbb{Z}[\sqrt{-6}]$不是 GCD.

9. 证明引理 2.6.1.

10. 证明引理 2.6.2.

2.7 主理想整环和欧氏环

从 2.6 节可知，要判定一个整环是不是唯一分解整环不是一件容易的事，本节将介绍两种唯一分解整环，即主理想整环和欧氏环.

1. 主理想整环

定义 2.7.1 如果整环 R 的每一个理想均为主理想，则称 R 为主理想整环(principal ideal domain)，简记为 PID.

引理 2.7.1 若 R 是一个主理想整环，则 R 关于主理想满足升链条件.

证明 设

$$\langle a_1\rangle\subset\langle a_2\rangle\subset\langle a_3\rangle\subset\cdots \tag{2.7.1}$$

是 R 的任一主理想的严格升链. 令 $I=\bigcup\langle a_i\rangle$，即 I 是(2.7.1)式中所有主理想$\langle a_i\rangle$的并.

容易检验 I 是 R 的理想. 因 $R\in\mathrm{PID}$，故存在 $d\in I$，使 $I=\langle d\rangle$是主理想. 由 $d\in I=\bigcup\langle a_i\rangle$，知存在 n，使得 $d\in\langle a_n\rangle$. 于是$\langle d\rangle\subseteq\langle a_n\rangle$. 又显然$\langle a_n\rangle\subseteq I=\langle d\rangle$，从而 $I=\langle d\rangle=\langle a_n\rangle$. 这表明严格升链(2.7.1)式只有 n 项，即(2.7.1)式为有限的严格升链

$$\langle a_1\rangle\subset\langle a_2\rangle\subset\langle a_3\rangle\subset\cdots\subset\langle a_n\rangle=I.$$

故 R 关于主理想满足升链条件. □

引理 2.7.2 若 $R\in\mathrm{PID}$，则 R 中的不可约元均为素元.

证明 设 p 是 R 中的任一不可约元. $\forall a,b\in R$,假设 $p|ab$,要证 $p|a$ 或 $p|b$.令

$$I=\langle p,a\rangle=\{pr+as \mid r,s\in R\}.$$

直接验证可知,I 是 R 的理想. 因 $R\in$ PID ,所以 I 是主理想,即存在 $d\in I$,使得 $I=\langle d\rangle$. 因 $p=p\cdot 1+a\cdot 0\in I=(d)$,所以 $p=dc,c\in R$. 由已知,p 是不可约元,故 d,c 中有一个元是单位.

若 d 是单位,则 $I=\langle d\rangle=R$,从而 $1=pr+as$,$b=pbr+abs$,由此知 $p|b$.

若 c 为单位,则 $p\sim d$,从而 $\langle p\rangle=\langle d\rangle=I$,由 $a\in I$,知存在 $r\in R$,使 $a=pr$,即 $p|a$. □

由引理 2.7.1 和引理 2.7.2 及定理 2.6.1 和定理 2.6.2 马上可以得到下面的定理.

定理 2.7.1 主理想整环都是唯一分解整环.

例 2.7.1 整数环$\mathbb{Z}$是主理想整环.

证明 只需证$\mathbb{Z}$中的每个理想是主理想. 设 I 是$\mathbb{Z}$的理想,若 $I=0$,则 $I=\langle 0\rangle$.

现设 $I\neq 0$,则 I 中至少含有两个非零整数$\pm a$,因而 I 中至少含有一个正整数. 设 m 是 I 中的最小正整数. 下面证明 $I=\langle m\rangle$.

$\forall n\in I$,由带余除法知,存在 $q,r\in\mathbb{Z}$,使 $n=mq+r$,$r=0$ 或 $0<r<m$. 因为 $m,n\in I$,所以$r=n-mq\in I$. 由 m 的取法可知,必有 $r=0$,从而 $n=mq$,所以 $n\in\langle m\rangle$. 故 $I\subseteq\langle m\rangle$,而$\langle m\rangle\subseteq I$ 是显然的,因此,$I=\langle m\rangle$是主理想.

注:利用多项式的带余除法,与例 2.7.1 类似地可以证明数域 F 上的一元多项式环 $F[x]$也是主理想整环. 将带余除法进行推广,我们就可以得到欧几里得整环的概念.

2. 欧氏环

定义 2.7.2 设 R 是一个整环. 如果存在映射

$$\phi:R-\{0\}\rightarrow N,$$

使得对任意的 $a,b\in R,b\neq 0$,存在 $q,r\in R$,使 $a=bq+r$,其中 $r=0$ 或 $\phi(r)<\phi(b)$. 则称 R 为一个欧几里得整环(Euclidear domain),简称为欧氏环,记作 ED. 上述的映射称为 R 的欧氏映射.

例 2.7.2 $\mathbb{Z}\in$ED. 取欧氏映射为 $\phi(a)=|a|$,$\forall a\in\mathbb{Z}-\{0\}$即得.

例 2.7.3 F 为域,则 $F[x]\in$ED. 取欧氏映射为 $\phi(f(x))=\deg f(x)$,$\forall f(x)\in F[x]-\{0\}$. 这里 $\deg f(x)$表示 $f(x)$的次数.

下面定理的证明与例 2.7.1 的证明是类似的.

定理 2.7.2 每个欧氏环均为主理想整环,因而是唯一分解整环.

证明 设R是任一欧氏环,ϕ 是其欧氏映射. 只要证明 R 的每个理想 I 均为主理想. 若 $I=0$,则 $I=\langle 0\rangle$是主理想. 现设 $I\neq 0$,则集合 $S=\{\phi(a)\mid a\in I,a\neq 0\}$是自然数集$\mathbb{N}$的一个非空子集,所以 S 中有最小数 m.

设 $d\in I,d\neq 0$ 使得 $\phi(d)=m$. 下证: $I=\langle d\rangle$.

$\forall a\in I$,因为 $d\neq 0$,所以存在 $q,r\in R$,使 $a=dq+r$,这里 $r=0$ 或 $\phi(r)<\phi(d)$. 由 $a,d\in I\lhd R$ 知,$r=a-dq\in I$.

如果 $r\neq 0$ 则 $\phi(r)<\phi(d)$,与 d 的取法矛盾. 所以,$r=0$,从而 $a=dq\in\langle d\rangle$,由此得 $I\subseteq$

$\langle d\rangle$. 而 $\langle d\rangle\subseteq I$ 是显然的. 故 $I=\langle d\rangle$ 是主理想. □

例 2.7.4 高斯整数环 $\mathbb{Z}[\mathrm{i}]$ 是欧氏环.

证明 对任意的 $a+b\mathrm{i}\in\mathbb{Z}[\mathrm{i}]$, $a+b\mathrm{i}\neq 0$, 令

$$\phi(a+b\mathrm{i})=|a+b\mathrm{i}|^2=a^2+b^2\in\mathbb{N}.$$

设 $\alpha,\beta\in\mathbb{Z}[\mathrm{i}]$, $\beta\neq 0$, 在 $\mathbb{C}$ 中, 令 $\alpha\beta^{-1}=x+y\mathrm{i}$, $x,y\in\mathbb{Q}$, 则存在 $a,b\in\mathbb{Z}$, 使得 $|x-a|\leqslant\frac{1}{2}$, $|y-b|\leqslant\frac{1}{2}$. 取 $q=a+b\mathrm{i}$, $r=[(x-a)+(y-b)\mathrm{i}]\beta$, 则

$$q\in\mathbb{Z}[\mathrm{i}],\quad r=\alpha-q\beta\in\mathbb{Z}[\mathrm{i}],\quad \text{且}\quad \alpha=\beta q+r.$$

如果 $r\neq 0$, 则

$$\phi(r)=[(x-a)^2+(y-b)^2]\,|\beta|^2\leqslant\left(\frac{1}{4}+\frac{1}{4}\right)\phi(\beta)=\frac{1}{2}\phi(\beta)<\phi(\beta).$$

故, $\mathbb{Z}[\mathrm{i}]$ 是欧氏环.

注: 由定理 2.7.1 和定理 2.7.2 知, 欧氏环是主理想整环, 主理想整环是唯一分解整环. 但反之均不成立. 即唯一分解整环未必是主理想整环, 主理想整环也未必是欧氏环. 在 2.10 节将证明 $\mathbb{Z}[x]\in$ UFD, 但 $\mathbb{Z}[x]$ 的理想 $\langle x,2\rangle$ 不是主理想, 即 $\mathbb{Z}[x]\notin$ PID.

另外, 可以证明整环 $\mathbb{Z}[\theta]=\{a+b\theta\mid a,b\in\mathbb{Z}\}$, 其中 $\theta=\frac{1}{2}(1+\sqrt{-19})$, 是 PID, 但不是 ED. 读者可以参看 Oscar Campoli. A principal ideal domain that is not an Euclidean domain. American Mathematical Monthly, 1988(95): 868～871.

阿廷小传

阿廷(Emil Artin, 1898—1962), 奥地利数学家. 1921 年在莱比锡大学获博士学位. 1937 年移居美国. 1937—1958 年先后在圣母大学、印第安纳大学、普林斯顿大学工作. 1958 年回汉堡大学. 阿廷在代数、群论、数论、几何、拓扑、复变函数论、特殊函数论等方面都有突出的工作. 阿廷的工作分两个时期. 前期(1921—1931)主要是在类域论、实域理论、抽象代数等方面. 后期(1940—1955)主要是在环论、伽罗瓦理论、代数数论中的类数问题及拓扑学的辫子理论方面. 阿廷把二次类域的经典理论通过类比移到特征为 p(奇素数)的数域上的有理函数域的二次扩张上. 从而他猜想相应的“函数黎曼猜想也成立”. 1927 年完成了任意数域中的一般互反律的证明, 这是类域论的重大突破. 同年, 在超复数方面作出著名贡献, 扩展了结合环代数的理论.

从 1924 年起, 阿廷开始实域的研究, 1926 年建立抽象的实域理论(与 O. 施赖埃尔合作), 并在 1927 年解决了希尔伯特第 17 问题. 1927 年和 1945 年他建立阿廷环理论, 这是 J. H. M. 韦德伯恩代数构造论的重要推扩. 在拓扑学方面他从 1925 年开始并在 1947 年建立了辫子理论.

习题 2.7

1. 设 $I_1\subseteq I_2\subseteq I_3\subseteq\cdots$ 是环 R 的一个理想升链, 证明: $I=\bigcup\limits_{i\geqslant 1}I_i$ 是 R 的理想.

2. 证明整环$\mathbb{Z}[\sqrt{-2}]$是欧氏环.

3. 设$R=\left\{\frac{a}{2^n}\,\middle|\,a\in\mathbb{Z},n\in\mathbb{Z}^+\right\}$.

(1) 证明R是唯一分解整环；(2) R是否是主理想整环？(3) R是否是欧氏环？

*2.8 高斯整数环与二平方和问题

2.7节证明了高斯整数环$\mathbb{Z}[\mathrm{i}]$是欧氏环,因而也是主理想整环和唯一分解整环.本节进一步研究$\mathbb{Z}[\mathrm{i}]$中的非零非单位的元是如何分解为不可约元之积的,并由此解决初等数论中的一个著名问题——二平方和问题.

所谓二平方问题是：对于那些正整数n,不定方程$n=x^2+y^2$有整数解？即那些正整数可以表示成两个整数的平方和？高斯把这个整数环$\mathbb{Z}$上的问题放到更大的环$\mathbb{Z}[\mathrm{i}]$上来考虑：$n=x^2+y^2=N(x+y\mathrm{i})$.故$n$能表示成整数的平方和仅当$n$是某个高斯整数$x+y\mathrm{i}$的范数.

由例2.6.2知,$U(\mathbb{Z}[\mathrm{i}])=\{1,-1,\mathrm{i},-\mathrm{i}\}$.下面首先分析$\mathbb{Z}[\mathrm{i}]$中的不可约元有哪些.

引理2.8.1 如果$\alpha=a+b\mathrm{i}$是$\mathbb{Z}[\mathrm{i}]$中的一个不可约元,则α必是某个素数p的不可约因子.

证明 令$S=\{n\in\mathbb{Z}^+\mid 在\mathbb{Z}[\mathrm{i}]中\ \alpha\mid n\}$.由于$\alpha\mid(a+b\mathrm{i})(a-b\mathrm{i})=a^2+b^2\geqslant 1$,从而$a^2+b^2\in S$,即$S$是自然数集的非空子集.由最小数原理知,$S$中必存在最小的正整数$p$.如果$p=n_1n_2,n_1,n_2\in\mathbb{Z}^+,1\leqslant n_1n_2\leqslant p$.由于$\alpha$是$\mathbb{Z}[\mathrm{i}]$中的素元,从而由$\alpha\mid p=n_1n_2$,可知$\alpha\mid n_1$或者$\alpha\mid n_2$.由$p$的最小性知,$n_1=p$或者$n_2=p$,即$n_1,n_2$中一个为$p$,一个为1.故$p$为素数.综上可知,$\alpha$是素数$p$的不可约因子. □

下面再来分析素数p在$\mathbb{Z}[\mathrm{i}]$中如何分解成不可约元之积.

引理2.8.2 每个素数p在$\mathbb{Z}[\mathrm{i}]$中均是不超过两个不可约元之积.并且若$p=\alpha_1\alpha_2$,(α_1,α_2是$\mathbb{Z}[\mathrm{i}]$中的不可约元),则$N(\alpha_1)=N(\alpha_2)=p$,且$\alpha_2=\overline{\alpha_1}$($\overline{\alpha}$表示$\alpha$的共轭复数).

证明 设$p=\alpha_1\alpha_2\cdots\alpha_n$,其中$\alpha_i$是$\mathbb{Z}[\mathrm{i}]$中的不可约元.于是有

$$N(p)=N(\alpha_1\alpha_2\cdots\alpha_n),$$

即

$$p^2=N(\alpha_1)N(\alpha_2)\cdots N(\alpha_n).$$

而$N(\alpha_i)$均为大于1的整数,故$n\leqslant 2$,且当$n=2$时,$N(\alpha_1)=N(\alpha_2)=p,p=\alpha_1\alpha_2$.此时设$\alpha_1=a+b\mathrm{i}$,则$p=N(\alpha_1)=a^2+b^2$,因而

$$\alpha_2=\frac{p}{\alpha_1}=\frac{a^2+b^2}{a+b\mathrm{i}}=a-b\mathrm{i}=\overline{\alpha_1}.$$ □

这个引理说明,每个素数p在高斯整数环$\mathbb{Z}[\mathrm{i}]$中的分解只有两种情形：或者p为$\mathbb{Z}[\mathrm{i}]$中的不可约元,或者$p=\alpha\overline{\alpha}$,其中$\alpha,\overline{\alpha}$是$\mathbb{Z}[\mathrm{i}]$中的不可约元,且$N(\alpha)=N(\overline{\alpha})=p$.

对于每个素数 p,如何判别 p 属于上述情形的哪一种呢?为此需要先引入初等数论中关于二次剩余的勒让德符号 $\left(\frac{a}{p}\right)$.

设 p 为素数,$a\in\mathbb{Z}$,$(p,a)=1$.如果 a 是模 p 的二次剩余,即存在 $x\in\mathbb{Z}$,使得 $x^2\equiv a(\text{mod }p)$,则令 $\left(\frac{a}{p}\right)=1$;否则令 $\left(\frac{a}{p}\right)=-1$.

由初等数论知,勒让德符号具有以下性质:

(1) 若 $a,b\in\mathbb{Z}$,$(p,ab)=1$,则 $\left(\frac{ab}{p}\right)=\left(\frac{a}{p}\right)\left(\frac{b}{p}\right)$;

(2) 当 p 为奇素数时,

$$\left(\frac{-1}{p}\right)=(-1)^{\frac{p-1}{2}}=\begin{cases}1, & \text{如果 } p\equiv 1(\text{mod }4),\\ -1, & \text{如果 } p\equiv 3(\text{mod }4).\end{cases}$$

定理 2.8.1 设 p 是素数.

(1) 当 $p=2$ 时,$2=(1+\mathrm{i})(1-\mathrm{i})$ 是 2 在 $\mathbb{Z}[\mathrm{i}]$ 中的不可约分解;

(2) 当 $p\equiv3(\text{mod }4)$ 时,p 为 $\mathbb{Z}[\mathrm{i}]$ 中的不可约元;

(3) 当 $p\equiv1(\text{mod }4)$ 时,$p=\alpha\bar{\alpha}$,其中 α 和 $\bar{\alpha}$ 是 $\mathbb{Z}[\mathrm{i}]$ 中的不可约元.

证明 (1) $N(1\pm\mathrm{i})=2$ 是素数,由习题 2.6 中的第 6 题知,$1\pm\mathrm{i}$ 均为 $\mathbb{Z}[\mathrm{i}]$ 中的不可约元.

(2) 设 p 为奇素数,如果 $p=\alpha\bar{\alpha}$,其中 $\alpha,\bar{\alpha}$ 是 $\mathbb{Z}[\mathrm{i}]$ 中的不可约元,则 $N(\alpha)=N(\bar{\alpha})=p$.令 $\alpha=a+b\mathrm{i}$,$a,b\in\mathbb{Z}$,则 $a^2+b^2=p$.于是 $p\nmid a$,$p\nmid b$ 且 $a^2\equiv-b^2(\text{mod }p)$.因此

$$1=\left(\frac{a}{p}\right)^2=\left(\frac{a^2}{p}\right)=\left(\frac{-b^2}{p}\right)=\left(\frac{-1}{p}\right)\left(\frac{b}{p}\right)^2=\left(\frac{-1}{p}\right),$$

从而 $p\equiv1(\text{mod }4)$.因此当 $p\equiv3(\text{mod }4)$ 时,p 在 $\mathbb{Z}[\mathrm{i}]$ 中不可能是两个不可约元之积,即 p 本身已是 $\mathbb{Z}[\mathrm{i}]$ 中的不可约元.

(3) 若 p 为素数,且 $p\equiv1(\text{mod }4)$,则 $\left(\frac{-1}{p}\right)=1$,即存在 $a\in\mathbb{Z}$ 使得 $a^2\equiv-1(\text{mod }p)$.于是 $p\mid(a^2+1)=(a+\mathrm{i})(a-\mathrm{i})$.由 $\frac{a\pm\mathrm{i}}{p}=\frac{a}{p}\pm\frac{1}{p}\mathrm{i}\notin\mathbb{Z}[\mathrm{i}]$ 知,在 $\mathbb{Z}[\mathrm{i}]$ 中 $p\nmid(a+\mathrm{i})$,$p\nmid(a-\mathrm{i})$,而 $\mathbb{Z}[\mathrm{i}]$ 是唯一分解整环,故 p 不可能是 $\mathbb{Z}[\mathrm{i}]$ 中的素元,即 p 不可能是 $\mathbb{Z}[\mathrm{i}]$ 中的不可约元,由引理 2.8.2 知,$p=\alpha\bar{\alpha}$,$\alpha,\bar{\alpha}$ 是 $\mathbb{Z}[\mathrm{i}]$ 中的不可约元. □

我们通过下面的例题说明如何将 $\mathbb{Z}[\mathrm{i}]$ 中的元分解为不可约元之积.

例 2.8.1 在 $\mathbb{Z}[\mathrm{i}]$ 中将 140 分解为不可约元之积.

解 $140=2^2\times5\times7=7(1+\mathrm{i})^2(1-\mathrm{i})^2(1+2\mathrm{i})(1-2\mathrm{i})$.

例 2.8.2 在 $\mathbb{Z}[\mathrm{i}]$ 中将 $81+8\mathrm{i}$ 分解为不可约元之积.

解 $N(81+8\mathrm{i})=81^2+8^2=6625=5^3\times53$.

根据定理 2.8.1,$5=(1+2\mathrm{i})(1-2\mathrm{i})$,$53=(7+2\mathrm{i})(7-2\mathrm{i})$.因此 $81+8\mathrm{i}$ 的不可约因子只

能是 $1\pm 2\mathrm{i}$, $7\pm 2\mathrm{i}$，经过试除可知 $81+8\mathrm{i}=(1-2\mathrm{i})^3(-7-2\mathrm{i})$.

下面要利用以上涉及到的结论来解决二平方和问题. 首先给出一个引理.

引理 2.8.3 设 $S=\{n\in\mathbb{Z}\mid n$ 可表示成两个整数的平方和$\}$，则：

(1) 若 $m,n\in S$，则 $mn\in S$；

(2) 设 p 为素数. 若 $p=2$ 或 $p\equiv 1 \pmod 4$，则 $p\in S$；若 $p\equiv 3 \pmod 4$，则 $p\notin S$.

证明 (1) 若 $m,n\in S$，则存在高斯整数 α 和 β，使得 $m=N(\alpha)$, $n=N(\beta)$. 于是 $mn=N(\alpha)N(\beta)=N(\alpha\beta)$，即 $mn\in S$.

(2) $2=N(1+\mathrm{i})=1^2+1^2$；若 $p\equiv 1 \pmod 4$，则 $p=\alpha\bar{\alpha}$, α, $\bar{\alpha}$ 是 $\mathbb{Z}[\mathrm{i}]$中的不可约元，且 $N(\alpha)=p$，从而 $p\in S$. 现设 $p\equiv 3 \pmod 4$. 由于对任意整数 n, $n^2\equiv 0$ 或 $1 \pmod 4$，因此 $x^2+y^2\equiv 3 \pmod 4$ 无解，从而 $x^2+y^2=p$ 无解，即 $p\notin S$. □

定义 2.8.1 设 R 是整环，$\alpha,\beta\in R$，α 是 R 的不可约元. 如果 $\alpha^r\mid\beta$，但 $\alpha^{r+1}\nmid\beta$，α 叫做 β 的 r 重因子，并记为 $\alpha^r\,\|\,\beta$.

定理 2.8.2 设 $n\geqslant 2$ 是整数，S 如引理 2.8.2 中所述. 则 $n\in S$ 当且仅当 n 的模 4 余 3 的素数因子的重数均为偶数.

证明 $\Leftarrow$ 设 $n=p_1^{r_1}p_2^{r_2}\cdots p_t^{r_t}$ 是 n 在 $\mathbb{Z}$ 中的素数分解式，其中 $p_1,p_2,\cdots,p_t$ 是互不相同的正素数，$r_i\geqslant 1(1\leqslant i\leqslant t)$.

若 $p_i=2$ 或 $p_i\equiv 1 \pmod 4$，则由引理 2.8.3 知 $p_i^{r_i}\in S$. 如果 $p_i\equiv 3 \pmod 4$，由已知 r_i 为偶数，于是 $p_i^{r_i}=(p_i^{\frac{r_i}{2}})^2+0^2$，从而也有 $p_i^{r_i}\in S$. 故每个 $p_i^{r_i}\in S(1\leqslant i\leqslant t)$. 再由引理 2.8.3 知 $n=p_1^{r_1}p_2^{r_2}\cdots p_t^{r_t}\in S$.

$\Rightarrow$ 设 $n\in S$，则存在 $\alpha=a+b\mathrm{i}\in\mathbb{Z}[\mathrm{i}]$，使得 $n=N(\alpha)=a^2+b^2=(a+b\mathrm{i})(a-b\mathrm{i})$. 设 p 是 n 的一个素因子且 $p\equiv 3 \pmod 4$，则由定理 2.8.1 知 p 是 $\mathbb{Z}[\mathrm{i}]$中的不可约元(即素元). 令

$$p^r\,\|\,a,\ p^t\,\|\,b,\ p^\lambda\,\|\,(a+b\mathrm{i}),\ p^s\,\|\,(a-b\mathrm{i}),$$

容易看出 $\lambda=\min\{r,t\}=s$，从而 $p^{\lambda+s}\,\|\,(a+b\mathrm{i})(a-b\mathrm{i})=n$，而 $\lambda+s=2\lambda$ 是偶数，即 p 是 n 的偶数重素因子. □

库默尔小传

库默尔(Kummer, Ernst Eduard, 1810—1893)1810 年 1 月 29 日生于德国索拉乌(今波兰的扎雷). 库默尔幼年丧父，他和哥哥由母亲抚养长大. 1819 年他进入索拉乌预科学校，1828 年进入哈雷大学. 在数学教师的影响下，他放弃了学神学的打算，转而学数学. 库默尔终生爱好哲学，他称数学为"哲学的预备科学". 1831 年他写出一篇函数论方面的论文，由于这篇论文很出色，库默尔得了奖，并于同年获得了博士学位. 毕业后先在预科学校教书. 这时期他的工作主要是以函数论为主，最重要的成果是关于超几何级数的. 他将论文寄给了 C. G. J. 雅可比和狄利克雷，从此开始了与他们的学术往来.

库默尔在数学上的成就以及他作为优秀教授所享有的盛名使他赢得了整个欧洲科学界的重视.他长期任柏林大学校长职务.1855年起就是柏林科学院的院士,从1863年起担任了15年柏林科学院数理部的秘书.1857年库默尔的论文"理想的素分解论"荣获巴黎科学院的数学大奖.1860年库默尔成为巴黎科学院的通讯院士,1868年当选为该院的正式院士.库默尔还是英国皇家学会及其他很多科学学会的成员.

1883年他正式退休,库默尔在安静的退休生活中渡过了最后10年,于1893年5月14日在柏林去世.

库默尔的研究领域主要有三个方面：函数论、数论和几何.在函数论方面,他研究了超几何级数,首次计算了该级数单值群的代入值.在几何方面,他研究了一般射线系统,并用纯代数方法构造了一个四次曲面,它有16个孤立的二重点,16个奇异切平面,现在称为库默尔曲面.库默尔在数论上花的时间最多,贡献也最大.最重要的是他提出了理想数的概念.当时库默尔所关心的问题首先是高斯研究过的高斯互反律,其次是费马大定理.这两个问题都涉及到在代数整数环中的分解问题.1844年库默尔在和狄利克雷的讨论中认识到在代数整数环中不一定和整数环一样有素因子唯一分解定理,于是在1845—1847年库默尔提出了理想数的概念.而如果从理想数的观点看,分解是唯一的.根据他的理论,库默尔又提出了正规素数的概念.对于所有的正规素数 p,库默尔给出了 $x^p+y^p\neq z^p$ 的一般证明.库默尔的理想数就是今日理想之雏形.在库默尔理想数理论的基础上,戴德金创立了一般理想理论.库默尔的学说经戴德金和克罗内克的研究加以发展,建立了现代的代数数理论.因此,可以说,库默尔是19世纪数学家中富有创造力的带头人,是现代数论的先驱者.

习题 2.8

1. 在$\mathbb{Z}[i]$中将60和$29-2i$分解为不可约元之积.
2. 探讨初等数论问题：哪些正整数 n 可以表示成 $n=x^2+2y^2$ 的形式($x,y\in\mathbb{Z}$)?

2.9 多项式环

在中学已学习过一些多项式的知识,比如对多项式的根、多项式的因式分解等已有所了解. 在高等代数中,比较系统地讨论了数域 F 上的多项式理论,建立了数域上的多项式因式分解理论、复系数多项式的根的存在定理(代数基本定理)等. 同时,我们看到对一个具体的多项式,要进行因式分解或求根都是非常困难的,甚至是不可能的. 即使要判断一个有理系数多项式是否可约都是非常困难的.

本节将讨论一般环上的多项式,特别是整环上的多项式. 主要研究整环上的多项式的基本性质、因式分解与多项式的根、不可约多项式判别等问题. 作为特例我们将看到$\mathbb{Z}_p$上的多项式与过去的系数为数的多项式有很不一样的性质. 判断$\mathbb{Z}_p$上的多项式是否有根和是否可约,要比判断整系数多项式是否有有理根和是否可约要容易得多. 这对我们研究整系数多项式或有理系数多项式的可约性非常有用.

1. 多项式的基本概念

定义 2.9.1 设 R 是一个交换环,形式符号的集合

$$R[x]=\{a_nx^n+a_{n-1}x^{n-1}+\cdots+a_1x+a_0\mid a_i\in R,n\in\mathbb{Z},n\geqslant 0\}$$

称为 R 上关于未定元 x 的多项式环. $R[x]$中的每个元素

$$f(x) = a_n x^n + a_{n-1} x^{n-1} + \cdots + a_1 x + a_0$$

称为 R 上(即系数属于 R 的)关于 x 的多项式. a_0 叫做 $f(x)$的常数项. 如果 $a_n \neq 0$,称 a_n 为 $f(x)$的首项系数,并定义 $f(x)$的次数是 n,记做 $\deg f = n$. 如果 $a_n = 1$,$f(x)$称为首 1 多项式. $R[x]$中的两个多项式 $f(x)$和 $g(x) = b_n x^n + \cdots + b_1 x + b_0$ 相等指的是对应系数均相等,即 $a_i = b_i (i = 0, 1, \cdots, n)$.

对 $R[x]$中的多项式

$$f(x) = a_n x^n + a_{n-1} x^{n-1} + \cdots + a_1 x + a_0,$$

$$g(x) = b_m x^m + b_{m-1} x^{m-1} + \cdots + b_1 x + b_0,$$

令

$$f(x) + g(x) = \sum_{k=0}^{l} (a_k + b_k) x^k,$$

其中 $l = \max\{m, n\}$,当 $k > n$ 时,令 $a_k = 0$,当 $k > m$ 时,令 $b_k = 0$.

$$f(x)g(x) = \sum_{k=0}^{m+n} c_k x^k, \quad 其中 \quad c_k = \sum_{i+j=k} a_i b_j.$$

直接验证可知,$R[x]$对以上的加法和乘法构成一个交换环. 因此称 $R[x]$为 R 上的一元多项式环. 类似地,可定义 R 上的 n 元多项式环 $R[x_1, x_2, \cdots, x_n]$.

定义 2.9.2 设 R 是交换环 S 的子环.

$$f(x) = a_n x^n + a_{n-1} x^{n-1} + \cdots + a_1 x + a_0 \in R[x],$$

对任意的 $a \in S$,定义

$$f(a) = a_n a^n + a_{n-1} a^{n-1} + \cdots + a_1 a + a_0 \in S,$$

称 $f(a)$是 $f(x)$在 a 处的取值,或叫将 $x = a$ 代入 $f(x)$而得到的值. 如果 $f(a) = 0$,则称 a 是 $f(x)$在环 S 中的一个根(或零点).

注:(1) R 上的多项式 $f(x)$可以看作定义在 R 上的函数,即

$$f(x): R \to R,$$
$$a \mapsto f(a).$$

(2) 由高等代数知,数域 F 上的多项式 $f(x)$与 $g(x)$相等当且仅当它们作为 F 上的函数相等. 但对于一般的交换环上的多项式,这个结论已不成立. 比如$\mathbb{Z}_3[x]$中,$f(x) = x^3 + 2x$ 和 $g(x) = x^5 + 2x$ 是两个不同的多项式. 但是

$$f(0) = g(0) = 0, \quad f(1) = g(1) = 0, \quad f(2) = g(2) = 0,$$

因而 $f(x)$与 $g(x)$作为$\mathbb{Z}_3$ 上的函数是相等的.

例 2.9.1 设 $f(x), g(x) \in \mathbb{Z}_3[x]$,且

$$f(x) = 2x^2 + x + 2, \quad g(x) = 2x^3 + x + 1,$$

则

$$\begin{aligned} f(x)+g(x) &= (0+2)x^3+(2+0)x^2+(1+1)x+(2+1) \\ &= 2x^3+2x^2+2x+0 \\ &= 2x^3+2x^2+2x. \end{aligned}$$

$$\begin{aligned} f(x)g(x) &= (2x^2+x+2)(2x^3+x+1) \\ &= 4x^5+2x^4+(2+2\times 2)x^3+(2+1)x^2+(2+1)x+2\times 1 \\ &= x^5+2x^4+0\cdot x^3+0\cdot x^2+0\cdot x+2 \\ &= x^5+2x^4+2. \end{aligned}$$

2. 多项式环的性质

定理 2.9.1 设 R 是一个交换环,若 $f(x),g(x)\in R[x]-\{0\}$,那么:

(1) 若 $f+g\neq 0$,则 $\deg(f+g)\leqslant \max\{\deg f,\deg g\}$;

(2) 若 $fg\neq 0$,则 $\deg(fg)\leqslant \deg f+\deg g$,且等号成立当且仅当 f 的首项系数与 g 的首项系数之积不为 0.

该定理的证明留作习题.

定理 2.9.2 若 R 为整环,则 $R[x]$ 也是整环.

证明 设

$$f(x)=a_nx^n+a_{n-1}x^{n-1}+\cdots+a_1x+a_0\,(a_n\neq 0),$$
$$g(x)=b_mx^m+b_{m-1}x^{m-1}+\cdots+b_1x+b_0\,(b_m\neq 0)$$

是 $R[x]$ 中的任意两个非零多项式. 于是 $f(x)g(x)$ 的首项系为 a_nb_m. 因 R 是整环,而 $a_n\neq 0$,$b_m\neq 0$,所以 $a_nb_m\neq 0$,从而 $f(x)g(x)\neq 0$. 而 $R[x]$ 显然是有单位元的交换环. 故 $R[x]$ 是整环. □

定理 2.9.3 若 R 为整环,则 $U(R[x])=U(R)$.

证明 设 $f(x)\in U(R[x])$,则有 $g(x)\in R[x]$,使得 $f(x)g(x)=1$,由定理 2.9.1 的 (2) 可知 $\deg f+\deg g=0$,因此 $\deg f=\deg g=0$,即 $f=a,g=b,a,b\in R-\{0\}$. 于是 $ab=1$,所以 $f(x)=a$ 是 R 的可逆元,即 $f\in U(R)$. 而 R 中的单位显然也是 $R[x]$ 中的单位. 故 $U(R[x])=U(R)$. □

定理 2.9.4(带余除法) 设 R 是有单位元的交换环,$f(x),g(x)\in R[x]$,且 $g(x)$ 的首项系数是 R 中的单位,则存在唯一的 $q(x),r(x)\in R[x]$,使得

$$f(x)=g(x)q(x)+r(x),\quad \text{这里}\quad r(x)=0\quad \text{或}\quad \deg r(x)<\deg g(x).$$

注:定理 2.9.4 的证明与高等代数中的多项式的带余除法定理的证明是完全类似的. 将其留作习题. □

推论 2.9.1 设 R 是有单位元的交换环,则对任意的 $a\in R$,存在唯一的 $q(x)\in R[x]$,使得

$$f(x)=q(x)(x-a)+f(a).$$ □

推论 2.9.2 设 R 是有单位元的交换环,$f(x)\in R[x]$,则 a 是 $f(x)$ 的根当且仅当

$$(x-a)\mid f(x).$$ □

推论 2.9.3 设 R 为整环，$f(x)$ 是 $R[x]$ 中的一个 $n(\geqslant 1)$ 次多项式，则 R 中 k 个不同的元 $a_1,a_2,\cdots,a_k$ 都是 $f(x)$ 的根当且仅当 $(x-a_1)(x-a_2)\cdots(x-a_k)\mid f(x)$.

证明 若 $(x-a_1)(x-a_2)\cdots(x-a_k)\mid f(x)$，则显然 $a_1,a_2,\cdots,a_k$ 都是 $f(x)$ 的根.

现设 $a_1,a_2,\cdots,a_k$ 都是 $f(x)$ 的根. 由推论 2.9.2，

$$f(x)=(x-a_1)f_1(x),$$

于是，

$$0=f(a_2)=(a_2-a_1)f_1(a_2).$$

但 $a_2-a_1\neq 0$，R 是整环，所以 $f_1(a_2)=0$. 即 a_2 是 $f_1(x)$ 的根. 因此

$$f_1(x)=(x-a_2)f_2(x),\quad f(x)=(x-a_1)(x-a_2)f_2(x).$$

如此下去，得到

$$f(x)=(x-a_1)(x-a_2)\cdots(x-a_k)f_k(x).$$ □

推论 2.9.4 设 $f(x)$ 是整环 R 上的 n 次多项式，则 $f(x)$ 在 R 中至多有 n 个根（重根按重数计算）. □

下面讨论多项式的重根.

定义 2.9.3 R 是一个整环，$f(x)\in R[x]$，R 中的元 a 叫做 $f(x)$ 的一个重根，如果 $(x-a)^k\mid f(x)$，且 k 是大于 1 的整数.

定义 2.9.4 R 是一个整环，$f(x)=a_nx^n+a_{n-1}x^{n-1}+\cdots+a_1x+a_0\in R[x]$，定义

$$f'(x)=na_nx^{n-1}+(n-1)a_{n-1}x^{n-2}+\cdots+a_1,$$

为 $f(x)$ 的导数.

定理 2.9.5 设 $f(x)$ 是整环 R 上的一个多项式，R 的元 a 是 $f(x)$ 的重根当且仅当 a 同时是 $f(x)$ 和 $f'(x)$ 的根.

证明 ⇒ 若 a 是 $f(x)$ 的重根，则

$$f(x)=(x-a)^kg(x)\quad (k>1),$$

$$f'(x)=(x-a)^kg'(x)+k(x-a)^{k-1}g(x)$$

$$=(x-a)^{k-1}[(x-a)g'(x)+kg(x)].$$

因 $k>1$，所以 $(x-a)\mid f'(x)$，故 a 同时是 $f(x)$ 和 $f'(x)$ 的根.

⇐ 用反证法. 若 a 不是 $f(x)$ 的重根，则 $f(x)=(x-a)g(x)$，且 $(x-a)\nmid g(x)$，于是

$$f'(x)=(x-a)g'(x)+g(x).$$

$$f'(a)=g(a)\neq 0.$$

从而 a 不是 $f'(x)$ 的根，矛盾. □

3. 有理系数多项式的可约性检验

判断一个有理系数多项式在有理数域中是否可约是一个非常重要而困难的问题，在中学和大学都会经常遇到. 由高等代数我们知道，有理系数的多项式的因式分解问题可以化为整系数多项式的因式分解问题，而判别一个整系数多项式在有理数域中是否可约，我们在高等代数中学过著名的 Eisenstein 判别法. 但这种方法也很有局限性，只对部分特殊的多

项式起作用,而对大多数情况却无能为力. 下面介绍模 p 检验法,这种方法是非常有效的,但依然不是万能的. 首先我们需要以下结论.

定理 2.9.6 设 F 是一个域,$f(x)\in F[x]$且 $\deg f(x)=2$ 或 3,则 $f(x)$在 F 上可约当且仅当 $f(x)$在 F 上有根.

证明 $\Rightarrow$ 因 $f(x)$可约,可设

$$f(x)=g(x)h(x),\quad g(x),h(x)\in F[x]\quad 且\quad \deg g(x),\quad \deg h(x)<\deg f(x).$$

而 $\deg f(x)=\deg g(x)+\deg h(x)$且 $\deg f(x)=2$ 或 3,因此 $g(x)$和 $h(x)$中至少有一个是一次因式. 比如 $g(x)=ax+b(a\neq 0)$,则 $-a^{-1}b$ 是 $g(x)$的根. 因而也是 $f(x)$的根.

$\Leftarrow$ 若 a 是 $f(x)$的根,则$(x-a)\mid f(x)$,从而 $f(x)$可约. □

由定理 2.9.6,要检验$\mathbb{Z}_p$(p 为素数)上的一个 2 次或 3 次多项式 $f(x)$在$\mathbb{Z}_p$ 上是否可约,只需将 $a=0,1,2,\cdots,p-1$ 代入 $f(x)$检验即可. 如果$\forall a\in\mathbb{Z}_p$,$f(a)\neq 0$,则 $f(x)$不可约;如果存在 $a\in\mathbb{Z}_p$ 使得 $f(a)=0$,则 $f(x)$可约.

例 2.9.2 $f(x)=x^2+1$ 在$\mathbb{Z}_2[x]$中可约. 因为在$\mathbb{Z}_2$ 中 $f(1)=1^2+1=2=0$ 且 $x^2+1=(x+1)(x+1)$;$f(x)=x^2+1$ 在$\mathbb{Z}_3[x]$中不可约. 因为在$\mathbb{Z}_3$ 中

$$f(0)=1\neq 0,\quad f(1)=1^2+1=2\neq 0,\quad f(2)=2^2+1=5=2\neq 0.$$

故 $f(x)$在$\mathbb{Z}_3$ 中没有根,由定理 2.9.6 知 $f(x)$在$\mathbb{Z}_3[x]$上不可约.

下面给出整系数多项式在$\mathbb{Q}[x]$中不可约的模 p 检验法.

定理 2.9.7(模 p 检验法) 设 p 是一个素数,$f(x)\in\mathbb{Z}[x]$且 $\deg f(x)\geqslant 1$,$\bar{f}(x)$表示由 $f(x)$经过系数模 p 而得到的$\mathbb{Z}_p$ 中的多项式. 如果 $\deg\bar{f}(x)=\deg f(x)$且$\bar{f}(x)$在$\mathbb{Z}_p$ 上不可约,则 $f(x)$在有理数域$\mathbb{Q}$上也不可约.

证明 用反证法. 如果 $f(x)$在$\mathbb{Q}$上可约,则由高等代数知 $f(x)$可分解为两个次数更低的整系数多项式之积. 即

$$f(x)=g(x)h(x),\quad g(x),h(x)\in\mathbb{Z}[x]\quad 且\quad \deg g(x),\deg h(x)<\deg f(x).$$

设$\bar{f}(x)$,$\bar{g}(x)$和$\bar{h}(x)$分别表示由 $f(x)$,$g(x)$和 $h(x)$经过系数模 p 而得到的$\mathbb{Z}_p[x]$中的多项式,则$\bar{f}(x)=\bar{g}(x)\bar{h}(x)$. 于是

$$\deg\bar{g}(x)\leqslant\deg g(x)<\deg f(x)=\deg\bar{f}(x),$$

$$\deg\bar{h}(x)\leqslant\deg h(x)<\deg f(x)=\deg\bar{f}(x).$$

这与$\bar{f}(x)$在$\mathbb{Z}_p$ 上不可约矛盾. □

例 2.9.3 判断 $f(x)=27x^3-9x^2+4x+3$ 在有理数域$\mathbb{Q}$上是否可约.

解 取 $p=2$,将 $f(x)$的系数模 2 得到

$$\bar{f}(x)=x^3+x^2+1\in\mathbb{Z}_2[x].$$

因$\bar{f}(0)=\bar{f}(1)=1\neq 0$,由定理 2.9.5 知,$\bar{f}(x)$在$\mathbb{Z}_2[x]$上不可约. 故由定理 2.9.6 知 $f(x)$

在有理数域$\mathbb{Q}$上也不可约.

注：(1) 定理 2.9.7 的逆是不成立的. $\bar{f}(x)$可约，也有可能$f(x)$在$\mathbb{Q}$上不可约. 比如，$f(x)=27x^3-9x^2+2x+4\in\mathbb{Z}[x]$，在$\mathbb{Z}_2$上，$\bar{f}(x)=x^3+x^2=x^2(x+1)$可约. 而在$\mathbb{Z}_5$上，

$\bar{f}(x)=2x^3-4x^2+2x+4=2x^3+x^2+2x+4$.

$\bar{f}(0)=4,\quad \bar{f}(1)=2\times1^3+1^2+2\times1+4=4,\quad \bar{f}(2)=2\times2^3+2^2+2\times2+4=3,$

$\bar{f}(3)=2\times3^3+3^2+2\times3+4=3,\quad \bar{f}(4)=2\times4^3+4^2+2\times4+4=1.$

所以，$\bar{f}(x)$在$\mathbb{Z}_5$上没有根，由定理 2.9.6 知，$\bar{f}(x)$在$\mathbb{Z}_5$上不可约. 于是由定理 2.9.7 知，$f(x)$在有理数域$\mathbb{Q}$上不可约.

(2) 由定理 2.9.6 和例 2.9.3 知，只要找到一个素数p，使得$\bar{f}(x)$在$\mathbb{Z}_p[x]$中不可约且$\deg f=\deg\bar{f}$，就可以断定$f(x)$在$\mathbb{Q}$上不可约.

例 2.9.4 设$f(x)=\frac{3}{7}x^4-\frac{2}{7}x^2+\frac{9}{35}x+\frac{3}{5}$，判断$f(x)$在$\mathbb{Q}$上是否可约.

解 令$g(x)=35f(x)=15x^4-10x^2+9x+21$，则$g(x)$与$f(x)$在$\mathbb{Q}$上有相同的可约性. 在$\mathbb{Z}_2$上，$\bar{g}(x)=x^4+x+1$. 下面说明$\bar{g}(x)$在$\mathbb{Z}_2$上不可约. 首先$\bar{g}(0)=\bar{g}(1)=1\neq0$，故$\bar{g}(x)$没有一次因式. 若$\bar{g}(x)$有二次因式，则$\bar{g}(x)$的二次因式可能是$x^2+x+1$或$x^2+1$，而$x^2+1$在$\mathbb{Z}_2$中有根 1，故$x^2+1$不可能是$\bar{g}(x)$的因式，于是二次因式只能是$x^2+x+1$. 这样

$$\bar{g}(x)=(x^2+x+1)(x^2+x+1)=x^4+1\neq x^4+x+1$$

这与$\bar{g}(x)=x^4+x+1$矛盾. 故$\bar{g}(x)$在$\mathbb{Z}_2$上亦无二次因式. 从而$\bar{g}(x)$在$\mathbb{Z}_2$上不可约. 于是$g(x)$在$\mathbb{Q}$上不可约，因而$f(x)$在$\mathbb{Q}$上也不可约.

例 2.9.5 设$f(x)=x^5+8x+4\in\mathbb{Z}[x]$，判断$f(x)$在$\mathbb{Q}$上是否可约.

解 显然对此多项式用 Eisenstein 判别法，定理 2.9.6，模 2 检验法均无效. 下面用模 3 检验法.

在$\mathbb{Z}_3$中

$$\bar{f}(x)=x^5+2x+1.$$

易见，$\bar{f}(0)=1$，$\bar{f}(1)=1$，$\bar{f}(2)=1$. 所以$\bar{f}(x)$在$\mathbb{Z}_3$中没有根，从而也没有一次和四次因式. 若$\bar{f}(x)$可约，则$\bar{f}(x)$必然分解为一个二次因式和一个三次因式之积. 下面我们证明$\bar{f}(x)$没有二次因式. 事实上，若$\bar{f}(x)$有二次因式，则必有形如x^2+ax+b的二次因式，而这种二次因式共有 9 个，其中有根的二次多项式x^2+ax+b不可能是$\bar{f}(x)$的因式，经验证只有x^2+1，x^2+x+2和x^2+2x+2没有根，再用带余除法可进一步验证知x^2+1，x^2+x+2和x^2+2x+2均不是$\bar{f}(x)$的因式. 综上可知$\bar{f}(x)$在$\mathbb{Z}_3$上不可约. 因此$f(x)$在有理数域$\mathbb{Q}$上也不可约.

高斯小传

高斯(C. F. Gauss,1777—1855),德国数学家、物理学家和天文学家. 高斯是近代数学的奠基者之一,被誉为"数学王子". 1795年高斯进入哥廷根(Gottingen)大学. 1796年是高斯学术生涯中的第一个转折点:他敲开了自欧几里得时代起就困扰着数学家的尺规作图这一难题的大门,证明了正十七边形可用欧几里得型的圆规和直尺作图,解决了欧几里得以来悬而未决的问题. 1799年高斯在他的博士论文中证明了代数基本定理;他后来又先后给出了3个证明,而且当他给出第四个证明时已年逾古稀了. 1801年,高斯发表了他数论方面的不朽巨著《算术研究》,该书阐述了数论和高等代数的某些问题,系统总结了以前的工作,并引入了许多他自己的一些基础性的思想,包含模算术的概念. 此书奠定了近代数论的基础,被称为"加七道封漆的著作". 他对超几何级数、复变函数、统计数学、椭圆函数论都有重大贡献. 从24岁开始,高斯放弃在纯数学的研究,作了几年天文学的研究. 1801年,高斯经过几个星期的努力创立了行星椭圆轨道法,利用有限的几个观测数据计算出了一颗当时未知行星的轨道,以后天文学家在预测的位置上重新找到了这颗星(谷神星). 天文学是当时科学界最关注的课题,高斯的这项预报引起了轰动. 上述两项成就使他不仅在数学界而且在科学界一举成名. 高斯后来总结了这种方法,写成《天体沿圆锥曲线绕日运动论》,在该书中他还阐述了最小二乘法原理,也就是现称高斯分布的著名统计规律. 非欧几里得几何是高斯的又一重大发现,他的遗稿表明,他是非欧几何的创立者之一. 高斯致力于天文学研究前后约20年,在这领域内的伟大著作之一是1809年发表的《天体运动理论》. 高斯对物理学也有杰出贡献,麦克斯韦称高斯的磁学研究改造了整个科学. 高斯强调数学作为一门严谨的科学,必须要追求明确的定义、清晰的假设、严格的证明以及成果的系统化,倡导了至今已延续近200年的现代数学传统. 高斯的研究领域,遍及纯粹数学和应用数学的各个领域,并且开辟了许多新的数学领域,从最抽象的代数数论到内蕴几何学,都留下了他的足迹. 从研究风格、方法乃至所取得的具体成就方面,他都是18与19世纪之交的中坚人物. 如果我们把18世纪的数学家想象为一系列的高山峻岭,那么最后一个令人肃然起敬的巅峰就是高斯;如果把19世纪的数学家想象为一条条江河,那么其源头就是高斯.

习题 2.9

1. 证明定理2.9.1.

2. 证明定理2.9.4.

3. 证明定理2.9.4的推论2.9.1、推论2.9.2和推论2.9.4.

4. 我们知道 $f(x)=2x^2+4$ 在整数环$\mathbb{Z}$上有真因子2和 x^2+2,因而可约. 问 $f(x)$ 在有理数域$\mathbb{Q}$上是否可约.

5. 以下多项式在有理数域$\mathbb{Q}$上哪些可约,哪些不可约?

(1) $x^5+9x^4+12x^2+6$;　　(2) x^4+3x+1;

(3) x^4+3x^2+3;　　(4) x^5+5x^2+1;

(5) $\frac{5}{2}x^5+\frac{9}{2}x^4+15x^3+\frac{3}{7}x^2+6x+\frac{3}{14}$.

6. 证明 x^2+x+4 在$\mathbb{Z}_{11}$中是不可约的.

7. 设 $f(x)=x^3+6\in\mathbb{Z}_7[x]$,将 $f(x)$在$\mathbb{Z}_7$ 上分解为不可约因式的乘积.

8. 设 $f(x)=x^3+x^2+x+1\in\mathbb{Z}_2[x]$,将 $f(x)$在$\mathbb{Z}_2$ 上分解为不可约因式的乘积.

9. 求多项式 $x^5+4x^4+4x^3-x^2-4x+1$ 在$\mathbb{Z}_5$ 中的所有根及其重数.

10. 找出$\mathbb{Z}_3$ 上的所有首一 2 次不可约多项式.

11. 将 x^4+1 分别在$\mathbb{Z}_2$,$\mathbb{Z}_3$,和$\mathbb{Z}_5$ 上分解为不可约因式的乘积.

2.10 唯一分解整环上的多项式环

我们已经看到一个域 F 上的一元多项式环 $F[x]$是唯一分解整环. 本节将推广这一结果,证明唯一分解整环 D 上的一元多项式环 $D[x]$也是唯一分解整环,进一步,唯一分解整环上的 n 元多项式环 $D[x_1,x_2,\cdots,x_n]$也是唯一分解整环.

由 2.9 节知,如果 R 是整环,则 $R[x]$也是整环,且 R 和 $R[x]$有相同的单位元和相同的单位群.

以下始终用 D 表示一个唯一分解整环,F 表示 D 的分式域. 设

$$f(x)=a_0+a_1x+\cdots+a_nx^n\in D[x],$$

由于 $D\in$ UFD,$f(x)$的系数在 D 中有最大公因子.

定义 2.10.1 设 $f(x)\in D[x]$,若 $f(x)$的系数的最大公因子是单位,则称 $f(x)$是一个*本原多项式*(primitive polynomial).

本原多项式有以下一些简单性质.

定理 2.10.1 (1) 本原多项式不为 0;

(2) 设 $f(x)$是零次多项式,则 $f(x)$是本原多项式当且仅当 $f(x)$为单位;

(3) 与本原多项式相伴的多项式也是本原多项式;

(4) 若本原多项式 $f(x)$可约,则 $f(x)=g(x)h(x)$,其中 $g(x)$,$h(x)$是本原多项式,且 $0<\deg g(x)<\deg f(x)$,$0<\deg h(x)<\deg f(x)$;

(5) 设 $f(x)\in D[x]$,$f(x)\neq 0$,则

$$f(x)=dg(x)$$

其中 $d\in D$,$g(x)$是 $D[x]$的本原多项式. 且这个分解除相差单位因子外是唯一的,即若还有

$$f(x)=d_1g_1(x),$$

其中 $d_1\in D$,$g_1(x)$是 $D[x]$的本原多项式,则

$$d\sim d_1,\quad g(x)\sim g_1(x).$$

证明 (1),(2),(3),(4)的证明是平凡的,留作习题. 下面证明(5).

设

$$f(x)=a_0+a_1x+\cdots+a_nx^n\in D[x],\quad 且\quad f(x)\neq 0.$$

令 d 为 $a_0,a_1,\cdots,a_n$ 的一个最大公因子，则 $d\neq 0$. 设 $a_i=db_i,i=0,1,2,\cdots,n$，则 $b_i\in D$，且 $b_0,b_1,\cdots,b_n$互素. 于是

$$f(x)=dg(x),$$

其中 $g(x)=b_0+b_1x+\cdots+b_nx^n$ 是 $D[x]$的一个本原多项式.

现设 $f(x)$还可以分解为 $f(x)=d_1g_1(x)$，其中 $d_1\in D,g_1(x)$是 $D[x]$的本原多项式，则 d_1 必是 $f(x)$的系数的最大公因子，因而 d 与 d_1 相伴，得

$$d_1=\varepsilon d,\quad \varepsilon\in U(D[x])(=U(D)),$$

于是

$$f(x)=dg(x)=d_1g_1(x)=d\varepsilon g_1(x),$$

从而由消去律得 $g(x)=\varepsilon g_1(x)$，即 $g(x)\sim g_1(x)$. □

为了证明本节的主要定理，先给出几个引理.

引理 2.10.1（高斯引理） 在 $D[x]$中，设 $f(x)=g(x)h(x)$，则 $f(x)$是本原多项式当且仅当 $g(x)$和 $h(x)$都是本原多项式.

证明 ⇒ 若 $g(x)$和 $h(x)$中有一个不是本原多项式，则 $f(x)$也不是本原多项式. 故必然性成立.

⇐ 现设

$$g(x)=a_0+a_1x+\cdots+a_nx^n,$$
$$h(x)=b_0+b_1x+\cdots+b_mx^m,$$

则

$$f(x)=g(x)h(x)=c_0+c_1x+\cdots+c_{m+n}x^{m+n},$$

其中 $c_k=\sum_{i+j=k}a_ib_j,k=0,1,\cdots,m+n$. 因 $g(x),h(x)$ 都是本原多项式，故 $g(x)\neq 0$，$h(x)\neq 0$，从而 $f(x)\neq 0$.

假设 $f(x)$不是本原多项式，则 $f(x)$的系数 $c_0,c_1,\cdots,c_{m+n}$的最大公因子 d 不是 D 的单位，且显然 $d\neq 0$. 又已知 D 是唯一分解整环，d 必有不可约因子 p，即存在 D 中的不可约元 $p|d$，因而 $p|c_k,k=0,1,\cdots,m+n$. 又因为 $g(x),h(x)$均为本原多项式，所以 p 不可能整除所有的 a_i，也不可能整除所有的 b_j. 设 $a_0,a_1,\cdots,a_n$ 中第一个不能被 p 整除的元为 a_r，$b_0,b_1,\cdots,b_m$ 中第一个不能被 p 整除的元为 b_s，而

$$c_{r+s}=a_0b_{r+s}+\cdots+a_{r-1}b_{s+1}+a_rb_s+a_{r+1}b_{s-1}+\cdots+a_{r+s}b_0,$$

该式中 $c_{r+s},a_0,\cdots,a_{r-1},b_{s-1},\cdots,b_0$ 均能被 p 整除，于是 $p|a_rb_s$. 而 $D\in$ UFD，故 p 也为素元，因此 $p|a_r$ 或 $p|b_s$，这与 a_r 和 b_s 的取法矛盾. 故 $f(x)$必为本原多项式. □

引理 2.10.2 设 D 是一个唯一分解整环，F 是 D 的分式域，则 $F[x]$中的每个非零多项式 $f(x)$都可以表示为

$$f(x)=rg(x),$$

其中 $0\neq r\in F$，$g(x)$是 $D[x]$的一个本原多项式，并且这个分解除相差 D 的一个单位因子外

是唯一的.

证明 设

$$f(x)=\frac{b_0}{a_0}+\frac{b_1}{a_1}x+\cdots+\frac{b_n}{a_n}x^n \quad (a_i,b_i\in D,i=1,2,\cdots,n),$$

令 $a=a_0a_1\cdots a_n$,则

$$f(x)=\frac{1}{a}(c_0+c_1x+\cdots+c_nx^n) \quad (c_i\in D,i=1,2,\cdots,n),$$

令 b 是 $c_0,c_1,\cdots,c_n$ 的一个最大公因子,则

$$f(x)=\frac{b}{a}g(x)=rg(x), \quad r=\frac{b}{a}\in F,$$

且 $g(x)$是 $D[x]$的本原多项式.

若还有

$$f(x)=r_1g_1(x),$$

其中 $r_1=\frac{d}{c}\in F,c,d\in D,g_1(x)$是 $D[x]$的本原多项式,则

$$\frac{b}{a}g(x)=\frac{d}{c}g_1(x),$$

令 $h(x)=bcg(x)=adg_1(x)$,由定理 2.10.1(5)知,$bc\sim ad,g(x)\sim g_1(x)$. □

引理 2.10.3 $D[x]$中的一个本原多项式 $g(x)$在 $D[x]$中可约的充分必要条件是 $g(x)$在 $F[x]$中可约.

证明 ⇒ 由定理 2.10.1(4)知,必要性成立.

⇐ 现设 $g(x)$在 $F[x]$中可约,则 $g(x)$在 F 上可分解为两个次数更低的多项式的乘积

$$g(x)=g_1(x)g_2(x), \quad 其中 \quad g_1(x),g_2(x)\in F[x],$$

且

$$0<\deg g_1(x)<\deg g(x), \quad 0<\deg g_2(x)<\deg g(x).$$

由引理 2.10.2,可令

$$g_1(x)=r_1h_1(x), \quad g_2(x)=r_2h_2(x),$$

其中 $h_1(x),h_2(x)$为 $D[x]$的本原多项式,$r_1,r_2\in F$. 于是

$$g(x)=r_1r_2h_1(x)h_2(x).$$

由引理 2.10.1 知,$h_1(x)h_2(x)$是本原多项式,而已知 $g(x)$也是本原多项式,故由引理 2.10.2 知 $r_1r_2=\varepsilon\in U(D)$,即 r_1r_2 是 D 的单位,从而 $g(x)=(\varepsilon h_1(x))h_2(x)$为 $g(x)$在 $D[x]$中的分解. □

推论 2.10.1 设 $g(x)$是 $D[x]$中的一个次数大于零的本原多项式,则 $g(x)$在 $D[x]$中可分解为不可约本原多项式的乘积.

证明 若 $g(x)$不可约,则不需要再证明什么. 现设 $g(x)$可约,则由引理 2.10.1 和引

理 2.10.3 知，$g(x)$可分解为两个次数更低的本原多项式的乘积，将这个过程进行下去，由于 $g(x)$的次数有限，最后必可将 $g(x)$分解为不可约本原多项式之积. □

定理 2.10.2(高斯定理) 若 D 是唯一分解整环，则 $D[x]$也是唯一分解整环.

证明 由定理 2.6.2，我们需要证明：

(1) $D[x]$的每个既不是零也不是单位的元在 $D[x]$中都有分解；

(2) $D[x]$的每个不可约元均为素元.

先证(1). 设 $f(x)$是 $D[x]$中的一个既不是零也不是单位的多项式. 由定理 2.10.1 的(5)，存在 $a\in D$ 及 $D[x]$的本原多项式 $g(x)$，使得

$$f(x) = ag(x).$$

令

$$a = p_1 p_2 \cdots p_t \quad (\text{当 } a \text{ 不是单位时}),$$

$$g(x) = p_1(x)p_2(x)\cdots p_s(x) \quad (\text{当 } \deg f(x) > 0 \text{ 时}).$$

其中 $p_1,p_2,\cdots,p_t$ 是 D 的不可约元，当然也是 $D[x]$的不可约元. $p_1(x),p_2(x),\cdots,p_s(x)$ 是 $D[x]$中的本原不可约多项式，故

$$f(x) = p_1 p_2 \cdots p_t p_1(x) p_2(x) \cdots p_s(x)$$

是 $f(x)$在 $D[x]$上的不可约分解.

再证(2). 现设 $p(x)$为 $D[x]$的任一不可约元，且

$$p(x) \mid f(x)g(x), f(x), g(x) \in D[x],$$

若 $\deg p(x)=0$，则 $p(x)=p\in D$ 是 D 的不可约元. 而 $D\in \mathrm{UFD}$，故 p 为 D 的素元. 于是 $f(x)g(x)=ph(x), h(x)\in D[x]$. 令

$$f(x) = af_1(x), \quad g(x) = bg_1(x), \quad h(x) = ch_1(x)$$

其中 $a,b,c\in D$，$f_1(x),g_1(x),h_1(x)$均为 $D[x]$中的本原多项式. 则由

$$abf_1(x)g_1(x) = pch_1(x)$$

知 $ab\sim pc$，即存在 $\varepsilon\in U(D)$，使得 $\varepsilon pc=ab$，即 $p|ab$，于是由 p 是素元有 $p|a$ 或 $p|b$. 从而必有 $p|f(x)$或 $p|g(x)$.

现设 $\deg p(x)>0$，则 $p(x)$为 $D[x]$中的一个本原不可约多项式. 由引理 2.10.3，$p(x)$在 $F[x]$中也不可约. 而 $F[x]\in \mathrm{UFD}$，故此时 $p(x)$为 $F[x]$的一个素元. 于是在 F 上，由 $p(x)|f(x)g(x)$，必有 $p(x)|f(x)$或 $p(x)|g(x)$. 不妨设 $p(x)|f(x)$，则存在 $h(x)\in F[x]$，使得 $p(x)h(x)=f(x)$. 令

$$f(x) = af_1(x), \quad h(x) = rh_1(x),$$

这里 $a\in D, r\in F$，$f_1(x),h_1(x)$均为 D 上的本原多项式. 于是由 $rp(x)h_1(x)=af_1(x)$，及引理 2.10.2 知，r 与 a 只相差一个单位，设

$$r = \varepsilon a, \quad \varepsilon \in U(D),$$

则

$$f(x) = p(x)(\varepsilon h_1(x)), \quad \varepsilon h_1(x) \in D[x].$$

故在 $D[x]$亦有 $p(x) \mid f(x)$.

综上可知 $D[x]$是一个唯一分解整环. □

由定理 2.10.2 及数学归纳法容易证明下面的定理.

定理 2.10.3 设 D 为唯一分解整环,则 D 上的 n 元多项式环 $D[x_1, x_2, \cdots, x_n]$也是唯一分解整环.

由此可见,整数环$\mathbb{Z}$上的一元多项式环$\mathbb{Z}[x]$是唯一分解整环,域 F 上的二元多项式环也是唯一分解整环. 但$\mathbb{Z}[x]$和 $F[x,y]$都不是主理想整环. 因此,唯一分解整环是比主理想整环更广泛的一类环.

本节最后,给出多项式唯一分解性的一个有趣的应用.

例 2.10.1 我们知道在打麻将时使用一对骰子,每个骰子是一个标有 1,2,3,4,5,6 的正六面体. 将两个骰子同时抛出,得到 2 点,3 点,…,12 点的概率可以由表 2.10.1 算出. 比如,出现 7 点的概率最高,是$\frac{7}{36}$,出现 2 点和 12 点的概率最低,均是$\frac{1}{36}$.

表 2.10.1

	⚀	⚁	⚂	⚃	⚄	⚅
⚀	2	3	4	5	6	7
⚁	3	4	5	6	7	8
⚂	4	5	6	7	8	9
⚃	5	6	7	8	9	10
⚄	6	7	8	9	10	11
⚅	7	8	9	10	11	12

我们的问题是：能否生产一对新的正六面体的骰子，使它能与一对普通骰子(上面提到的六个面上分别为 1 点、2 点、3 点、4 点、5 点、6 点的骰子)有同样的抛投效果，即出现任何一种情况的概率与一对普通骰子均相同.

下面用多项式的唯一分解性来解决这个问题.

对于普通的一对骰子，考虑下面多项式之积：

$$\begin{aligned}&(x+x^2+x^3+x^4+x^5+x^6)(x+x^2+x^3+x^4+x^5+x^6)\\&=x^2+2x^3+3x^4+4x^5+5x^6+6x^7+5x^8+4x^9+3x^{10}+2x^{11}+x^{12}.\end{aligned}$$

用 x^k 的指数 k 代表点数，则上式中 x^k 的系数正是代表出现 k 点的概率.

现设一对新的骰子的六个面上的数字分别为 $\{a_1,a_2,\cdots,a_6\}$ 和 $\{b_1,b_2,\cdots,b_6\}$，a_i,b_i 均为正整数. 要它们达到与普通骰子的同样效果，也就是要求以下多项式等式成立：

$$\begin{aligned}&(x+x^2+x^3+x^4+x^5+x^6)(x+x^2+x^3+x^4+x^5+x^6)\\&=(x^{a_1}+x^{a_2}+x^{a_3}+x^{a_4}+x^{a_5}+x^{a_6})(x^{b_1}+x^{b_2}+x^{b_3}+x^{b_4}+x^{b_5}+x^{b_6}).\end{aligned}\tag{2.10.1}$$

因 $\mathbb{Z}[x]$ 是唯一分解整环，所以上式左边有唯一分解. 而

$$x+x^2+x^3+x^4+x^5+x^6=x(x+1)(x^2+x+1)(x^2-x+1),$$

于是(2.10.1)式左边的不可约分解为

$$f(x)=x^2(x+1)^2(x^2+x+1)^2(x^2-x+1)^2.$$

我们的目标是要由(2.10.1)式解出所有的 a_i 和 b_i. 令

$$p(x)=x^{a_1}+x^{a_2}+x^{a_3}+x^{a_4}+x^{a_5}+x^{a_6},\quad q(x)=x^{b_1}+x^{b_2}+x^{b_3}+x^{b_4}+x^{b_5}+x^{b_6}.$$

因 $p(x)\mid f(x)$，故 $p(x)$ 具有形式

$$p(x)=x^{r_1}(x+1)^{r_2}(x^2+x+1)^{r_3}(x^2-x+1)^{r_4},$$

其中 $0\leqslant r_i\leqslant 2(i=1,2,3,4)$. 因为

$$p(1)=1^{r_1}\times 2^{r_2}\times 3^{r_3}\times 1^{r_4}=1^{a_1}+1^{a_2}+1^{a_3}+1^{a_4}+1^{a_5}+1^{a_6}=6.$$

即 $1^{r_1}\times 2^{r_2}\times 3^{r_3}\times 1^{r_4}=6=2\times 3$. 所以 $r_2=r_3=1$. 由于 a_i 均为正整数，所以，$r_1\geqslant 1$. 若 $r_1=2$，则由于 b_i 均为正整数，会使 x^2 在乘积 $p(x)q(x)$ 中不出现，但这是不可能的. 从而 $r_1=1$. 于是

$$p(x)=x(x+1)(x^2+x+1)(x^2-x+1)^{r_4}.$$

下面分三种情况讨论：

① 当 $r_4=0$ 时，

$$p(x)=x(x+1)(x^2+x+1)=x+x^2+x^2+x^3+x^3+x^4,$$

此时

$$(a_1,a_2,a_3,a_4,a_5,a_6)=(1,2,2,3,3,4).$$

$$q(x)=x(x+1)(x^2+x+1)(x^2-x+1)^2=x+x^3+x^4+x^5+x^6+x^8,$$

$$(b_1,b_2,b_3,b_4,b_5,b_6)=(1,3,4,5,6,8).$$

② 当 $r_4=1$ 时，

$$p(x)=x(x+1)(x^2+x+1)(x^2-x+1)=x+x^2+x^3+x^4+x^5+x^6=q(x),$$

此时

$$(a_1,a_2,a_3,a_4,a_5,a_6)=(1,2,3,4,5,6),$$
$$(b_1,b_2,b_3,b_4,b_5,b_6)=(1,2,3,4,5,6).$$

③ 当 $r_4=2$ 时，

$$\begin{aligned}p(x)&=x(x+1)(x^2+x+1)(x^2-x+1)^2\\&=x+x^3+x^4+x^5+x^6+x^8.\end{aligned}$$

此时

$$(a_1,a_2,a_3,a_4,a_5,a_6)=(1,3,4,5,6,8),$$
$$q(x)=x(x+1)(x^2+x+1)=x+x^2+x^2+x^3+x^3+x^4.$$
$$(b_1,b_2,b_3,b_4,b_5,b_6)=(1,2,2,3,3,4).$$

综上可知，我们找到唯一一对与普通骰子同样效果的新骰子是：一只的六个面分别是1点、2点、2点、3点、3点、4点，另一只的六个面分别是1点、3点、4点、5点、6点、8点．见表2.10.2.

表 2.10.2

	1	2	2	3	3	4
1	2	3	3	4	4	5
3	3	5	5	6	6	7
4	5	6	6	7	7	8
5	6	7	7	8	8	9
6	7	8	8	9	9	10
8	9	10	10	11	11	12

冯·诺依曼小传

约翰·冯·诺依曼(John Von Nouma，1903—1957)美籍匈牙利人，1903年12月28日生于匈牙利的布达佩斯，父亲是一个银行家，家境富裕，十分注意对孩子的教育．冯·诺依曼从小聪颖过人，兴趣广泛，读

书过目不忘．据说他6岁时就能用古希腊语同父亲闲谈，一生掌握了七种语言．1911—1921年，冯·诺依曼在布达佩斯的卢瑟伦中学读书期间，就崭露头角而深受老师的器重．在费克特老师的指导下合作发表了第一篇数学论文，此时冯·诺依曼还不到18岁．1921—1923年在苏黎世大学学习．很快又在1926年以优异的成绩获得了布达佩斯大学数学博士学位，此时冯·诺依曼年仅22岁．1927—1929年冯·诺依曼相继在柏林大学和汉堡大学担任数学讲师．1930年接受了普林斯顿大学客座教授的职位，西渡美国．1931年成为该校终身教授．1933年转到该校的高级研究所，成为最初六位教授之一，并在那里工作了一生．1954年夏，冯·诺依曼被发现患有癌症，1957年2月8日在华盛顿去世，终年54岁．

冯·诺依曼在数学的诸多领域都进行了开创性工作，并作出了重大贡献．在第二次世界大战前，他主要从事算子理论、集合论等方面的研究．1923年关于集合论中超限序数的论文，显示了冯·诺依曼处理集合论问题所特有的方式和风格．他把集合论加以公理化，他的公理化体系奠定了公理集合论的基础．他从公理出发，用代数方法导出了集合论中许多重要概念、基本运算、重要定理等．特别在1925年的一篇论文中，冯·诺依曼指出了任何一种公理化系统中都存在着无法判定的命题．

1933年，冯·诺依曼解决了希尔伯特第5问题，即证明了局部欧几里得紧群是李群．1934年他又把紧群理论与玻尔的殆周期函数理论统一起来．他还对一般拓扑群的结构有深刻的认识，弄清了它的代数结构和拓扑结构与实数是一致的．他对算子代数进行了开创性工作，并奠定了它的理论基础，从而建立了算子代数这门新的数学分支．这个分支在当代的有关数学文献中均称为冯·诺依曼代数．这是有限维空间中矩阵代数的自然推广．冯·诺依曼还创立了博弈论这一现代数学的又一重要分支．1944年发表了奠基性的重要论文《博弈论与经济行为》．论文中包含博弈论的纯粹数学形式的阐述以及对于实际博弈应用的详细说明．文中还包含了诸如统计理论等教学思想．冯·诺依曼在格论、连续几何、理论物理、动力学、连续介质力学、气象计算、原子能和经济学等领域都作过重要的工作．

冯·诺依曼对人类的最大贡献是对计算机科学、计算机技术和数值分析的开拓性工作．冯·诺依曼还积极参与了推广应用计算机的工作，对如何编制程序及进行数值计算都作出了杰出的贡献．冯·诺依曼于1937年获美国数学会的波策奖，1947年获美国总统的功勋奖章、美国海军优秀公民服务奖，1956年获美国总统的自由奖章和爱因斯坦纪念奖以及费米奖．

习题 2.10

1. 证明定理2.10.1的(1)～(4).

2. $2x+2$ 在 $\mathbb{Z}[x]$ 和 $\mathbb{Q}[x]$ 中是否为不可约元?

3. 证明艾森斯坦因(Eisenstein)判别法．设 D 是唯一分解整环，F 是 D 的商域，

$$f(x)=a_0+a_1x+\cdots+a_nx^n\in D[x],\quad 且\ n\geqslant 1.$$

若 D 中存在不可约元 p 使得

(1) $p|a_n$;

(2) $p|a_i(i=0,1,2,\cdots,n-1)$;

(3) $p^2\nmid a_0$.

则 $f(x)$ 在 $D[x]$ 中不能分解为两个次数更低的多项式之积，即 $f(x)$ 在 $D[x]$ 中不可约.

4. 对于例2.10.1，请考虑正四面体、正八面体、正十二面体、正二十面体的骰子的情况.

第3章 域论与几何应用

许多理论在不同的域上会有不同的表达形式，例如，在复数域上的不可约多项式都是一次的，在实数域上的不可约多项式都是一次或二次的，而有理数域上存在任意正次数的不可约多项式. 本章介绍域的扩张的一些基本理论，并用它们来解决几何学上的几个著名的古希腊尺规作图的难题.

3.1 子域和扩域

定义 3.1.1 设 K 是域，F 是 K 的至少有两个元素的子集. 如果 F 关于 K 中的加法与乘法也构成一个域，则称 F 是 K 的子域(subfield)，此时也称 K 为 F 的扩域(extension field).

以下用 K/F 表示 K 是 F 的域扩张.

例 3.1.1 实数域$\mathbb{R}$是有理数域$\mathbb{Q}$的扩域；复数域$\mathbb{C}$是实数域$\mathbb{R}$的扩域，也是有理数域$\mathbb{Q}$的扩域. 复数域的子域都称为数域(number field).

例 3.1.2 设 $F=\{a+b\sqrt{2}\mid a,b\in\mathbb{Q}\}$. 对任何 $a,b\in\mathbb{Q}$，$a+b\sqrt{2}\neq 0$，有 $a^2-2b^2\neq 0$，于是得

$$(a+b\sqrt{2})^{-1}=\frac{a-b\sqrt{2}}{a^2-2b^2}.$$

故 F 是一个数域. 类似地，设 i 是虚数单位，则

$$F=\{a+b\mathrm{i}\mid a,b\in\mathbb{Q}\}$$

也是数域.

例 3.1.3 由定理 2.2.4，任何整环的特征或者是零，或者是素数 p. 所以当 K/F 是域扩张时，K 与 F 有相同的特征.

例 3.1.4 设 K 是域，$\{L_i\},i\in I$ 是 K 中的一个子域簇，则 $L=\bigcap_{i\in I}L_i$ 也是 K 的子域.

证明 设 $a,b\in L$，则对任何下标 i，有 $a,b\in L_i$. 由于 L_i 是域，因而有

$$a+b,a-b,ab,\quad \frac{a}{b}(b\neq 0)\in L_i.$$

故

$$a+b,a-b,ab,\quad \frac{a}{b}(b\neq 0)\in L,$$

因此 L 是 K 的子域.

例 3.1.5 设 F 是域,由例 3.1.4,F 的所有子域的交是 F 的最小的子域,称为 F 的素子域(prime subfield).

定理 3.1.1 设 F 是域,F_0 是 F 的素子域. 则当 F 的特征为素数 p 时,F_0 同构于有限域$\mathbb{Z}_p$;当 F 的特征为零时,F_0 同构于有理数域$\mathbb{Q}$.

证明 设 1_F 是 F 的单位元,p 是 F 的特征,则或者 $p=0$,或者 p 是素数.

若 p 是素数,令

$$\varphi:\mathbb{Z}\rightarrow F,\quad \varphi(n)=n1_F,\quad n\in\mathbb{Z}.$$

由于 $1_F\in F_0$,因而有

$$\varphi:\mathbb{Z}\rightarrow F_0\subseteq F.$$

由同态基本定理有 $\varphi(\mathbb{Z})\cong\mathbb{Z}_p$,于是 $\varphi(\mathbb{Z})$是 F_0 的子域. 由 F_0 的最小性有 $F_0=\varphi(\mathbb{Z})\cong\mathbb{Z}_p$.

若 $p=0$,则对任何 $n\in\mathbb{Z}$,$n\neq0$,有 $n1_F\neq0$. 定义 $\eta:\mathbb{Q}\rightarrow F_0$,使得

$$\eta\left(\frac{m}{n}\right)=\frac{m1_F}{n1_F},\quad m,n\in\mathbb{Z},n\neq 0.$$

可以证明 η 是映射. 事实上,若有$\frac{m}{n}=\frac{m'}{n'}$,则 $mn'=m'n$ 成立,故在 F_0 中,有 $m1_Fn'1_F=m'1_Fn1_F$. 于是有$\frac{m1_F}{n1_F}=\frac{m'1_F}{n'1_F}$. 这表示$\mathbb{Q}$中任何元素在 F_0 中的像是唯一确定的,故 η 是映射. 直接验证可知 η 是环的单同态. 因此有 $\eta(\mathbb{Q})$是 F_0 的子域. 仍由 F_0 的最小性有 $F_0=\eta(\mathbb{Q})\cong\mathbb{Q}$. □

例 3.1.6 由定理 3.1.1,有理数域$\mathbb{Q}$是最小的数域.

以下我们总是把 F 的单位元用 1 表示,不再写成 1_F.

例 3.1.7 设 K/F 是域扩张,S 是 K 中的非空子集,则

$$\bigcap\{L\mid L\text{ 是 }K\text{ 的子域,且 }F\subseteq L,S\subseteq L\}$$

是 K 中包含 F 与 S 的最小的子域,称为集合 S 在 F 上生成的子域(subfield generated by S over F),也称为添加集合 S 到 F 得到的子域,记作 $F(S)$. 当 $S=\{\alpha_1,\alpha_2,\cdots,\alpha_m\}$是有限集时,就简记为 $F(\alpha_1,\alpha_2,\cdots,\alpha_m)$.

定义 3.1.2 设 K/F 是域扩张. 若存在 $\alpha\in K$,使得 $K=F(\alpha)$,则 K 叫做 F 的单扩域(simple extension field).

定理 3.1.2 设 K/F 是域扩张,$\alpha_1,\alpha_2,\cdots,\alpha_m\in K$,$L-F(\alpha_1,\alpha_2,\cdots,\alpha_m)$. 则

$$L=\left\{\frac{f(\alpha_1,\alpha_2,\cdots,\alpha_m)}{g(\alpha_1,\alpha_2,\cdots,\alpha_m)}\,\middle|\,\text{其中 }f,g\in F[x_1,x_2,\cdots,x_m],\text{但 }g(\alpha_1,\alpha_2,\cdots,\alpha_m)\neq 0\right\}.$$

证明 记上式右端为 L',先证明 $F\subseteq L'$. 设 $\alpha_1,\alpha_2,\cdots,\alpha_m\in L'$,且 L'是域,从而有 $L\subseteq L'$.

事实上,对任何 $a\in F$,有 $a=\frac{a}{1}\in L'$. 故 $F\subseteq L'$. 又在 $F[x_1,x_2,\cdots,x_n]$中,取 $f=x_i,g=1$,则 $\alpha_i=\frac{f(\alpha_1,\alpha_2,\cdots,\alpha_m)}{g(\alpha_1,\alpha_2,\cdots,\alpha_m)}$. 容易看到,$L'$中任何两个元素的和,差,乘积与商(分母不为零)还在 L'中,故 L'是域.

另一方面,对任何 $f,g\in F[x_1,x_2,\cdots x_m]$,显然有

$$f(\alpha_1,\alpha_2,\cdots,\alpha_m),\quad g(\alpha_1,\alpha_2,\cdots,\alpha_m)\in L.$$

由于 $L=F(\alpha_1,\alpha_2,\cdots,\alpha_m)$是域,从而当 $g(\alpha_1,\alpha_2,\cdots,\alpha_m)\neq 0$ 时,有

$$\frac{f(\alpha_1,\alpha_2,\cdots,\alpha_m)}{g(\alpha_1,\alpha_2,\cdots,\alpha_m)}\in L.$$

于是我们得到 $L'=L$. □

定理 3.1.3 设 K/F 是域扩张,S_1,S_2 是 K 中的非空子集,$S=S_1\cup S_2$. 那么:

(1) 若 $S_1\subseteq S_2$,则 $F(S_1)\subseteq F(S_2)$;

(2) $F(S)=F(S_1)(S_2)$. 特别地,若 $a,b\in K$,则 $F(a,b)=F(a)(b)$.

证明 (1) 由定理 3.1.2 即知.

(2) 记 $F_1=F(S_1)(S_2)$. 由于 $F,S_1,S_2\subseteq F_1$,有 $F,S\subseteq F_1$,从而有 $F(S)\subseteq F_1$. 另一方面,由于 $F,S_1\subseteq F(S)$,因而有 $F(S_1)\subseteq F(S)$. 又 $S_2\subseteq F(S)$,于是有

$$F_1=F(S_1)(S_2)\subseteq F(S).\ \text{因此有}\ F_1=F(S).$$ □

从定理 3.1.3 我们看到,若 K 在域 F 上一次添加有限个元素得到的扩域,我们可以从 F 出发,每次添加一个元素,经有限次这样的添加而得到.

设 K/F 是域扩张,按照线性空间的定义,K 也可以认为是 F 上的一个线性空间,其中 K 中的元素理解为向量,向量的加法就是 K 中元素的加法,系数域 F 与 K 中向量的乘法就是 K 中元素的乘法.

定义 3.1.3 设 K/F 是域扩张,则 F 上的线性空间 K 的维数称为域扩张 K/F 的次数,记为$[K:F]$.

设 K 是 F 的扩域,显然有$[K:F]=1$ 当且仅当 $K=F$.

这里需要说明线性空间的任意一个子集的线性无关与基底的意义,因为许多高等代数或线性代数教科书只对有限子集来定义线性无关的. 设 F 是域,V 是 F 上的线性空间,S 是 V 的子集. 若 S 中的任意有限子集 S_0 都是线性无关的,则 S 就称为 V 的线性无关子集. 否则 S 称为 V 的线性相关子集. 设 S 是 V 的子集,满足: (1)S 是线性无关子集,(2)对 V 的任何向量 α,存在 S 的有限子集 S_0,使得 α 可由 S_0 中的向量来线性表示,则 S 称为 V 的一个基底.

定义 3.1.4 设 K/F 是域扩张. 若$[K:F]<\infty$,则 K 称为 F 的有限扩域或有限扩张(finite extension field of F).

例 3.1.8 设 $L=\mathbb{Q}[\sqrt{2}]$,则$\{1,\sqrt{2}\}$是$\mathbb{Q}$-线性空间 L 的基底,因此有$[L:\mathbb{Q}]=2$. 又

设 $K=L(\sqrt{3})=\mathbb{Q}(\sqrt{2},\sqrt{3})$，则$\{1,\sqrt{3}\}$是 L-线性空间 K 的基底. 此时，$\{1,\sqrt{2},\sqrt{3},\sqrt{6}\}$是$\mathbb{Q}$-线性空间 K 的基底，于是我们有$[K:\mathbb{Q}]=4$.

定理 3.1.4 设 L 是 F 的扩域，K 是 L 的扩域. 则 K 是 F 的有限扩域当且仅当 L 是 F 的有限扩域，且 K 是 L 的有限扩域. 此时有关系

$$[K:F]=[K:L][L:F].$$

证明 设 $n=[K:F]<\infty$. 于是 K 中任何 $n+1$ 个元素在 F 上线性相关，从而在 L 上也是线性相关的，故$[K:L]<\infty$. 同理，$[L:F]<\infty$.

反之，设 $s=[K:L]<\infty$，且 $m=[L:F]<\infty$. 取 L 上的线性空间 K 中的基底 $u_1,u_2,\cdots,u_s$，及 F 上的线性空间 L 的基底 $v_1,v_2,\cdots,v_m$. 对任何 $\alpha\in K$，有

$$\alpha=\sum_{i=1}^{s}c_iu_i,\quad c_i\in L,\quad i=1,2,\cdots,s,$$

及

$$c_i=\sum_{j=1}^{m}a_{ij}v_j,\quad a_{ij}\in F,\quad i=1,2,\cdots,s;\ j=1,2,\cdots,m.$$

于是有 $\alpha=\sum\limits_{i=1}^{s}\sum\limits_{j=1}^{m}a_{ij}u_iv_j$，即 K 中任何元素可由集合

$$S=\{u_iv_j\mid i=1,2,\cdots,s;\ j=1,2,\cdots,m\}$$

线性表示. 又若

$$\sum_{i=1}^{s}\sum_{j=1}^{m}a_{ij}u_iv_j=\sum_{i=1}^{s}\Big(\sum_{j=1}^{m}a_{ij}v_j\Big)u_i=0,\quad a_{ij}\in F,$$

由于$\{u_i\}_{i=1}^{s}$是 K/F 的基底，因而有

$$\sum_{j=1}^{m}a_{ij}v_j=0,\quad i=1,2,\cdots,s.$$

因此对所有的 i 与 j，有 $a_{ij}=0$. 于是集合 S 在 F 上还是线性无关的，从而是 F 上的线性空间 K 的基底. 故有$[K:F]=sm<\infty$. □

推论 3.1.1 设

$$F=F_0\subseteq F_1\subseteq F_2\subseteq\cdots\subseteq F_k$$

是一个域扩张序列，且每个$[F_{i+1}:F_i]<\infty$. 则

$$[F_k:F]=[F_k:F_{k-1}][F_{k-1}:F_{k-2}]\cdots[F_2:F_1][F_1:F_0].$$ □

推论 3.1.2 设 K/F 是有限扩张，L 是 F 与 K 的一个中间域. 则$[L:F]$整除$[K:F]$，且$[L:F]=[K:F]$当且仅当与 $L=K$. □

推论 3.1.3 设 K/F 是域扩张，且$[K:F]$是素数. 则 F 与 K 之间再无其他的中间域. □

欧拉小传

欧拉(L. Euler,1707—1783),瑞士数学家、物理学家、天文学家. 欧拉于1707年4月15日生于瑞士巴塞尔. 1722年在巴塞尔获学士学位,第二年又获硕士学位. 他对数学有浓厚的兴趣,18岁起开始发表论文. 大量的写作使他在1735年右眼因眼疾而失明. 1771年的一场大病使他的左眼也完全失明. 然而他仍凭着惊人的记忆力和心算技巧进行研究,通过口授完成了大量论著. 他的全集有74卷之多,其中《无穷小分析引论》、《微分学原理》、《积分学原理》已成为数学中的经典著作. 他的研究几乎涉及到数学的每个分支. 数学中有许多定理和公式都是以欧拉的名字命名的,例如,关于多面体的欧拉定理、数论中的欧拉函数、复变函数中的欧拉公式以及微分方程中的欧拉方程等. 欧拉早在1761年就给出了群的例子. 他最突出的数学贡献是扩展了微积分的领域,为分析学的一些重要分支与微分几何的产生和发展奠定了基础,他还在代数、数论、组合数学等许多领域中有所建树,在代数学方面,他发现了每个实系数多项式必分解为一次或二次因子之积的形式. 他还给出了费马小定理的三个证明,并引入了数论中重要的欧拉函数,他研究数论的一系列成果使得数论成为数学中的一个独立分支. 欧拉又用解析方法讨论数论问题,发现了ξ函数所满足的函数方程,并引入欧拉乘积. 并且还解决了著名的哥尼斯堡七桥问题,创立了拓扑学. 现在的许多数学符号也起源于欧拉,如用$\sum$来表示求和(1755年),用i表示虚数单位(1777年),用e表示自然对数的底数(1736年)等. 法国天文学家、物理学家阿拉戈(D. F. J. Arago)称赞欧拉道:"欧拉计算起来轻松自如,就像人们呼吸,鹰在空中飞翔."

习题 3.1

1. 设K是域,F是K的至少有两个元素的子集,则F是K的子域当且仅当F关于K中的四则运算是封闭的.

2. 设$K=\mathbb{Q}(\sqrt[3]{5})$,求$K$作为$\mathbb{Q}$-向量空间的一个基底.

3. 证明:$\mathbb{Q}(\sqrt{2},\sqrt{3})=\mathbb{Q}(\sqrt{2}+\sqrt{3})$.

4. 设K是域,$F_1\subseteq F_2\subseteq\cdots\subseteq F_n\subseteq\cdots$是$K$的子域,则$\bigcup\limits_{n=1}^{\infty}F_n$也是$K$的子域.

5. 设K是域,F_1,F_2是K的子域,$F_1+F_2\overset{\text{def}}{=}\{x+y\mid x\in F_1,y\in F_2\}$,试问$F_1+F_2$是否为$K$的子域.

6. 设K/F是域扩张,证明:$K=\bigcup\limits_{S}F(S)$,其中S取遍K的一切有限子集.

7. 设F是特征为p的有限域,证明:存在正整数n,使得$|F|=p^n$.

8. 证明推论3.1.1、推论3.1.2和推论3.1.3.

3.2 代数扩张

定义 3.2.1 设K/F是域扩张,$\alpha\in K$. 如果满足F上的一个代数方程

$$a_0+a_1\alpha+a_2\alpha^2+\cdots+a_n\alpha^n=0,$$

其中 a_i 不全为零,即存在一个正次数多项式 $f(x)\in F[x]$,使得 $f(\alpha)=0$,则 α 叫做 F 上的代数元(algebraic element)(有时我们也称 α 在 F 上代数). 若 α 不是 F 上的代数元,则 α 叫做 F 上的超越元(transcendental element).

有理数域$\mathbb{Q}$上的代数元简称为代数数(algebraic number),类似地,有理数域$\mathbb{Q}$上的超越元简称为超越数(transcendental number).

显然,对任何 $a\in F$,令 $f(x)=x-a$,则 $f(a)=0$,故域 F 中的元素都是 F 上的代数元.

例 3.2.1 $2+\sqrt{3}$是代数方程$(x-2)^2-3=0$的根,因此有 $2+\sqrt{3}$是代数数. 从初等数论课程知道,圆周率 π 是超越数.

定义 3.2.2 设 K/F 是域的扩张. 若 K 中任何元素都是 F 上的代数元,则称 K/F 为代数扩张(algebraic extension).

定理 3.2.1 设 K/F 是有限扩张,则 K 中任何元素都是 F 上的代数元,于是有限扩张一定是代数扩张.

证明 设$[K:F]=n,\alpha\in K$,则 $1,\alpha,\cdots,\alpha^n$ 是线性相关的. 故存在不全为零的 $a_0,a_1,\cdots,a_n\in F$,使得

$$a_0+a_1\alpha+a_2\alpha^2+\cdots+a_n\alpha^n=0.$$

因此有 α 是 F 上的代数元. □

定义 3.2.3 设 K/F 是域扩张,$\alpha\in K$ 是 F 上的代数元,则有一个次数最低的首一多项式 $\varphi(x)\in F[x]$,使得 $\varphi(\alpha)=0$,这个 $\varphi(x)$称为 α 的最小多项式(minimal polynomial).

例 3.2.2 设 $F=\mathbb{Q}$,则$\sqrt{2}$的最小多项式是 x^2-2,而 $\omega=\frac{1}{2}(-1+\sqrt{3}\mathrm{i})$的最小多项式是 x^2+x+1.

定理 3.2.2 设 K/F 是域扩张,$\alpha\in K$. 若 α 是 F 上的代数元,其最小多项式是 $\varphi(x)$. 则:

(1) $\varphi(x)$是不可约多项式;

(2) 若 $f(x)\in F[x]$,使得 $f(\alpha)=0$,则 $\varphi(x)$整除 $f(x)$;

(3) α 的最小多项式是唯一确定的.

证明 (1) 若有 $\varphi(x)=f(x)g(x)$,其中 $f(x),g(x)$都是正次数多项式,于是有 $\deg(f(x)),\deg(g(x))<\deg(\varphi(x))$. 约去 $f(x),g(x)$的首项系数,不妨假设 $f(x),g(x)$都是首一多项式. 由 $\varphi(\alpha)=f(\alpha)g(\alpha)=0$ 得,或者有 $f(\alpha)=0$,或者有 $g(\alpha)=0$,这与 $\varphi(x)$是 α 的最小多项式的事实矛盾,故 $\varphi(x)$是不可约多项式.

(2) 约定零多项式的次数是$-\infty$. 由带余除法,可设

$$f(x)=q(x)\varphi(x)+r(x),\quad q(x),r(x)\in F[x],\quad \deg(r(x))<\deg(\varphi(x)).$$

于是有

$$f(\alpha)=q(\alpha)\varphi(\alpha)+r(\alpha)=r(\alpha)=0.$$

由于 $\varphi(x)$是 α 的最小多项式,所以 $r(x)=0$,因此,$\varphi(x)$整除 $f(x)$.

(3) 设 $\psi(x)$ 也是 α 的最小多项式，由条件有 $\psi(x)$ 整除 $\varphi(x)$，且 $\varphi(x)$ 整除 $\psi(x)$. 由于最小多项式都是首一的，因而有 $\psi(x)=\varphi(x)$. □

若代数元 α 的最小多项式 $\varphi(x)$ 的次数是 n，则 α 也称 F 上的 n 次代数元. 容易看到，α 是 F 上的一次代数元当且仅当 $\alpha\in F$. 此外，若 $f(x)$ 是不可约多项式，α 是 $f(x)$ 的根，由定理 3.2.2(2)，有 α 的最小多项式 $\varphi(x)=\dfrac{1}{a}f(x)$，其中 a 是 $f(x)$ 的首项系数.

设 K/F 是域扩张，$\alpha_1,\alpha_2,\cdots,\alpha_m\in K$，定义

$$F[\alpha_1,\alpha_2,\cdots,\alpha_m]=\{f(\alpha_1,\alpha_2,\cdots,\alpha_m)\mid f(x_1,x_2,\cdots,x_m)\in F[x_1,x_2,\cdots,x_m]\}.$$

显然 $F[\alpha_1,\alpha_2,\cdots,\alpha_m]$ 是一个整环.

当 $m=1$ 时，则：

$$F[\alpha]=\left\{\sum_{i=0}^{n}a_i\alpha^i \mid n\text{ 是自然数},a_i\in F,i=0,1,\cdots,n\right\}.$$

定理 3.2.3 设 K/F 是域扩张，$\alpha\in K$. 若 α 是 F 上的超越元，则：

(1) $F[\alpha]\cong F[x]$；

(2) $F(\alpha)$ 同构于 $F[x]$ 的商域.

证明 (1) 定义 ψ: $F[x]\to F[\alpha]$，使得 $\psi(f(x))=f(\alpha)\in K$，容易看到，$\psi$ 是满的环同态. 由于 α 是 F 上的超越元，故 $f(x)\neq 0$ 时，有 $\psi(f(x))=f(\alpha)\neq 0$，因此，$\psi$ 还是单同态. 所以 $F[\alpha]\cong F[x]$.

(2) 设 L 是 $F[x]$ 的商域，则

$$L=\left\{\frac{f}{g}\mid \text{其中 } f,g\in F[x],\text{但 } g\neq 0\right\}.$$

由定理 3.1.2 有

$$F(\alpha)=\left\{\frac{f(\alpha)}{g(\alpha)}\mid \text{其中 } f,g\in F[x],\text{但 } g(\alpha)\neq 0\right\}.$$

定义 σ: $L\to F(\alpha)$，使得

$$\sigma\left(\frac{f}{g}\right)=\frac{f(\alpha)}{g(\alpha)}.$$

注意到 $\dfrac{f}{g}=\dfrac{f_1}{g_1}$ 当且仅当 $fg_1=f_1g$. 由于 α 是 F 上的超越元，因此有 $fg_1=f_1g$ 当且仅当 $f(\alpha)g_1(\alpha)=f_1(\alpha)g(\alpha)$，即 $\dfrac{f(\alpha)}{g(\alpha)}=\dfrac{f_1(\alpha)}{g_1(\alpha)}$. 于是有 σ 是映射且是单映射. 直接验证可知 σ 还是环的满同态，从而 σ 是同构. □

定理 3.2.4 设 K/F 是域扩张，$\alpha\in K$. 则以下各条件等价：

(1) α 是 F 上的代数元；

(2) $F[\alpha]$ 是域，即 $F(\alpha)=F[\alpha]$；

(3) $F(\alpha)$ 是 F 的有限扩域.

具备上述条件之一时有

$$F(\alpha)\cong F[x]/(\varphi(x)),\quad [F[\alpha]:F]=\deg(\varphi(x)),$$

其中 $\varphi(x)$ 是 α 的最小多项式.

证明 (1)⇒(2) 令 ρ: $F[x]\to F[\alpha]$,使得 $\rho(f(x))=f(\alpha)$,$f(x)\in F[x]$. 则 ρ 是环同态,也是满同态. 由定理 3.2.2,$f(x)\in\ker(\rho)$ 当且仅当 $\varphi(x)\mid f(x)$,即 $f(x)\in(\varphi(x))$,故 $\ker(\rho)=(\varphi(x))$. 因此有 $F[\alpha]\cong F[x]/(\varphi(x))$. 由于 $\varphi(x)$ 是不可约多项式,故 $(\varphi(x))$ 是 $F[x]$ 的极大理想,从而有 $F[\alpha]$ 是域. 因此 $F(\alpha)=F[\alpha]$.

(2)⇒(1) 因为 $F[\alpha]$ 是域,所以 $\alpha^{-1}\in F[\alpha]$,于是存在 $f(x)\in F[x]$ 使得 $\alpha^{-1}=f(\alpha)$,这样 α 是多项式 $xf(x)-1$ 的根. 从而 α 是 F 上的代数元.

(1),(2)⇒(3) 设 $\varphi(x)$ 是 α 的最小多项式,$n=\deg(\varphi(x))$. 以下证明 $1,\alpha,\cdots,\alpha^{n-1}$ 是 $F(\alpha)=F[\alpha]$ 的基底,从而有 $F(\alpha)$ 是 F 的有限扩域.

对任何 $\beta=f(\alpha)\in F[\alpha]$,$f(x)\in F[x]$. 由带余除法,有

$$f(x)=q(x)\varphi(x)+r(x),\quad q(x),r(x)\in F[x],\quad \deg(r(x))<\deg(\varphi(x)).$$

从而有

$$\beta=f(\alpha)=q(\alpha)\varphi(\alpha)+r(\alpha)=r(\alpha).$$

记 $r(x)=a_0+a_1x+\cdots+a_{n-1}x^{n-1}$,$a_i\in F$,于是有

$$\beta=a_0+a_1\alpha+\cdots+a_{n-1}\alpha^{n-1},$$

即 β 可由 $1,\alpha,\cdots,\alpha^{n-1}$ 线性表示. 若有 $b_0+b_1\alpha+\cdots+b_{n-1}\alpha^{n-1}=0$,$b_i\in F$,则由 $\varphi(x)$ 的次数的最低性,有 $b_i=0$,$i=0,1,\cdots,n-1$,故 $1,\alpha,\cdots,\alpha^{n-1}$ 还是线性无关的. 因此 $1,\alpha,\cdots,\alpha^{n-1}$ 是 $F(\alpha)$ 的基底. 由此还得到了 $[F(\alpha):F]=[F[\alpha]:F]=n$.

(3)⇒(1) 由定理 3.2.1 即得. □

在定理 3.2.4 证明过程可以看到,设 α 的最小多项式的次数为 n,则 $[F(\alpha):F]=n$,此时,$1,\alpha,\cdots,\alpha^{n-1}$ 是 $F(\alpha)$ 在 F 上的基底.

定理 3.2.5 设 K/F 是域扩张,$[K:F]=2$. 则存在 $u\in F$,使得 $K=F(\sqrt{u})$.

证明 由 $[K:F]=2$ 有 $K\neq F$. 取 $\alpha\in K-F$,由定理 3.2.1,α 是 F 上的代数元. 由推论 3.1.3,$K=F(\alpha)$. 由定理 3.2.1,存在不全为零的 $a,b,c\in F$,使得 $a\alpha^2+b\alpha+c=0$.

可以断言 $a\neq 0$,否则或者有 $a=b=c=0$,或者有 $\alpha\in F$,矛盾. 令 $u=b^2-4ac$,则 $u\in F$. 由韦达定理,不妨设 $\alpha=\dfrac{-b+\sqrt{u}}{2a}$,则有 $\sqrt{u}\in K$,但 $\sqrt{u}\notin F$. 由 $F\subseteq F(\sqrt{u})\subseteq K$ 及 $[K:F]=2$,有 $K=F(\sqrt{u})$. □

定理 3.2.6 设 K/F 是域扩张,L 是 F 与 K 的中间域.

(1) 若 L 是 F 的有限扩张,$\alpha\in K$ 是 F 上的代数元,则 $L(\alpha)$ 也是 F 的有限扩张;

(2) 设 $\alpha,\beta\in K$ 是 F 上的代数元,则 $\alpha+\beta,\alpha-\beta,\alpha\beta$ 及 $\dfrac{\alpha}{\beta}$ 也是 F 上的代数元.

证明 (1) α 是 F 上的代数元,则 α 也是 L 上的代数元. 于是 $L(\alpha)$ 是 L 上的有限扩张.

由定理 3.1.4，$[L(\alpha):F]=[L(\alpha):L][L:F]$，因而有 $L(\alpha)$ 是 F 的有限扩张.

(2) 记 $L=F(\alpha)$，则 L 是 F 的有限扩张. 由(1)，$L(\beta)=F(\alpha,\beta)$ 是 F 上的有限扩张. 由于

$$\alpha+\beta,\alpha-\beta,\alpha\beta,\frac{\alpha}{\beta}\in F(\alpha,\beta),$$

由定理 3.2.1 知 $\alpha+\beta,\alpha-\beta,\alpha\beta$ 及 $\frac{\alpha}{\beta}$ 都是 F 上的代数元. □

例 3.2.3 由例 3.2.1 与定理 3.2.6 可得，$\sqrt{\pi}$ 是超越数.

定理 3.2.7 设 K/F 是域扩张，则下面两条等价：

(1) $[K:F]<\infty$，即 K/F 是有限扩张；

(2) K 中包含有 F 的代数元 $\alpha_1,\alpha_2,\cdots,\alpha_n$，使得 $K=F(\alpha_1,\alpha_2,\cdots,\alpha_n)$.

证明 (1) $\Rightarrow$(2). 记 $[K:F]=n$，故 K 作为 F-向量空间有基底 $\alpha_1,\alpha_2,\cdots,\alpha_n$. 注意到对每一个 $i(i=1,2,\cdots,n)$，有 $1,\alpha_i,\cdots,\alpha_i^n$ 在 F 上线性相关，故每一 α_i 都是 F 上的代数元. 显然有 $K=F(\alpha_1,\alpha_2,\cdots,\alpha_n)$.

(2) $\Rightarrow$(1). 记 $F_0=F,F_i=F(\alpha_1,\alpha_2,\cdots,\alpha_i)$，则 $F_i=F_{i-1}(\alpha_i),i=1,2,\cdots,n$. 由于 α_i 是 F 上的代数元，因此也是 F_{i-1} 上的代数元. 由定理 3.2.4，$[F_i:F_{i-1}]<\infty$. 于是有

$$[K:F]=\prod_{i=1}^{n}[F_i:F_{i-1}]<\infty.$$ □

定理 3.2.8 设 K/F 是域扩张，L 是 F 与 K 的中间域. 设 $\alpha\in K$. 若 α 是 L 上的代数元，L/F 是代数扩张，则 α 是 F 上的代数元. 故若 L/F 是代数扩张，K/L 是代数扩张，则 K/F 是代数扩张.

证明 设 α 在 L 上的最小多项式为

$$\varphi(x)=x^n+a_1x^{n-1}+\cdots+a_n,\quad a_i\in L,i=1,2,\cdots,n.$$

令 $L'=F(a_1,a_2,\cdots,a_n)$，则 $L'\subseteq L$，且 α 也是 L' 上的代数元. 由定理 3.2.7，L' 是 F 的有限扩张. 由定理 3.1.4，$[L'(\alpha):F]=[L'(\alpha):L'][L':F]<\infty$，故 α 是 F 上的代数元.

□

定义 3.2.4 设 K/F 是域扩张，则将 K 中在 F 上代数元的集合称为 F 在 K 中的代数闭包(algebraic closure). 若 F 在 K 中的代数闭包是 F 自身，则称 F 在 K 中是代数封闭的(algebraically closed).

定理 3.2.9 设 K/F 是域扩张，L 是 F 在 K 中的代数闭包，则：

(1) L 是 K 的包含 F 的子域；

(2) L 在 K 中是代数封闭的.

证明 (1) 引用定理 3.2.6 即知.

(2) 设 $\alpha\in K$，且 α 是 L 上的代数元. 于是 $L(\alpha)$ 是 L 的代数扩张. 显然 L 是 F 的代数扩张. 由定理 3.2.8，$L(\alpha)$ 是 F 的代数扩张，于是 α 是 F 上的代数元. 因此，$\alpha\in L$，从而 L 在 K

中是代数封闭的. □

定义 3.2.5 设 K 是域. 如果 K 没有非平凡的代数扩域，则 K 称为代数闭域(algebraically closed field).

定理 3.2.10 设 F 是域，$p(x)$ 是 $F[x]$ 中的首一不可约多项式，则存在 F 的单扩域 $K=F(\alpha)$，使得 α 是 F 上的代数元，其最小多项式就是 $p(x)$.

证明 由于 $F[x]$ 是主理想整环，故 $(p(x))$ 是 $F[x]$ 的极大理想. 由定理 2.4.2，$K=F[x]/(p(x))$ 是域. 令 $\sigma: F\to K$，使得

$$\sigma(a)=\bar{a},\quad a\in F.$$

由于 $(p(x))\cap F=0$，因而 σ 是单同态. 对任何 $a\in F$，视 $\bar{a}$ 为 a，于是 K 是 F 的扩域. 设 $\deg(p(x))=n$，则 $\bar{1},\bar{x},\cdots,\bar{x}^{n-1}$ 是 K 作为 F 上的线性空间的基底，从而有 $[K:F]=n$. 因此，K 是 F 的代数扩域. 令 $\alpha=\bar{x}$，则 $K=F(\alpha)$，故 α 是 F 上的代数元. 记 $p(x)=\sum\limits_{i=0}^{n}a_ix^i$，$a_i\in F$，则

$$p(\alpha)=\sum_{i=0}^{n}a_i\bar{x}^i=\sum_{i=0}^{n}\bar{a}_i\bar{x}^i=\overline{p(x)}=0,$$

由此能够推出 $p(x)$ 是 α 的最小多项式. □

定理 3.2.11 设 K 是域，则以下四条结论等价：

(1) K 是代数闭域；

(2) $K[x]$ 中的任何不可约多项式是一次的；

(3) $K[x]$ 中任何正次数多项式可以分解为一次多项式的乘积；

(4) $K[x]$ 中任何正次数多项式在 K 中至少有一个根.

证明 (1)⇒(2) 设 $p(x)$ 是 $K[x]$ 中的不可约多项式，$\deg(\varphi(x))=n$. 由定理 3.2.10，存在 K 的代数扩域 K_1，使得 $[K_1:K]=n$. 由结论(1)有 $K=K_1$，故 $n=1$.

(2)⇒(1) 设 E 是 K 的代数扩域. 对任何 $a\in E$，a 的最小多项式记为 $\varphi(x)$. 由定理 3.2.2，$\varphi(x)$ 是不可约多项式，于是有 $[K(a):K]=\deg(\varphi(x))=1$，故 $K(a)=K$，从而有 $a\in K$，于是得 $E=K$，即 K 没有非平凡的代数扩域. 故 K 是代数闭域.

(2)⇒(3) 由 $K[x]$ 是唯一分解整环即知.

(3)⇒(4) 显然.

(4)⇒(2) 设 $p(x)$ 是 $K[x]$ 中的不可约多项式，$\alpha\in K$ 是 $p(x)$ 的根. 由因式定理，$p(x)=(x-\alpha)g(x)$，其中 $g(x)\in K[x]$. 于是 $g(x)$ 是非零常数，从而有 $\deg(p(x))=1$. □

例 3.2.4 由代数基本定理，复数域 $\mathbb{C}$ 是代数闭域.

克罗内克小传

克罗内克(L. Kronecker，1823—1891) 德国数学家. 克罗内克生于一个富裕的犹太家庭. 克罗内克进

入利格尼茨预科学校之前，在家中接受私人教师的教育．在预科学校，他幸运地遇到了对他后来的数学生涯产生重要影响的第一位数学教师 E. E. 库默尔，并与之结成了终生好友．10 多年后他们在柏林成为同事．1841 年春，克罗内克进入柏林大学．1845 年在柏林大学获得博士学位．此后 8 年，克罗内克在家乡经营银行和农场，并取得很大成功．1855 年，克罗内克重返柏林，1861 年在柏林大学任教．1861 年 1 月 23 日，经库默尔和魏尔斯特拉斯等人推荐，克罗内克成为柏林科学院院士．他的主要贡献在数论、代数、代数函数论以及积分和拓扑学等领域．克罗内克将环论和域论应用于代数数论研究中，建立了有限生成阿贝尔群的结构定理，最早掌握了伽罗瓦的思想．克罗内克对代数数论的贡献尤以所谓克罗内克-韦伯定理著名．该定理即：有理数域的任一阿贝尔扩张一定是一分圆域的子域．这是他最重要的成果之一．他创立了有理函数域论，引进了在域上添加代数量生成扩域的概念和模系的概念，并说明了代数数的理论是独立于代数基本定理的．这也是他最重要的工作之一．

克罗内克基于自己的哲学观，反对魏尔斯特拉斯的分析．魏尔斯特拉斯不仅使用实无限，而且钟爱像波尔查诺-魏尔斯特拉斯定理(有界无穷序列必有聚点)这样的非构造性的存在定理．克罗内克认为魏尔斯特拉斯的方法是不充分的，同时在克罗内克看来，康托尔(G. Cantor)的超穷数理论也是无法接受的，它与克罗内克的信条完全对立．克罗内克强烈反对并试图阻止康托尔扩大其影响．这使他成为直觉主义和构造主义的先驱者之一．

习题 3.2

1. 设 K/F 是域扩张，$f(x)$是 F 上的不可约多项式，$\alpha\in K$ 是 $f(x)$的根．则 α 的最小多项式为$\frac{1}{a}f(x)$，其中 a 是 $f(x)$的首项系数．

2. 设 $\zeta=\cos\frac{\pi}{8}+\mathrm{i}\sin\frac{\pi}{8}$，$F=\mathbb{Q}$．求 ζ 的最小多项式．

3. 设 $f(x)$与 $g(x)$都是 F 上的不可约多项式，且 $\deg(f(x))$与 $\deg(g(x))$互素，设 α 是 $f(x)$的根．求证：$g(x)$在 $F(\alpha)$上还是不可约的．

4. 设 $\alpha=\sqrt{3}+\sqrt{2}$，$F=\mathbb{Q}$．求 α 的最小多项式．

5. 设 $\alpha=\sqrt[3]{2}+\sqrt[3]{4}$，$F=\mathbb{Q}$．求 α 的最小多项式．

6. 设 $K=F(\alpha)$，且 α 的最小多项式的次数为奇数．证明：$K=F(\alpha^2)$．

7. 设 $K=\mathbb{Q}(\sqrt{2},\sqrt[3]{2},\sqrt[4]{2},\cdots)$，证明$K/\mathbb{Q}$是代数扩张但不是有限扩张．

8. 设 K 是$\mathbb{C}$中代数数的集合，证明 K 是代数闭域．

3.3 三大尺规作图难题的解决

希腊是几何的故乡，古希腊人对几何的贡献是令后人折服的．在他们的几何理论体系里，尺规作图问题是一项重要而且精妙的组成部分．所谓尺规作图，就是有限次使用圆规与没有刻度的直尺，作出满足某些要求的几何图形．以下是古希腊几何的尺规作图三大难题：

(1) **化圆为方** 求作一个正方形，使得其面积等于已知半径的圆的面积．

(2) **立方倍积** 求作一个立方体,使其体积等于另一个已知边长的立方体的体积的两倍.

(3) **三等分角** 对已知角 α 进行三等分.

古希腊数学大师阿基米德(公元前 287—212 年)指出:假定在直尺上用铅笔任画一个点,便能很简单地三等分任意一个角. 他的方法如下.

设给定的角为 α,其顶点为 C,在直尺上记一点为 P,令直尺的一端为 O 点,以 C 点为圆心,以 OP 为半径作半圆交角 α 的一边于 A 点,交角的另一边于 B 点. 令 O 点在 AC 的延长线上移动,P 在半圆上移动. 当直尺通过 B 点时,则 $\angle AOB=\frac{1}{3}\angle ACB$(图 3.3.1).

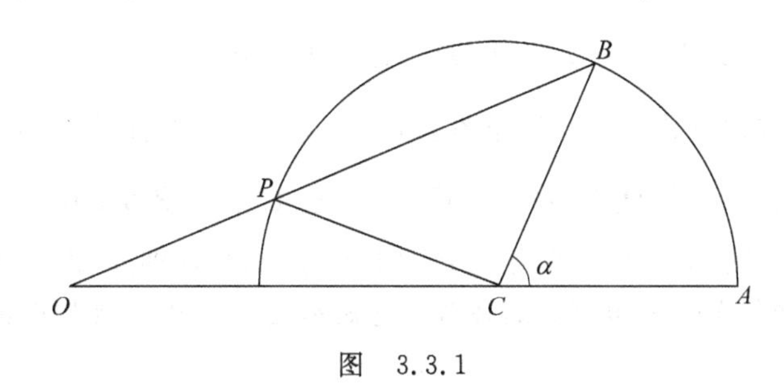

图 3.3.1

证明 由圆半径为 OP 可知$\triangle POC$ 与$\triangle CBP$ 都是等腰三角形,于是有

$$\angle AOB=\angle PCO,\quad \angle BPC=\angle PBC=2\angle AOB.$$

因此

$$\angle ACB=\angle AOB+\angle PBC=3\angle AOB.$$ □

要解决这三大几何作图问题,就必须把问题的本质提炼出来. 我们现在来看尺规作图意味着什么,由此可以找到几何作图问题与代数扩张的联系. 假如已知平面上有限个初等几何图形(点、直线、圆等),要求用圆规和无刻度的直尺来做适合给定条件的初等几何图形. 因此,我们的几何作图过程中,总是从已知的点和线段出发,做出新的点(再进行连接). 如果引进坐标,把点看成数,那么一个点能否作出就变成某个数能否作出的问题. 例如,我们能够作出边长为 1 的正方形的对角线,也就是能够作出$\sqrt{2}$这个数. 对于立方倍积问题,假定已知的立方体的边长为 1,则所求的立方体的体积为 2,其边长为$\sqrt[3]{2}$,因此我们的问题是数$\sqrt[3]{2}$是否可以尺规作出.

因为 0 和 1 总是可作的,下面的例 3.3.1 说明所有的有理数都是可作的.

例 3.3.1 已知线段长度为 a,b,求作长度为 $a+b,a-b,ab,\frac{a}{b}$的线段.

它们的作图法,在中学的教科书就能看到,例如,要作线段 $x=ab$,只要作一个$\triangle ABC$如下:由 A 点引两不重合的射线 AB,AC. 在 AB 上取点 D,B,使得 $AD=1$,及 $AB=1+a$. 并在 AC 上取点 E,使得 $AE=b$. 连 DE,过 B 作直线 BC 平行于 DE,交 AE 于 C,则线段

$EC=ab$(图 3.3.2). 类似地,也可以作出线段 $x=\frac{a}{b}$(图 3.3.3).

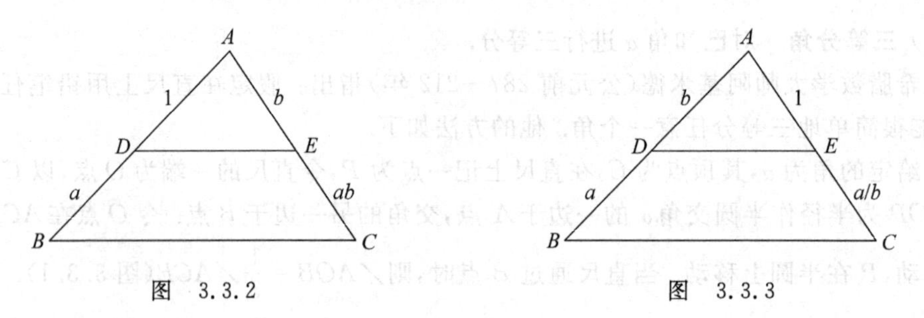

图 3.3.2　　　　图 3.3.3

例 3.3.2 已知线段长度为 a,求作线段,使长度 $x=\sqrt{a}$.

这个 x 也是可以尺规作出的. 其作图法如下:以 $1+a$ 为直径,或 $r=\frac{1+a}{2}$ 为半径作半圆. 在直径 AB 上取一点 C,使得 $AC=1,CB=a$. 过 C 点作直线 CD 垂直于 AB,交半圆弧于 D,则线段 DC 的长度 $x=\sqrt{a}$. 这由$\triangle ACD$ 相似于$\triangle DCB$ 即知(图 3.3.4).

上面的作图问题,实际上也可以表述为:已知实数 a,b,由尺规作图的办法,求实数 $a+b,a-b,ab,\frac{a}{b}$ 及实数$\sqrt{a}$.

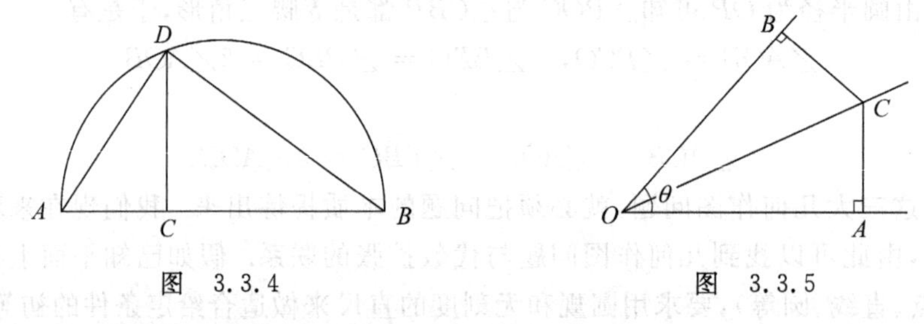

图 3.3.4　　　　图 3.3.5

例 3.3.3 把已知角 θ 二等分,即已知角 θ,求作$\frac{\theta}{2}$.

这一作图问题可以这样进行:设 $\theta=\angle AOB$. 以顶点 O 为中心,任意长的半径画圆弧,使之与始边 OA 交于 A,与终边 OB 交于 B,过 A,B 分别作 OA,OB 的垂直线,设它们的交点为 C. 连 OC,则$\angle AOC$ 即为所求(图 3.3.5).

一般地,要作出一个几何图形,实质上是从一些已知点出发,找出一些新的点,再用直线和圆弧把它们连接起来. 因此,点是作图问题的关键所在. 在作图中需要假定一些已知点对应于一个复数,于是我们便已经定了一个数的集合 F. 并且,可以不再说某个点可以尺规作出,直接说某个复数,譬如说是 α,可以尺规作出.

易知有下面的结果.

定理 3.3.1 复数 z 可以尺规作出当且仅当 z 的实部与虚部都可以尺规作出,或复数 z 可以尺规作出当且仅当 z 的模与辐角都可以尺规作出.

例 3.3.4 对给定的复数 z_1,z_2,记

$$z_1=a_1+b_1\mathrm{i},\quad z_2=a_2+b_2\mathrm{i},$$

其中 i 是虚数单位,则有

$$z_1+z_2=(a_1+a_2)+(b_1+b_2)\mathrm{i},\quad z_1-z_2=(a_1-a_2)+(b_1-b_2)\mathrm{i},$$

$$z_1z_2=(a_1a_2-b_1b_2)+(a_1b_2+a_2b_1)\mathrm{i},$$

及

$$\frac{z_1}{z_2}=\frac{(a_1a_2+b_1b_2)+(a_2b_1-a_1b_2)\mathrm{i}}{a_2^2+b_2^2},\quad z_2\neq 0.$$

由定理 3.3.1 复数 $z_1+z_2,z_1-z_2,z_1z_2,\frac{z_1}{z_2}$都是可以尺规作出的. 相应地,记 $z=r(\cos\theta+\mathrm{i}\sin\theta)$. 由

$$\sqrt{z}=\sqrt{r}\left(\cos\frac{\theta}{2}+\mathrm{i}\sin\frac{\theta}{2}\right)$$

知,$\sqrt{z}$也是可以尺规作出的.

例 3.3.1 和例 3.3.2 及例 3.3.4 表达了从几何问题到代数问题的转换实质:给定一个数集 F,用此数集的数的四则运算和开平方运算表示某一新数.

由于已知两复数,它们的和、差、积、商都能作出,故可以假定所给出的数集是一个数域. 注意到当数域 F 给定之后,若 $a\in F$,但数$\sqrt{a}$则未必在 F 中. 也就是说,当 F 给定时,由 F 出发,能做出的数域会大一些. 这样就需要域的扩张的思想.

定理 3.3.2 若数域 F 中每个数是可以尺规作出的,且数 $\alpha_1,\alpha_2,\cdots,\alpha_m$ 也可以尺规作出,则域 $F(\alpha_1,\alpha_2,\cdots,\alpha_m)$中的每个数都是可以尺规作出的.

证明 对任何 $\alpha\in F(\alpha_1,\alpha_2,\cdots,\alpha_m)$,由定理 3.3.1,$\alpha=\dfrac{f(\alpha_1,\alpha_2,\cdots,\alpha_m)}{g(\alpha_1,\alpha_2,\cdots,\alpha_m)}$,其中 $f,g\in F[x_1,x_2,\cdots,x_m]$. 于是 α 是由 F 中的若干个元素与 $\alpha_1,\alpha_2,\cdots,\alpha_m$ 的四则运算而得到,故 α 是可以尺规作出的. □

推论 3.3.1 若域 F 中每个数是可以尺规作出的,$c\in F$,则域 $F(\sqrt{c})$中的每个数是可以尺规作出的. □

我们现在考虑推论 3.3.1 的反问题:若某个数可以一次尺规作出时,这个数有何形态?当数域 F 中的数可以尺规作出时,若二维空间 F^2 中的 P 点能够由尺规一次作出,则该点或者是 F^2 中两条线段的交点,或者是一条直线与一条圆弧的交点,或者是两条圆弧的交点,即 P 点的坐标为下面三个方程组中某个方程的解:

$$\begin{cases}a_1x+b_1y=c_1,\\ a_2x+b_2y=c_2;\end{cases}$$

$$\begin{cases}a_1x+b_1y+c_1=0,\\ x^2+y^2+a_2x+b_2y+c_2=0;\end{cases}$$

$$\begin{cases} x^2+y^2+a_1x+b_1y+c_1=0, \\ x^2+y^2+a_2x+b_2y+c_2=0, \end{cases}$$

其中方程涉及的系数和常数 a_1,a_2,b_1,b_2,c_1,c_2 全在 F 中. 注意,第三个方程可以转化为第二个方程的形式. 故上面方程组的解或是 F 中的数,或是形如 $a+b\sqrt{c}$ 的数,其中 $a,b,c\in F$. 例如,方程组

$$\begin{cases} (x-a)^2+(y-b)^2=r^2, \\ y=kx+c \end{cases}$$

的解就是

$$\begin{cases} x=(1+k^2)^{-1}(a+k(b-c)\pm\sqrt{(a-k(b-c))^2-(1+k^2)(a^2+(b-c)^2-r^2)}) \\ y=k(1+k^2)^{-1}(a+k(b-c)\pm\sqrt{(a-k(b-c))^2-(1+k^2)(a^2+(b-c)^2-r^2)})+c \end{cases}$$

令 $d=(a+k(b-c))^2-(1+k^2)(a^2+(b-c)^2-r^2)$,则有 $x,y\in F(\sqrt{d})$. 于是得到下面的定理.

定理 3.3.3 设 F 是给定的数域. 若数 α 在 F 上可一次用尺规作出,则 α 在 F 中或在 F 的一个二次扩域中. □

定理 3.3.4 设 F 是给定的数域,则数 α 在 F 上能用尺规作出,当且仅当存在一个域扩张序列

$$F_0=F\subset F_1\subset F_2\subset\cdots\subset F_n,$$

使得

(1) $[F_{i+1}:F_i]=2, i=0,1,\cdots,n-1$;

(2) $\alpha\in F_n$.

于是,若数 α 在 F 上能用尺规作出,则 α 在 F 的一个 2^n 次扩域 K 中.

证明 设数 α 在 F 上可由尺规经有限步作出. 由于每作出一步就得到一个域扩张,其在 F 上的次数为 1 或 2. 因此我们能找到一个二次扩张域链

$$F_0=F\subset F_1\subset F_2\subset\cdots\subset F_n,$$

使得 $\alpha\in F_n$. 由推论 3.3.1,有$[F_n:F]=2^n$.

反之,若能找到一个二次扩域升链

$$F_0=F\subset F_1\subset F_2\subset\cdots\subset F_n,$$

使得 $\alpha\in F_n$. 于是,由于$[F_1:F]=2$,因而 F_1 中每一数可以尺规作出. 一般地,若 F_i 中的数可以尺规作出,由$[F_{i+1}:F_i]=2$,故 F_{i+1} 中的数可以尺规作出. 于是由 $\alpha\in F_n$,得 α 是可以尺规作出的. □

推论 3.3.2 设 F 是给定的数域. 若数 α 在 F 上能用尺规作出,则 α 一定是 F 上的代数数,且 α 的次数是 2 的方幂. 于是 F 上的超越数在 F 上是不能尺规作出的.

现在我们就可以着手解决古希腊三大几何作图问题.

(1) 化圆为方的不可解性

证明 若化圆为方问题是可解的,则取 $F=\mathbb{Q}$ 时问题也是可解的. 于是取半径为 1 的圆,则面积就是 π,所求的正方形的边长就是$\sqrt{\pi}$. 本问题是$\sqrt{\pi}$是否可由尺规作出. 但$\sqrt{\pi}$是超越数,故$\sqrt{\pi}$不会在$\mathbb{Q}$的任何一个 2^n 次扩域中. 因此$\sqrt{\pi}$不能由尺规作出.

(2) 立方倍积的不可解性

证明 若立方倍积问题是可解的,则同样取 $F=\mathbb{Q}$ 时问题也是可解的. 设已知的立方体边长为 1,则所求的立方体的体积为 2,棱长为$\sqrt[3]{2}$. 本问题是 $x^3-2=0$ 的实根$\sqrt[3]{2}$是否可由尺规作出. 注意$\mathbb{Q}(\sqrt[3]{2})$不会包含于$\mathbb{Q}$的任何一个 2^n 次扩域 K 中,因为若有$\mathbb{Q}(\sqrt[3]{2})\subseteq K$,则由

$$[\mathbb{Q}(\sqrt[3]{2}):\mathbb{Q}]=3,\quad [K:\mathbb{Q}]=2^n,$$

以及推论 3.3.2 知 3 整除 2^n,这显然是不可能的. 因此$\sqrt[3]{2}$不能由尺规作出.

(3) 三等分角的不可解性

证明 若三等分角问题是可解的,则角 $\alpha=60°$也是可解的. 注意,若 $\alpha=3\theta$,则由三角公式有

$$\cos\alpha=\cos 3\theta=4\cos\theta^3-3\cos\theta.$$

令 $\cos\alpha=\dfrac{a}{2}$,$\cos\theta=\dfrac{x}{2}$,则有

$$x^3-3x-a=0. \tag{3.3.1}$$

当 $\alpha=60°$时,有 $a=1$. 于是(3.3.1)式成为

$$x^3-3x-1=0. \tag{3.3.2}$$

同样可以假设 $F=\mathbb{Q}$. 注意 $x^3-3x-1=0$ 一定有实根 α,但没有有理根. 因若 $x=\dfrac{a}{b}$是其有理根,其中 a,b 互素,则有

$$a^3-3ab^2-b^3=0,$$

因此 $a=\pm1,b=\pm1$. 故 $x=\pm1$. 但显然 $x=\pm1$ 不是该方程的根. 因此方程 $x^3-3x-1=0$ 没有有理根,这表明 $\varphi(x)=x^3-3x-1$ 是方程(3.3.2)的实根 α 的最小多项式. 因此$[\mathbb{Q}(\alpha):\mathbb{Q}]=3$. 若 $\theta=20°$可以尺规作出,取 θ 的斜边边长为 1,则邻边边长$\dfrac{\alpha}{2}=\cos 20°$也是可以尺规作出的,从而数 α 也是可以尺规作出的. 类似于立方倍的证明,可知 α 不在$\mathbb{Q}$的任何 2^n 次扩域中. 故 α 不能由尺规作出.

设 $n>1$,$f(x)=x^n-1$,则 $f(x)$的根为

$$\xi_k=\cos\frac{2k\pi}{n}+\mathrm{i}\sin\frac{2k\pi}{n},\quad k=0,1,\cdots,n-1.$$

它们都称为 1 的 n 次单位根,设 $\xi=\xi_1$,则 $\xi_k=\xi^k$,$\xi^n=1$,于是 1 的 n 次单位根的集合 U_n 是一个 n 阶的循环群,U_n 中有 $\varphi(n)$个生成元,其中 φ 表示欧拉 φ-函数. 由定理 3.3.4 知 ξ_k 是 U_n

的生成元当且仅当$(n,k)=1$,这样的单位根称为n次本原单位根,简称n次本原根.

例 3.3.5 设$F=\mathbb{Q}$,p是素数,则

$$f(x)=x^{p-1}+x^{p-2}+\cdots+x+1$$

是有理数域$\mathbb{Q}$上的不可约多项式. 因此,若ξ是p次本原根,则$f(x)$是ξ的最小多项式.

证明 令$x=y+1$,$f_1(y)=f(x)$,则$f(x)$不可约当且仅当$f_1(y)$不可约. 直接计算有

$$f_1(y)=\frac{(y+1)^p-1}{(y+1)-1}=y^{p-1}+C_p^1y^{p-2}+\cdots+C_p^{p-2}y+C_p^{p-1}.$$

由于$p\mid C_p^k$,$k=1,2,\cdots,p-1$,引用艾森斯坦因判别法知$f_1(y)$,从而$f(x)$在$\mathbb{Q}[x]$中是不可约的.

例 3.3.6 设$\xi=\cos\frac{2\pi}{7}+\mathrm{i}\sin\frac{2\pi}{7}$,则$\xi$是不可以尺规作出的. 事实上,由例 3.3.5,$\xi$的次数是 6,引用推论 3.3.2 知$\xi$是不可以尺规作出的.

阿基米德小传

阿基米德(Archimedes,约公元前 287—212),古希腊伟大的数学家,物理学家,公元前 287 年出生在意大利半岛南端西西里岛的叙拉古. 他出身于贵族,与叙拉古的赫农王(King Hieron)有亲戚关系,家庭十分富有. 父亲是位数学家兼天文学家. 阿基米德从小有良好的家庭教养,11 岁就被送到当时希腊文化中心的亚历山大城去学习. 在这座号称“智慧之都”的名城里,阿基米德博阅群书,汲取了许多的知识,并且做了欧几里得学生埃拉托塞和卡农的门生,钻研《几何原本》. 此后许多年阿基米德一直在这里学习和生活,曾跟很多学者密切交往. 他兼收并蓄了东方和古希腊的优秀文化遗产,在其后的科学生涯中作出了重大的贡献,无可争议地成为古代希腊文明所产生的最伟大的数学家及科学家,赢得了同时代人的高度尊敬.

阿基米德求得了抛物线弓形、螺线、圆形的面积和体积以及椭球体、抛物面体等复杂几何体的体积. 在推演这些公式的过程中,他熟练地启用了“穷竭法”,即我们今天所说的逐步近似求极限的方法,因而被公认为微积分计算的鼻祖. 他还利用此法估算出π值在$\frac{22}{7}$和$\frac{223}{71}$之间,并得出了三次方程的解法. 面对古希腊繁冗的数字表示方式,阿基米德提出了一套有重要意义的按级计算法,并利用它解决了许多数学难题. 阿基米德在力学方面的成绩最为突出,这些成就主要集中在静力学和流体静力学方面. 他在研究机械的过程中,发现了杠杆原理,并利用这一原理设计制造了许多机械. 他在研究浮体的过程中发现了浮力定律,也就是有名的阿基米德定律.

阿基米德在天文学方面也有出色的成就. 他设计了一些圆球,用细绳和木棒将它们连接起来模仿日月和星辰的运动,并利用水力使它们转动. 这样日食和月食就可以生动的表现出来了. 阿基米德认为地球是圆球状的,并围绕着太阳旋转,这一观点比哥白尼的“日心地动说”要早一千八百年. 限于当时的条件,他并没有就这个问题做深入系统的研究. 但早在公元前三世纪就提出这样的见解,是很了不起的. 阿基米德的著作很多,作为数学家,他写出了《论球和圆柱》、《论劈锥曲面体与球体》、《抛物线求积》、《论螺线》等数学著作. 作为力学家,他著有《论平板的平衡》、《论浮体》、《论杠杆》、《论重心》等力学著作. 在《论平板的平衡》中,他系统地论证了杠杆原理. 在论浮体中,他论证了浮体定律.

阿基米德不仅在理论上成就璀璨，还是一个富有实践精神的工程学家. 他一生设计、制造了许多机构和机器，除了杠杆系统外，值得一提的还有举重滑轮、灌地机、扬水机以及军事上用的投射器等. 被称作“阿基米德举水螺旋”的扬水机是为了将水从大船的船舱中排出而发明的. 扬水机可以利用螺旋把水搬运到高处，在埃及得到了广泛的应用，是现代螺旋泵的前身. “给我一个支点，我将撬动地球”显示了阿基米德超凡的想象力.

在阿基米德的老年岁月里，他的祖国与罗马发生战争，公元前 212 年当他住的城市遭劫掠时，阿基米德还专心地研究他在沙地上画的几何图形，凶残的罗马士兵刺倒了这位 75 岁的老人，伟大的科学家扑倒在鲜血染红了的几何图形上…… 阿基米德死后，人们整理出版了《阿基米德遗著全集》，以永远缅怀这位科学巨匠的伟大业绩.

习题 3.3

1. 证明：数 $\sin\theta$ 可以尺规作出当且仅当 $\cos\theta$ 可以尺规作出.
2. 证明：$\alpha=\sqrt[4]{3+\sqrt{2}}$ 是可以尺规作出的.
3. 设 α 是方程 $x^4-x^2+1=0$ 的根，证明：α 是可以尺规作出的.

3.4 多项式的分裂域

给定域 F 及 F 上的一个多项式 $f(x)$，要讨论 $f(x)$ 的根，不能只研究 $f(x)$ 的某个根，而要系统考虑 $f(x)$ 的全部根在 F 上的代数关系. 于是就需要把问题放在一个包含 F 与 $f(x)$ 的全部根的扩域来讨论.

定义 3.4.1 设 K/F 是域扩张，$f(x)$ 是 F 上的一个 $n(n\geqslant 1)$ 次多项式. 若有：

(1) $f(x)$ 在 K 中能够完全分解为一次因式的乘积

$$f(x)=a(x-\alpha_1)\cdots(x-\alpha_n),\quad a\in F,\alpha_1,\alpha_2,\cdots,\alpha_n\in K;$$

(2) $K=F(\alpha_1,\alpha_2,\cdots,\alpha_n)$.

则称 K 为 $f(x)$ 在 F 上的*分裂域*(splitting field)，或称 K/F 为 $f(x)$ 的分裂域.

定义 3.4.2 设 K/F 是域扩张，σ: $K\to K$ 是 K 的自同构. 如果对任何 $a\in F$，恒有 $\sigma(a)=a$，则 σ 称为 K 的 F-自同构.

例 3.4.1 设 K/F 是域扩张，σ,τ 是 K 的 F-自同构. 则 $\tau\sigma$ 与 σ^{-1} 都是 K 的 F-自同构. 于是 K 的全部 F-自同构成为一个群，称为 K/F 的*伽罗瓦群*(Galois group).

例 3.4.2 设 $n>1$，$f(x)=x^n-1$，$\zeta=\cos\dfrac{2\pi}{n}+\mathrm{i}\sin\dfrac{2\pi}{n}$. 则 $f(x)$ 在 $\mathbb{Q}$ 上的分裂域为 $K=\mathbb{Q}(\zeta)$.

定理 3.4.1 设 K/F 是域扩张，σ 是 K 的 F-自同构.

(1) 设 $f(x)\in F[x]$. 若 $\alpha\in K$ 是 $f(x)$ 的根，则 $\sigma(\alpha)$ 也是 $f(x)$ 的根；

(2) 若 K 包含 n 次本原根 ξ，则 $\sigma(\xi)$ 也是 n 次本原根.

证明 (1) 设 $f(x)=a_nx^n+a_{n-1}x^{n-1}+\cdots+a_0$，则 $f(\alpha)=0$，于是有

$$f(\sigma(\alpha))=\sigma(f(\alpha))=0,$$

因此，$\sigma(\alpha)$ 也是 $f(x)$ 的根.

(2) 设 m 是 $\sigma(\xi)$ 的阶，有 $\sigma(\xi)^m=\sigma(\xi^m)=1$，故 $\xi^m=1$，因此有 $m=n$，即 $\sigma(\xi)$ 也是 n 次本原根. □

例 3.4.3 设 $f(x)=x^2-2$. 则 $f(x)$ 在 $\mathbb{Q}$ 上的分裂域是 $K=\mathbb{Q}(\sqrt{2})$. 设 σ 是 K 的 $\mathbb{Q}$-自同构，则 $\sigma(\sqrt{2})$ 是方程 $x^2-2=0$ 的根. 故 $\sigma(\sqrt{2})=\pm\sqrt{2}$. 因此 $K/\mathbb{Q}$ 的伽罗瓦群为 $G=\{1_K,\sigma_1\}\cong S_2$，其中 $\sigma_1(\sqrt{2})=-\sqrt{2}$.

例 3.4.4 设 $f(x)=(x^2-2)(x-1)(x^2-3)$，则 $f(x)$ 在 $\mathbb{Q}$ 上的分裂域就是 $K=Q(\sqrt{2},\sqrt{3})$. 设 σ 是 K 的 $\mathbb{Q}$-自同构，则有 $\sigma(\sqrt{2})=\pm\sqrt{2}$，且 $\sigma(\sqrt{3})=\pm\sqrt{3}$. 因此 $K/\mathbb{Q}$ 的伽罗瓦群为

$$G=\{1,\sigma,\tau,\sigma\tau\},$$

由于 $\sigma^2=\tau^2=(\sigma\tau)^2=1$，因而 G 是克莱因四元群.

例 3.4.5 设 $n>1$，$f(x)=x^n-2$，则 $f(x)$ 在 $\mathbb{Q}$ 上的分裂域就是 $\mathbb{Q}(\sqrt[n]{2},\xi)$，其中 ξ 是 n 次本原根.

定理 3.4.2 设 F 是域，$f(x)$ 是 $F[x]$ 中的正次数多项式. 则 $f(x)$ 在 F 上有分裂域.

证明 设 $n=\deg(f(x))$，对 n 用归纳法. 当 $n=1$ 时，则 $f(x)=a(x-b)$，故 $K=F$ 就是 $f(x)$ 的分裂域. 今设 $n>1$. 任取 $f(x)$ 的不可约的因子 $p(x)$，由定理 3.2.10，存在 F 的单扩域 $K_1=F(\alpha)$，使得 α 的最小多项式就是 $p(x)$. 于是在 $K_1[x]$ 中，$f(x)=(x-\alpha)g(x)$，$\deg(g(x))=n-1$. 由归纳假设，$g(x)$ 在 K_1 上有分裂域 $K=K(\alpha_2,\alpha_3,\cdots,\alpha_n)$，于是 $f(x)$ 在 F 上有分裂域 $K=F(\alpha,\alpha_2,\cdots,\alpha_n)$. □

定理 3.4.3 设 K/F 是 $f(x)$ 的分裂域，L/K 是域扩张，σ 是 L 的 F-自同构，则 $\sigma(K)\subseteq K$.

证明 设 $\alpha_1,\alpha_2,\cdots,\alpha_n$ 是 $f(x)$ 的全部根，则 $K=F(\alpha_1,\alpha_2,\cdots,\alpha_n)$. 由定理 3.4.1，$\sigma(\alpha_i)$ 也是 $f(x)$ 的根，从而有 $\sigma(\alpha_i)$ 是某个 α_j. 由于 K 中的元素是 $\alpha_1,\alpha_2,\cdots,\alpha_n$ 的多项式，即对任何 $\beta\in K$，有

$$\beta=\sum a\alpha_1^{i_1}\alpha_2^{i_2}\cdots\alpha_n^{i_n},\quad a\in F,i_j\geqslant 0,$$

故有 $\sigma(\beta)=\sum a\sigma(\alpha_1)^{i_1}\sigma(\alpha_2)^{i_2}\cdots\sigma(\alpha_n)^{i_n}\in K$，因此得到 $\sigma(K)\subseteq K$. □

定义 3.4.3 设 K/F 是域扩张，若 $F[x]$ 中的不可约多项式 $f(x)$ 在 K 中有一个根，则 $f(x)$ 的全部根都在 K 中. 等价于说，若 $f(x)$ 在 K 中有一个根，则 $f(x)$ 在 K 中能够完全分解为一次因式的乘积，这时称 K/F 是**正规扩张**(normal extension).

设 σ: $F\to\bar{F}$ 是域同构，$f(x)=\sum_{i=0}^{n}a_ix^i\in F[x]$，其中 $a_i\in F$. 记

$$\sigma(f(x))=\sum_{i=0}^{n}\sigma(a_i)x^i.$$

于是，σ 成为一个从多项式环 $F[x]$ 到多项式环 $\bar{F}[x]$ 的映射. 容易看到，σ 是一个环同构. 对

任何 $a\in F$,记 $\bar{a}=\sigma(a)$. 我们把 σ 看成 $F[x]$ 到 $\bar{F}[x]$ 环同构,此时还可以记 $\bar{f}(x)=\sigma(f(x))$.

定理 3.4.4 在上面的记号下,若 K 与 $\bar{K}$ 分别是 $f(x)$ 与 $\bar{f}(x)$ 的分裂域,则 σ 可以延拓为 K 到 $\bar{K}$ 的域同构,即存在同构 σ': $K\to\bar{K}$,使得任何 $a\in F$,恒有 $\sigma'(a)=\sigma(a)$.

证明 对 $[K:F]$ 用归纳法. 若 $[K:F]=1$,则 $K=F$. 于是 $f(x)$ 的根全在 F 中. 设 $f(x)=a(x-\alpha_1)\cdots(x-\alpha_n)$,则 $\bar{f}(x)=\bar{a}(x-\bar{\alpha}_1)\cdots(x-\bar{\alpha}_n)$. 因此有 $\bar{K}=\bar{F}$,此时命题为真.

今设 $[K:F]>1$,于是 $f(x)$ 在 F 上不能分解为一次因式的乘积,故 $f(x)$ 有次数大于 1 的不可约因式 $p(x)$. 于是 $\bar{p}(x)$ 是 $\bar{F}[x]$ 的不可约多项式. 设 α 是 $p(x)$ 的任一根,$\bar{\alpha}$ 是 $\bar{p}(x)$ 的任一根,则由 $p(x)$ 与 $\bar{p}(x)$ 都是不可约的,故 $p(x)$ 与 $\bar{p}(x)$ 分别是 α 与 $\bar{\alpha}$ 的最小多项式.

定义 ρ: $F[x]\to\bar{F}[x]/(\bar{p}(x))$,使得 $\rho(g(x))=\bar{g}(x)+(\bar{p}(x))$,$g(x)\in F[x]$,由于 $g(x)\in\ker(\rho)$ 当且仅当 $\bar{p}(x)\mid\bar{g}(x)$,即 $p(x)\mid g(x)$,从而有 $\ker(\rho)=(p(x))$. 于是

$$F(\alpha)\cong F[x]/(p(x))\cong\bar{F}[x]/(\bar{p}(x))\cong\bar{F}(\bar{\alpha}).$$

从证明过程可以看到,此同构是 σ 的延拓,仍记为 σ.

令 $F_1=F(\alpha)$,$\bar{F}_1=\bar{F}(\bar{\alpha})$. 由于 $F_1\neq F$,故由定理 3.1.4 知

$$[K:F_1]=\frac{[K:F]}{[F_1:F]}<[K:F].$$

显然,K/F_1 与 $\bar{K}/\bar{F}_1$ 分别是 $f(x)$ 与 $\bar{f}(x)$ 的分裂域,故可归纳设 σ: $F_1\to\bar{F}_1$ 可以延拓为 σ': $K\to\bar{K}$. 于是 σ' 也是 σ: $F\to\bar{F}$ 的延拓. □

例 3.4.6 设 F 是域,$p(x)$ 是 $F[x]$ 中的不可约多项式. 设 $\sigma=1_F$,则 σ 在 $F[x]$ 的延拓为恒等映射 $1_{F[x]}$,于是有 $\sigma(p(x))=p(x)$. 设 $K=F(a)$,$\bar{K}=F(\bar{a})$,其中 a 与 $\bar{a}$ 都是 $p(x)$ 的根. 从定理 3.4.4 的证明中已经看到,F 上的恒等映射可以延拓为域同构 σ: $F(a)\to F(\bar{a})$,使得 $\sigma(a)=\bar{a}$.

定理 3.4.5 设 K/F 是有限扩张,则 K/F 是正规扩张当且仅当 K 是 $F[x]$ 中某个多项式的分裂域.

证明 设 K/F 是正规扩张,因是有限扩张,由定理 3.2.7 知,存在 F 上的代数元 ξ_1,$\xi_2,\cdots,\xi_n\in K$,使得

$$K=F(\xi_1,\xi_2,\cdots,\xi_n).$$

设 $\varphi_i(x)$ 是 ξ_i 的最小多项式,令 $f(x)=\varphi_1(x)\varphi_2(x)\cdots\varphi_n(x)$. 由假设,$\varphi_i(x)$ 的根全在 K 中,从而 $f(x)$ 的根全在 K 中. 于是 $f(x)$ 在 K 中能分解为一次因式的乘积. 设

$$f(x)=a(x-a_1)\cdots(x-a_m),$$

则 $\{\xi_1,\xi_2,\cdots,\xi_n\}\subseteq\{a_1,a_2,\cdots,a_m\}$. 由定理 3.1.3 有

$$K=F(\xi_1,\xi_2,\cdots,\xi_n)\subseteq F(a_1,a_2,\cdots,a_m)\subseteq K.$$

故 K 是多项式 $f(x)$ 的分裂域.

反之,设 K/F 是多项式 $f(x)$ 的分裂域,$p(x)\in F[x]$ 是不可约多项式,且 $p(x)$ 在 K 中有一个根为 α. 由定理 3.3.4,$p(x)$ 在 K 上有分裂域 L. 则 L 是多项式 $g(x)=f(x)p(x)$ 的

分裂域. 设β是$p(x)$的任一根,由例 3.4.6,F上的恒等映射可以延拓为域同构σ: $F(\alpha)\to F(\beta)$,使得$\sigma(\alpha)=\beta$. 注意有$\sigma(p(x))=p(x)$,且$L/F(\alpha)$与$L/F(\beta)$都是$g(x)$的分裂域,对σ与$g(x)$应用定理 3.4.4,则有自同构σ': $L\to L$,使得$\sigma'(\alpha)=\sigma(\alpha)=\beta$. 由定理 3.4.3,有$\sigma'(K)\subseteq K$. 由于$\alpha\in K$,因而有$\beta=\sigma'(\alpha)\in K$,即$p(x)$的根全在$K$中. 故$K/F$是正规扩张. □

例 3.4.7 设K/F是$f(x)$的分裂域,$p(x)$是$F[x]$中的不可约多项式,α,β是$p(x)$的根. 从定理 3.4.5 的证明过程可以看到,存在K的F-自同构σ,使得$\sigma(\alpha)=\beta$.

利用定理 3.4.5,定理 3.4.3 可以改写为如下的形式.

定理 3.4.6 设K/F是有限正规扩张,L/K是域扩张,σ是L的F-自同构,则$\sigma(K)\subseteq K$. □

施泰尼茨小传

施泰尼茨(E. Steinitz,1871—1928),德国数学家. 1871 年 6 月 13 日出生于德国西里西亚(今属波兰). 1890 年进入布雷劳斯大学学习. 1891 年来到柏林学习数学. 1894 年获得博士学位. 1910—1920 年任教于布雷劳斯工业学院,以后在基尔大学任教(1920—1928). 他对抽象域进行了研究,著有《域的代数理论》(1910). 在文中,他引入了域论中的许多重要概念,如:素域、可分元、扩域的超次数等. 他证明了每个域都有一个代数闭域作为其扩域这一重要定理. 此外,利用整数对通过等价类构造有理数的标准做法也是在该文中给出的. 施泰尼茨还研究了伽罗瓦方程理论在域中的有效性问题.

施泰尼茨于 1928 年 9 月 29 日卒于德国基尔.

习题 3.4

1. 设K/F是域扩张,G是K/F的伽罗瓦群. 若G_1,G_2是G的子群,且$G_1\subseteq G_2$,则$\mathrm{Inv}(G_2)\subseteq\mathrm{Inv}(G_1)$.
2. 设K/F是域扩张,G是K/F的伽罗瓦群. 令K_1,K_2是F与K的中间域,且$K_1\subseteq K_2$. 记G_1,G_2分别是K/K_1与K/K_2的伽罗瓦群,则$G_2\subseteq G_1$.
3. 设K/F是有限正规扩张,K_1是F与K的中间域. 证明: K/K_1也是正规扩张.
4. 设$F=\mathbb{Q}$,K/F是域扩张,σ: $K\to K$是自同构. 证明: σ是F-同构.
5. 设$K=\mathbb{Q}[\mathrm{i}]$,求K/Q的伽罗瓦群.
6. 求一个有理系数多项式$f(x)$及其分裂域K,使得K/Q的伽罗瓦群为$\mathbb{Z}_4$.

3.5 伽罗瓦基本定理

设F是域,定义

$$f(x)=a_nx^n+a_{n-1}x^{n-1}+\cdots+a_1x+a_0\in F[x],$$

及

$$f'(x)=na_nx^{n-1}+(n-1)a_{n-1}x^{n-2}+\cdots+a_1,$$

称 $f'(x)$为多项式 $f(x)$的**导数**.

例 3.5.1 设 F 是域,$c\in F$,$f(x),g(x)\in F[x]$,则:

(1) $(f(x)+g(x))'=f'(x)+g'(x)$;

(2) $(cf(x))'=cf'(x)$;

(3) $(f(x)g(x))'=f'(x)g(x)+f(x)g'(x)$;

(4) $(f^m(x))'=mf^{m-1}(x)f'(x)$.

例 3.5.2 设 F 是特征为零的域,$p(x)$是 $F[x]$中的不可约多项式. 则 $p'(x)\neq 0$,且有 $u(x),v(x)\in F[x]$,使得 $u(x)p(x)+v(x)p'(x)=1$.

例 3.5.3 设 F 是特征为素数 p 的域,$a\in F$,$f(x)=x^p-a$,则有 $f'(x)=px^{p-1}=0$.

设 F 是域,$f(x)\in F[x]$,$\alpha\in F$. 若有 $f(\alpha)=0$,等价于说,有

$$f(x)=(x-\alpha)g(x),\quad 其中\ g(x)\in F[x],$$

则称 α 为 $f(x)$的一个根. 若

$$f(x)=(x-\alpha)^k g(x),\quad 其中\ g(x)\in F[x],\quad g(\alpha)\neq 0,$$

则 α 称为 $f(x)$的 k-重根. 当 $k\geqslant 2$ 时,k-重根也统称为重根.

例 3.5.4 设 F 是特征为零的域,K 是包含 $f(x)$的根 α 的扩域. 若 α 是 $f(x)$的重根,则 α 是 $f'(x)$的根.

证明 设 $f(x)=(x-\alpha)^k g(x)$,$k\geqslant 2$,$g(x)\in K[x]$,则有

$$f'(x)=(x-\alpha)^{k-1}(kg(x)+(x-\alpha)g'(x)).$$

从而有 α 是 $f'(x)$的根.

例 3.5.5 设 F 是特征为零的域,$p(x)$是 F 上的不可约多项式. 设 K/F 是域的扩张,α 是 $p(x)$在 K 中的根,则 α 不是重根.

证明 由例 3.5.2,存在 $u(x),v(x)\in F[x]$,使得 $u(x)p(x)+v(x)p'(x)=1$. 若 α 是 $p(x)$的重根,由例 3.5.4,α 是 $p'(x)$的根,于是有 $0=u(\alpha)p(\alpha)+v(\alpha)p'(\alpha)=1$,矛盾,故 α 不是 $p(x)$的重根.

例 3.5.6 设 K 是域,G 是 K 的一些自同构组成的群. 定义

$$\mathrm{Inv}(G)=\{\alpha\in K \mid 对任何\ \sigma\in G,有\ \sigma(\alpha)=\alpha\}.$$

则 $\mathrm{Inv}(G)$是 K 的子域,称为 G 的不变域. 如果 K/F 是域的扩张,G 是 K 的一些 F-自同构组成的群,则 $F\subseteq \mathrm{Inv}(G)$.

定理 3.5.1 设 K/F 是域扩张,G 是 K 的一些 F-自同构组成的有限群,且 $\mathrm{Inv}(G)=F$,则$[K:F]\leqslant |G|$.

证明 设 $G=\{\sigma_1=1,\sigma_2,\cdots,\sigma_n\}$. 以下证明 K 中任何 $n+1$ 个元素 $u_1,\cdots,u_n,u_{n+1}$ 在 F 上一定是线性相关的,从而命题为真. 为此,考虑 K 上的 $n\times(n+1)$矩阵

$$\boldsymbol{A}=\begin{pmatrix}\sigma_1(u_1) & \cdots & \sigma_1(u_n) & \sigma_1(u_{n+1})\\ \vdots & & \vdots & \vdots\\ \sigma_n(u_1) & \cdots & \sigma_n(u_n) & \sigma_n(u_{n+1})\end{pmatrix}$$

则 $\boldsymbol{A}$ 的 $n+1$ 个列向量 $v_1,\cdots,v_n,v_{n+1}$ 在 K 上是线性相关的. 于是存在一个下标 k,使得 v_{k+1} 可由前面的 $v_1,v_2,\cdots,v_k$ 线性表示,且 $v_1,v_2,\cdots,v_k$ 还是线性无关的,则 v_{k+1} 有唯一的表示

$$v_{k+1}=a_1v_1+a_2v_2+\cdots+a_kv_k,\quad a_i\in K$$

亦即对任何 $i(i=1,2,\cdots,n)$,有

$$\sigma_i(u_{k+1})=a_1\sigma_i(u_1)+a_2\sigma_i(u_2)+\cdots+a_k\sigma_i(u_k).$$

对任何 $\sigma\in G$,有

$$\sigma\sigma_i(u_{k+1})=\sigma(a_1)\sigma\sigma_i(u_1)+\cdots+\sigma(a_k)\sigma\sigma_i(u_k).\tag{3.5.1}$$

由于 G 是有限群,故 $\{\sigma\sigma_1,\sigma\sigma_2,\cdots,\sigma\sigma_n\}=\{\sigma_1,\sigma_2,\cdots,\sigma_n\}$. 故(3.5.1)式相当于

$$\sigma_j(u_{k+1})=\sigma(a_1)\sigma_j(u_1)+\sigma(a_2)\sigma_j(u_2)+\cdots+\sigma(a_k)\sigma_j(u_k).$$

这意味着

$$v_{k+1}=\sigma(a_1)v_1+\sigma(a_2)v_2+\cdots+\sigma(a_k)v_k.$$

由表示的唯一性,有 $\sigma(a_i)=a_i(i=1,2,\cdots,k)$,从而有 $a_i\in F$,故 $u_1,\cdots,u_n,u_{n+1}$ 在 F 上是线性相关的. □

定理 3.5.2 设 K/F 是有限正规扩张,则 K/F 的伽罗瓦群是有限群.

证明 由定理 3.4.5 知,K 是 $F[x]$ 中某个多项式 $f(x)$ 的分裂域. 设 $\alpha_1,\alpha_2,\cdots,\alpha_n$ 是 $f(x)$ 的全部不同的根. 对任何 K 的 F-自同构,由于每个 $\sigma(\alpha_i)$ 仍为 $f(x)$ 的根,故 σ 也可看作集合 $\{\alpha_1,\alpha_2,\cdots,\alpha_n\}$ 上的一个置换. 因此有 $|G|\leqslant|S_n|<\infty$,这里 S_n 是 n 次对称群. □

定理 3.5.3 设 K/F 是有限正规扩张,其中 F 的特征为零.

(1) 设 $\alpha\in K$. 若对 K 的任何 F-自同构 σ,有 $\sigma(\alpha)=\alpha$,则 $\alpha\in F$. 因此,若 G 是 K/F 的伽罗瓦群,则 $\mathrm{Inv}(G)=F$;

(2) 设 G 是 K/F 的伽罗瓦群,则 $|G|=[K:F]$.

证明 (1) 设 $p(x)$ 是 α 的最小多项式,由定理 3.4.5,$p(x)$ 的根全在 K 中. 设 $\deg(p(x))=n$. 若 $\alpha\notin F$,则 $n>1$. 设 $\alpha_1=\alpha,\alpha_2,\cdots,\alpha_n$ 是 $p(x)$ 的全部根. 由例 3.5.6,$p(x)$ 的根都是单根. 故 $\alpha_2\neq\alpha$. 由例 3.5.7,存在 K 的 F-自同构 σ,使得 $\sigma(\alpha)=\alpha_2$,这与假设矛盾,故有 $\alpha\in F$.

(2) 设 $G=\{\sigma_1=1,\sigma_2,\cdots,\sigma_n\}$,由于 σ_i 是 F-自同构,故 σ_i 是线性空间 K/F 的线性变换. 于是对任何 $a_1,a_2,\cdots,a_n\in F$,$a_1\sigma_1+a_2\sigma_2+\cdots+a_n\sigma_n$ 也是线性空间 K/F 的线性变换. 以下证明 $\sigma_1,\sigma_2,\cdots,\sigma_n$ 在 K 上是线性无关的,从而在 F 上是线性无关的. 若不然,存在 $s,1\leqslant s\leqslant n$,使得 $\sigma_1,\sigma_2,\cdots,\sigma_s$ 在 K 上是线性无关的,且 σ_{s+1} 可唯一表示为

$$\sigma_{s+1}=a_1\sigma_1+\cdots+a_s\sigma_s,\quad a_i\in K.$$

由于 $\sigma_{s+1}\neq 0$,等式右边的 0 表示零线性变换,则存在 i,使得 $a_i\neq 0$. 不妨设 $a_1\neq 0$. 由于 $\sigma_{s+1}\neq\sigma_1$,故存在 $u\in K$,使得 $\sigma_{s+1}(u)\neq\sigma_1(u)$. 于是对任何 $\alpha\in K$,有

$$\sigma_{s+1}(u\alpha)=\sigma_{s+1}(u)\sigma_{s+1}(\alpha)=a_1\sigma_1(u)\sigma_1(\alpha)+\cdots+a_s\sigma_s(u)\sigma_s(\alpha).$$

由 α 的任意性,有

$$\sigma_{s+1} = \frac{a_1\sigma_1(u)}{\sigma_{s+1}(u)}\sigma_1 + \cdots + \frac{a_s\sigma_s(u)}{\sigma_{s+1}(u)}\sigma_s.$$

由表示法的唯一性，有 $a_1 = \frac{a_1\sigma_1(u)}{\sigma_{s+1}(u)}$，从而有 $\sigma_{s+1}(u)=\sigma_1(u)$，矛盾. 故 $\alpha_1,\alpha_2,\cdots,\alpha_n$ 在 K 上是线性无关的.

现在设 $m=[K:F]$，$n=|G|$. 由结论(1)，$\mathrm{Inv}(G)=F$. 由定理 3.5.1 有 $m\leqslant n$. 设 $u_1,u_2,\cdots,u_m$ 是 K/F 的基底. 考虑 $m\times n$ 矩阵 $\boldsymbol{A}=(\sigma_j(u_i))$，$\boldsymbol{A}$ 的列向量设为 $v_1,v_2,\cdots,v_n$. 设 $a_i\in F$，$i=1,2,\cdots,n$，使得

$$a_1v_1 + a_2v_2 + \cdots + a_nv_n = 0.$$

令 $f=a_1\sigma_1+a_2\sigma_2+\cdots+a_n\sigma_n$. 作为线性空间 K/F 的线性变换，有

$$f(u_k) = a_1\sigma_1(u_k) + a_2\sigma_2(u_k) + \cdots + a_n\sigma_n(u_k) = 0, \quad k = 1,2,\cdots,m,$$

故 $f=a_1\sigma_1+\cdots+a_n\sigma_n=0$，由于 $\sigma_1,\sigma_2,\cdots,\sigma_n$ 线性无关，故 $a_1=a_2=\cdots=a_n=0$，因此有 $v_1,v_2,\cdots,v_n$ 线性无关，从而有 $n\leqslant m$. □

推论 3.5.1 设 K/F 是有限正规扩张，其中 F 的特征为零. 若 G 是 K 的一些 F-自同构构成的子群，且 $\mathrm{Inv}(G)=F$，则 G 是 K/F 的伽罗瓦群.

证明 设 G_1 是 K/F 的伽罗瓦群. 由定理 3.5.1 与定理 3.5.3，有 $|G|=|G_1|$，从而有 $G=G_1$. □

推论 3.5.2 设 K/F 是有限正规扩张，其中 F 的特征为零. 若 $[K:F]=p$ 是素数，G 是 K 的一些 F-自同构构成的阶大于 1 的子群，则 G 是 K/F 的伽罗瓦群. □

设 F 是域，$m>1$，$f=f(x_1,x_2,\cdots,x_m)$ 是 F 上的 m 个未定元的多项式. 如果对任何 i,j，$1\leqslant i<j\leqslant m$，都有

$$f(x_1,\cdots,x_i,\cdots,x_j,\cdots,x_m) = f(x_1,\cdots,x_j,\cdots,x_i,\cdots,x_m),$$

则 f 称为未定元 $x_1,x_2,\cdots,x_m$ 的对称多项式.

例 3.5.7 设 F 是域，$m>1$，$f=f(x_1,x_2,\cdots,x_m)$ 是 F 上的 m 个未定元 $x_1,x_2,\cdots,x_m$ 的对称多项式. 设 $i_1,i_2,\cdots,i_m$ 是 $1,2,\cdots,m$ 的任何排列，则有

$$f(x_{i_1},x_{i_2},\cdots,x_{i_m}) = f(x_1,x_2,\cdots,x_m).$$

例 3.5.8 设 F 是域，$f(x)\in F[x]$，$\alpha_1,\alpha_2,\cdots,\alpha_n$ 是 $f(x)$ 的全部根，即有

$$f(x) = a(x-\alpha_1)(x-\alpha_2)\cdots(x-\alpha_n).$$

由根与系数的关系，$f(x)$ 的系数都可表示为 $\alpha_1,\alpha_2,\cdots,\alpha_n$ 的对称多项式.

定理 3.5.4(伽罗瓦基本定理) 设 F 是特征为零的域，K/F 是有限正规扩张，K_1 是 F 与 K 的中间域，G 是 K/F 的伽罗瓦群.

(1) 若 G_1 是 K/K_1 的伽罗瓦群，则 G_1 是 G 的子群；

(2) 若 G_1 是 K/K_1 的伽罗瓦群，且 K_1/F 是正规扩张，则 G_1 是 G 的正规子群；

(3) 若 G_1 是 G 的正规子群，$K_1=\mathrm{Inv}(G_1)$，则 K_1/F 是正规扩张，G_1 是 K/K_1 的伽罗瓦群，且 K_1/F 的伽罗瓦群同构于 G/G_1.

证明 (1) 设$\sigma\in G_1$，则σ是K_1-自同构. 由于$F\subseteq K_1$，则σ也是F-自同构，从而有$G_1\subseteq G$.

(2) 对$g\in G,\sigma\in G_1,u\in K_1$. 由于$K_1/F$是正规扩张，应用定理3.4.6有$g(K_1)\subseteq K_1$. 故$\sigma(g(u))=g(u)$，因此有$(g^{-1}\sigma g)(u)=(g^{-1}g)(u)=u$. 故有$g^{-1}\sigma g\in G_1$.

(3) 设$G=\{\sigma_1=1,\sigma_2,\cdots,\sigma_n\}$，$p(x)$是$F[x]$的一个不可约多项式且$\alpha\in K_1$是$p(x)$的一个根，$\beta$是$p(x)$的任意一个根. 由于$K/F$是有限正规扩张，由定理3.4.5知$K$是$F[x]$中某个多项式$f(x)$的分裂域. 由例3.4.7知，存在$\sigma_i\in G$使得$\beta=\sigma_i(\alpha)$. 因$G_1$是$G$的正规子群，任取$\sigma\in G_1$，有

$$\sigma(\beta)=\sigma(\sigma_i(\alpha))=\sigma\sigma_i(\alpha)=\sigma_i\sigma(\alpha)=\sigma_i(\sigma(\alpha))=\sigma_i(\alpha)=\beta.$$

故$\beta\in K_1$. 从而K_1/F是正规扩张.

由推论3.5.1，G_1是K/K_1的伽罗瓦群.

对任何$\sigma\in G$，设$g=\sigma|_{K_1}$，则有$g^{-1}=\sigma^{-1}|_{K_1}$由于$\sigma(K_1)\subseteq K_1$及$\sigma^{-1}(K_1)\subseteq K_1$，有$\sigma(K_1)=K_1$. 于是$g$是$K_1$的$F$-自同构. 设

$$G'=\{g\mid 存在\sigma\in G,使得g=\sigma|_{K_1}\}.$$

由推论3.5.1，G'是K_1/F的伽罗瓦群. 定义$h: G\to G'$，使得$h(\sigma)=\sigma|_{K_1}$，则h是群同态. 当$\sigma\in G_1$时，显然有$\sigma|_{K_1}=1_{K_1}$，故$G_1\subseteq\ker(h)$. 反之，设$\sigma|_{K_1}=1_{K_1}$，则σ是K的K_1-自同构. 而G_1是K/K_1的伽罗瓦群，因此有$\sigma\in G_1$. 故$\ker(h)=G_1$，从而有$G'\cong G/G_1$.

定义3.5.1 设G是群，H是G的真子群. H与G之间再无其他子群，则H称为G的极大子群(maximal subgroup).

例3.5.9 设G是有限群，则G中必有极大子群.

证明 反证法. 设G无极大子群，任取G的真子群H_1，则H_1不是极大子群，于是存在G的真子群H_2，使得$H_1\subset H_2$，于是$1\leqslant|H_1|<|H_2|$. H_2仍不是G的极大子群，于是又有G的真子群H_3，使得$H_2\subset H_3$，从而有$|H_2|<|H_3|$. 如此下去，有G的子群序列

$$H_1\subset H_2\subset\cdots\subset H_n\subset\cdots.$$

从而有非负整数序列$|H_1|<|H_2|<\cdots<|H_n|<\cdots<|G|$，这显然是不可能的. 故$G$有极大子群.

例3.5.10 设$m\geqslant 1$，G是p^m阶有限群，则G中一定有p阶元素，等价于说，G中有p阶子群.

证明 任取$a\in G,a\neq e$，其中e是G的单位元，则$|a|\,\big|\,p^m$. 故可设$|a|=p^s,s\leqslant m$，则$b=a^{s-1}$的阶为p.

定理3.5.5 设p是素数，$m\geqslant 1$，G是p^m阶有限群，M是G的极大子群. 则M是G的正规子群，且$|M|=p^{m-1}$.

证明 对m用归纳法. $m=1$时，G是素数p阶循环群，此时$M=\{e\}$是G的正规子群，且$|M|=1=p^0$. 今设$m>1$，则G的中心$C\neq\{e\}$. 由例3.5.10，C中有p阶子群H. 注意到

H 是 G 的正规子群. 令 $\bar{G}=G/H$,则 $|\bar{G}|=p^{m-1}$. 由归纳假设,$\bar{G}$ 有极大子群 M_1,M_1 是 $\bar{G}$ 的正规子群,且 $|M_1|=p^{m-2}$. 于是,$M_1=M/H$,其中 M 是 G 的正规子群,且 $H\subseteq M$,此时还有 $|M|=|M_1||H|=p^{m-1}$. □

怀尔斯小传

怀尔斯(Andrew J. Wiles,1953—),1953 年 4 月 11 日生于英国剑桥. 从牛津大学毕业之后,于 1980 年在剑桥大学获博士学位. 之后移居美国,先在哈佛大学任教,1982 年起任普林斯顿大学教授.

1993 年,怀尔斯由于宣布他经过 7 年完成了费马大定理的证明而成为整个数学界关注的焦点. 他的长达 200 页的论文大量地依赖于环论和群论的结果. 由于他的良好声誉,更由于他的论文是建立在对此问题有深入刻画的结果基础上,同行专家相信怀尔斯已经打开了许多人无法打开的成功之门. 怀尔斯的事迹随之通过报纸杂志被新闻界广为宣传,《纽约时报》甚至还将他的故事搬到了报纸的头版. 但好景不长,专家们在经过仔细审阅怀尔斯的手稿之后,发现了一些问题. 到 1993 年 12 月,怀尔斯向外界发布了一份声明,表示他正在修补证明中的一些缺陷. 终于到 1994 年 9 月,他与他以前的学生泰勒(R. Taylor)合作完成了一篇论文,文中修补了原来论文中的一些漏洞. 之后,许多专家审查了论文,再没有发现错误. 随后这两篇文章于 1995 年在《数学年刊》杂志上发表,同时向世人宣告:一个困惑了世间智者 358 年的谜终于解开了.

由于怀尔斯证明了费马大定理影响很大,为数学界作出了巨大贡献,他于 1996 年获沃尔夫奖,1998 年,国际数学家大会想奖励他,但当年他已 45 岁了,超出了菲尔兹奖的范围,最后大会为他设立了一个没有先例的特别贡献奖.

习题 3.5

1. 求一个有理系数多项式 $f(x)$ 及其分裂域 K,使得 $K/\mathbb{Q}$ 的伽罗瓦群为 S_3.
2. 设 $K/\mathbb{Q}$ 是 $f(x)=x^5-2$ 的分裂域,决定 $K/\mathbb{Q}$ 的伽罗瓦群.
3. 设 $K=\mathbb{Q}(\alpha)$,其中 α 是多项式 $f(x)=x^3+x^2-2x-1$ 的根. 证明:$\beta=\alpha^2-2$ 也是 $f(x)$ 的根,且 K 是 $f(x)$ 的分裂域,并决定 $K/\mathbb{Q}$ 的伽罗瓦群.
4. 证明:域 $\mathbb{Q}(\sqrt{2})$ 与域 $\mathbb{Q}(\sqrt{2})$ 不同构.
5. 设 $F=\mathbb{Z}_2$,求 F 上的多项式 $f(x)=x^2+x+1$ 的分裂域.

3.6 正多边形的作图问题

平面几何课程已述及,正三边形(等边三角形)、正四边形(正方形)、正六边形、正八边形都是可以尺规作出的. 人们自然要问:任给一个大于 2 的正整数 n,正 n 边形是否可以尺规作出?

从平面几何课程我们知道,正 n 边形是否可以尺规作出,当且仅当一个圆周 n 个等分点是否可以尺规作出. 注意到圆周的 n 等分问题与圆的半径大小无关,因此可以在单位圆周上进行讨论,从而可以假定给定的数域就是$\mathbb{Q}$. 当我们把正 n 边形的中心作为坐标系的原点,由复数理论可知,圆周的 n 个等分点恰好是代数方程 $z^n=1$ 的 n 个解 $1,\zeta,\cdots,\zeta^{n-1}$,其中 ζ 是任何一个 n 次本原单位根,比如,取 $\zeta=\cos\dfrac{2\pi}{n}+\mathrm{i}\sin\dfrac{2\pi}{n}$. 故正 n 边形是否可以尺规作出当且仅当 ζ 是否可以尺规作出. 由例 3.3.6,正七边形是不可以尺规作出的.

定义 3.6.1 设 n 是正整数,令 $\xi=\cos\dfrac{2\pi}{n}+\mathrm{i}\sin\dfrac{2\pi}{n}$,则

$$\phi_n=\prod_{\substack{1\leqslant k<n\\(k,n)=1}}(x-\xi^k)$$

叫做 n 阶分圆多项式(cyclotomic polynomial).

定理 3.6.1 设 n 是正整数,则:

(1) $\deg(\phi_n(x))=\varphi(n)$,其中 φ 表示欧拉函数;

(2) $\phi_n(x)\in\mathbb{Q}[x]$;

(3) 设 $d_1,d_2\mid n$,且 $d_1\neq d_2$,则 $\phi_{d_1}(x)$ 与 $\phi_{d_2}(x)$ 互素;

(4) $\prod\limits_{d\mid n}\phi_d(x)=x^n-1$.

证明 (1) 由在 $1,2,\cdots,n$ 之间与 n 互素的整数个数恰为 $\varphi(n)$ 即知.

(2) 设 $\xi_1,\xi_2,\cdots,\xi_s$ 是全部的 n 次本原根,K 是 $f(x)=x^n-1$ 的分裂域. 设 σ 是 K 的 F-自同构,由定理 3.4.1,$\sigma(\xi_1),\sigma(\xi_2),\cdots,\sigma(\xi_s)$ 也是 n 次本原根. 于是 $\sigma(\xi_1),\sigma(\xi_2),\cdots,\sigma(\xi_s)$ 是 $\xi_1,\xi_2,\cdots,\xi_s$ 的一个排列. 对 $\phi_n(x)$ 的任何系数 a,由例 3.5.7 与例 3.5.8,有 $\sigma(a)=a$. 由定理 3.5.3 知 $a\in\mathbb{Q}$,故有 $\phi_n(x)\in\mathbb{Q}[x]$.

(3) 若不然,则 $\phi_{d_1}(x)$ 与 $\phi_{d_2}(x)$ 有正次数的公因子 $g(x)$,故二者有一个公共根 ζ. 从而有 ζ 既是 d_1 次本原根,也是 d_2 次本原根. 这显然是不可能的.

(4) 令 $f(x)=\prod\limits_{d\mid n}\phi_d(x)$. 由定义及结论(2),当 $d\mid n$ 时,在$\mathbb{Q}[x]$中有 $\phi_d(x)\mid x^d-1$. 又 $(x^d-1)\mid(x^n-1)$,$\phi_d(x)\mid(x^n-1)$. 于是有 $f(x)\mid(x^n-1)$. 由初等数论课程的结论 $\sum\limits_{d\mid n}\phi(d)=n$,故有 $\deg(f(x))=n$. 比较次数与首项系数,则有 $f(x)=x^n-1$. □

例 3.6.1 由定理 3.6.1,我们可依次计算出

$$\phi_1(x)=x-1,\quad \phi_2(x)=x+1,\quad \phi_3(x)=x^2+x+1,$$

$$\phi_4(x)=x^2+1,\quad \phi_6(x)=x^2-x+1,\quad \phi_{12}(x)=x^4-x^2+1.$$

例 3.6.2 设 p 是素数,则

$$\phi_{p^2}(x)=\frac{x^{p^2}-1}{x^p-1}=x^{p(p-1)}+x^{p(p-2)}+\cdots+x^p+1$$

是不可约多项式. 因此,若 ζ 是 p^2 次本原单位根,则 ζ 的最小多项式就是 $\phi_{p^2}(x)$.

证明 由于$\mathbb{Z}_p$的特征为p,故多项式环$\mathbb{Z}_p[x]$的特征亦为p. 设$g(x)$表示$\phi_{p^2}(x)$在$\mathbb{Z}_p[x]$中的像,于是有

$$g(x)=(x^{p-1}+x^{p-2}+\cdots+x+1)^p.$$

回到多项式环$\mathbb{Z}[x]$,有

$$\phi_{p^2}(x)=(x^{p-1}+x^{p-2}+\cdots+x+1)^p+ph(x),h(x)\in\mathbb{Z}(x).$$

比较次数,可设$\deg(h(x))<p(p-1)$. 令$x=y+1$. 由例3.3.5,有

$$\phi_{p^2}(y+1)=(y^{p-1}+C_p^1y^{p-2}+\cdots+C_p^ky^{p-k-1}+\cdots+C_p^{p-2}y+C_p^{p-1})^p+ph(y+1).$$

于是$\phi_{p^2}(y+1)$除首项系数外,其余系数都能被p整除. 仍用艾森斯坦因判别法知$\phi_{p^2}(x)$在$\mathbb{Q}[x]$中是不可约的. □

例3.6.3 设ζ_n是n次本原根,则$f(x)=x^n-1$的在有理数域上的分裂域就是$\mathbb{Q}(\zeta_n)$. 设

$$\zeta_p=\cos\frac{2\pi}{p}+\mathrm{i}\sin\frac{2\pi}{p},$$

与

$$\zeta_{p^2}=\cos\frac{2\pi}{p^2}+\mathrm{i}\sin\frac{2\pi}{p^2}.$$

由例3.3.5与例3.6.2,有

$$[\mathbb{Q}(\zeta_p):\mathbb{Q}]=p-1,\quad[\mathbb{Q}(\zeta_{p^2}):\mathbb{Q}]=p(p-1).$$

我们现在来讨论正n边形的作图问题.

例3.6.4 若正n边形可以尺规作出,则正$2n$边形是可以尺规作出的.由此,正$2^n(n>1)$边形是可以尺规作出的.

例3.6.5 设正整数n与m互素.若正n,m边形都可以尺规作出,则正nm边形也是可以尺规作出的.

证明 设

$$\zeta_1=\cos\frac{2\pi}{n}+\mathrm{i}\sin\frac{2\pi}{n},\quad\zeta_2=\cos\frac{2\pi}{m}+\mathrm{i}\sin\frac{2\pi}{m},$$

及

$$\zeta=\cos\frac{2\pi}{nm}+\mathrm{i}\sin\frac{2\pi}{nm}.$$

由于n与m互素,则存在整数u,v,使得$un+vm=1$.从而有

$$\frac{v}{n}+\frac{u}{m}=\frac{1}{nm}.$$

由条件,ζ_1^v与ζ_2^u都是可以尺规作出的,从而$\zeta=\zeta_1^v\zeta_2^u$也是可以尺规作出的,亦即正nm边形是可以尺规作出的.

例3.6.6 设m,n都是大于2的正整数,且m整除n. 若正n边形可以尺规作出,则正m边形也可以尺规作出.

证明 设

$$\zeta_1 = \cos\frac{2\pi}{n} + \mathrm{i}\sin\frac{2\pi}{n}, \quad \zeta_2 = \cos\frac{2\pi}{m} + \mathrm{i}\sin\frac{2\pi}{m}.$$

设 $n=mk$. 由条件，ζ_1 是可以尺规作出的，因此，由 $\zeta_2=\zeta_1^k$ 知 ζ_2 也是可以尺规作出，即正 m 边形是可以尺规作出的.

定理 3.6.2 设数域 F 中的数都是可以尺规作出的，K/F 是有限正规扩张. 若 $[K:F]=2^m$，则 K 中的每个数都是可以尺规作出的.

证明 设 G 是 K/F 的伽罗瓦群. 由定理 3.5.3 得 $|G|=2^m$. 当 $m=1$ 时，由定理 3.2.5，$K=F(\sqrt{u})$，$u\in F$，则 K 中每个数都是可以尺规作出的. 当 $m>1$ 时，设 G_1 是 G 的极大子群，由定理 3.5.5，G_1 是 G 的正规子群，且 $|G_1|=2^{m-1}$，$|G/G_1|=2$. 令 $K_1=\mathrm{Inv}(G_1)$. 由定理 3.5.4，K_1/F 是正规扩张，且 $[K_1:F]=|G/G_1|=2$，故 K_1 中每个数都是可以尺规作出的. 又 K/K_1 是正规扩张，且 $[K:K_1]=|G_1|=2^{m-1}$，由归纳法知 K 中每一数都是可以尺规作出的. □

例 3.6.7 设 $p=2^m+1$ 是素数，由初等数论知 $m=2^t$，即 m 是 2 的方幂.

设 p 是奇素数，若存在非负整数 t，使得 $p=2^{2^t}+1$，则 p 叫做一个**费马素数**. 已知的费马素数有 3，5，17，257，65537.

定理 3.6.3 设 p 是奇素数，则正 p 边形可以尺规作出当且仅当 p 是费马素数.

证明 设 $\zeta=\cos\frac{2\pi}{p}+\mathrm{i}\sin\frac{2\pi}{p}$. 由例 3.5.5，$\zeta$ 是 $p-1$ 次代数数.

若正 p 边形可以尺规作出，即数 ζ 可以尺规作出，则由推论 3.3.2，可设 $p-1=2^m$. 由例 3.5.7，p 是费马素数.

反之，设 p 是费马素数，ζ 是 p 次本原单位根. 记 $p=2^m+1$，$m\geqslant 1$，故 ζ 的次数为 $\varphi(p)=p-1=2^m$. 于是 $\mathbb{Q}(\zeta)/\mathbb{Q}$ 是正规扩张，且 $[\mathbb{Q}(\zeta):\mathbb{Q}]=2^m$. 由定理 3.5.5，$\zeta$ 是可以尺规作出的. □

定理 3.6.4 设 p 是奇素数，$k>1$ 是整数，则正 p^k 边形是不可以尺规作出的.

证明 假设正 p^k 边形是可以尺规作出的，由例 3.3.6，正 p^2 边形与正 p 边形是可以尺规作出的. 由例 3.6.3，$\zeta=\cos\frac{2\pi}{p^2}+\mathrm{i}\sin\frac{2\pi}{p^2}$ 的次数为 $p(p-1)$. 由推论 3.3.2，可设 $p(p-1)=2^m$. 这显然是不可能的，故正 p^k 边形是不可以尺规作出的. □

定理 3.6.5 设 $n=2^k p_1^{k_1}\cdots p_s^{k_s}$ 是正整数，其中 p_j 是奇素数，$k_j\geqslant 1$. 则正 n 边形可以尺规作出当且仅当每个 p_j 是费马素数且 $k_1=\cdots=k_s=1$.

证明 设 $n=2^k p_1^{k_1}\cdots p_s^{k_s}$，其中每个 p_j 是费马素数. 由定理 3.6.3、例 3.6.4 与例 3.6.5 知正 n 边形可以尺规作出.

反之，设正 n 边形可以尺规作出. 由例 3.6.4 与例 3.6.5，不妨假定 $n=p^k$，其中 $k\geqslant 1$，p

是奇素数. 由定理 3.6.4, $k=1$. 由定理 3.6.3, p 是费马素数. □

例 3.6.8 用一个初等的方法来说明正 17 边形可以尺规作出的.

令 $\theta=\dfrac{2\pi}{17}$, $\zeta=\cos\theta+\mathrm{i}\sin\theta$, 及

$$x_1=\zeta+\zeta^{16}+\zeta^2+\zeta^{15}+\zeta^4+\zeta^{13}+\zeta^8+\zeta^9;$$
$$x_2=\zeta^3+\zeta^{14}+\zeta^5+\zeta^{12}+\zeta^6+\zeta^{11}+\zeta^7+\zeta^{10}.$$

由于 $\zeta^k+\overline{\zeta^k}=2\cos k\theta$, 故有

$$x_1=2(\cos\theta+\cos 2\theta+\cos 4\theta+\cos 8\theta),$$
$$x_2=2(\cos 3\theta+\cos 5\theta+\cos 6\theta+\cos 7\theta).$$

于是有 $x_1+x_2=\sum\limits_{k=1}^{16}\zeta^k=-1$. 利用三角恒等式

$$2\cos\alpha\cos\beta=\cos(\alpha+\beta)+\cos(\alpha-\beta),$$

可得 $x_1x_2=4(x_1+x_2)=-4$. 因此 x_1, x_2 是方程 $x^2+x-4=0$ 的两个根. 由此可以解得

$$x_1=\frac{1}{2}(-1+\sqrt{17}),\quad x_2=\frac{1}{2}(-1-\sqrt{17}).$$

从而 x_1, x_2 可以尺规作出. 再令

$$y_1=\zeta^1+\zeta^{16}+\zeta^4+\zeta^{13}=2(\cos\theta+\cos 4\theta),$$
$$y_2=\zeta^2+\zeta^{15}+\zeta^8+\zeta^9=2(\cos 2\theta+\cos 8\theta),$$
$$y_3=\zeta^3+\zeta^{14}+\zeta^5+\zeta^{12}=2(\cos 3\theta+\cos 5\theta),$$
$$y_4=\zeta^6+\zeta^{11}+\zeta^7+\zeta^{10}=2(\cos 6\theta+\cos 7\theta).$$

则有

$$y_1y_2=4(\cos\theta+\cos 4\theta)(\cos 2\theta+\cos 8\theta)=2\sum_{k=1}^{8}\cos k\theta=-1.$$

同理 $y_3y_4=-1$. 由于 $y_1+y_2=x_1$, $y_3+y_4=x_2$, 因而 y_1, y_2 是方程 $z^2-x_1z-1=0$ 的根, y_3, y_4 是方程 $z^2-x_2z-1=0$ 的根. 于是可以解得

$$y_1=\frac{1}{2}(x_1+\sqrt{x_1^2+4}),\quad y_2=\frac{1}{2}(x_1-\sqrt{x_1^2+4}),$$
$$y_3=\frac{1}{2}(x_2+\sqrt{x_2^2+4}),\quad y_4=\frac{1}{2}(x_2-\sqrt{x_2^2+4}).$$

故 y_1, y_2, y_3, y_4 都是可以尺规作出的. 又令

$$u_1=\zeta+\zeta^{16}=2\cos\theta,\quad u_2=\zeta^4+\zeta^{13}=2\cos 4\theta.$$

则有 $u_1+u_2=y_1$, $u_1u_2=4\cos\theta\cos 4\theta=2(\cos 5\theta+\cos 3\theta)=y_3$. 由此可以解得

$$u_1=2\cos\theta=\frac{1}{2}(y_1+\sqrt{y_1^2-4y_3}).$$

从而 $\cos\theta$ 可以尺规作出. 由于 $\sin\theta=\sqrt{1-\cos^2\theta}$ 也是可以尺规作出的, 故 ζ 可以尺规作出. 因此, 正 17 边形是可以尺规作出的. □

齐尔曼诺夫小传

齐尔曼诺夫(E. Zelmanov,1955—)1955 年 9 月 7 日生于俄罗斯. 他曾在新西伯利亚大学学习,1977 年毕业后继续读研究生,1980 年获得副博士学位,其后在苏联科学院数学研究所新西伯利亚分部任初级研究员,1985 年在列宁格勒大学获博士学位,1986 年起在新西伯利亚数学所任主任研究员. 1989 年起他到国外兼职,1990—1994 年任威斯康星大学教授,在芝加哥大学任教一年后,从 1995 年起任耶鲁大学教授.

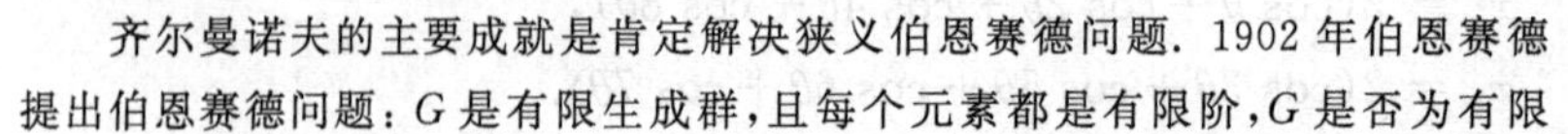

齐尔曼诺夫的主要成就是肯定解决狭义伯恩赛德问题. 1902 年伯恩赛德提出伯恩赛德问题: G 是有限生成群,且每个元素都是有限阶,G 是否为有限群? 这答案一般是否定的. 后来问题推广成有界的伯恩赛德问题,G 是有限生成群,所有元素都满足 $X^e=1$,G 是否为有限群? 这答案一般也是否定的. 这两个问题主要都是前苏联数学家解决的. 1950 年又提出狭义伯恩赛德问题: 对于 d 个生成元、具有有界指数 n 的有限群,其阶是否也有界? 这个问题又是前苏联数学家取得突破,首先是科斯特里金(A. Kostrikin)对素数指数肯定解决狭义伯恩赛德问题,而齐尔曼诺夫在 1990 年对奇素数幂指数继而在 1991 年对 2 幂指数肯定解决狭义伯恩赛德问题,这导致狭义伯恩赛德猜想最终完全解决. 值得注意的是,证明方法用的是若尔当代数的深刻结果. 齐尔曼诺夫 1994 年获菲尔兹奖.

习题 3.6

1. 正 20 边形是否可以尺规作出?
2. 正 168 边形是否可以尺规作出?
3. 设 α 是多项式 $f(x)=x^9+x^6+x^3+1$ 的根,那么数 α 是否可以尺规作出?
4. 证明: $72°$ 角可以三等分,即 $24°$ 角可以尺规作出.